세상을 움직이는 10가지 방정식

THE TEN EQUATIONS THAT RULE THE WORLD
Copyright ⓒ David Sumpter, 2020
All rights reserved

Korean translation copyright ⓒ 2025 by Next Wave Media Co., Ltd.
Korean translation rights arranged with Aitken Alexander Associates Limited
through EYA Co.,Ltd.

이 책의 한국어판 저작권은 EYA Co.,Ltd를 통한
Aitken Alexander Associates Limited사와의 독점계약으로
(주)흐름출판에 있습니다.
저작권법에 의하여 한국 내에서 보호를 받는 저작물이므로
무단전재 및 복제를 금합니다.

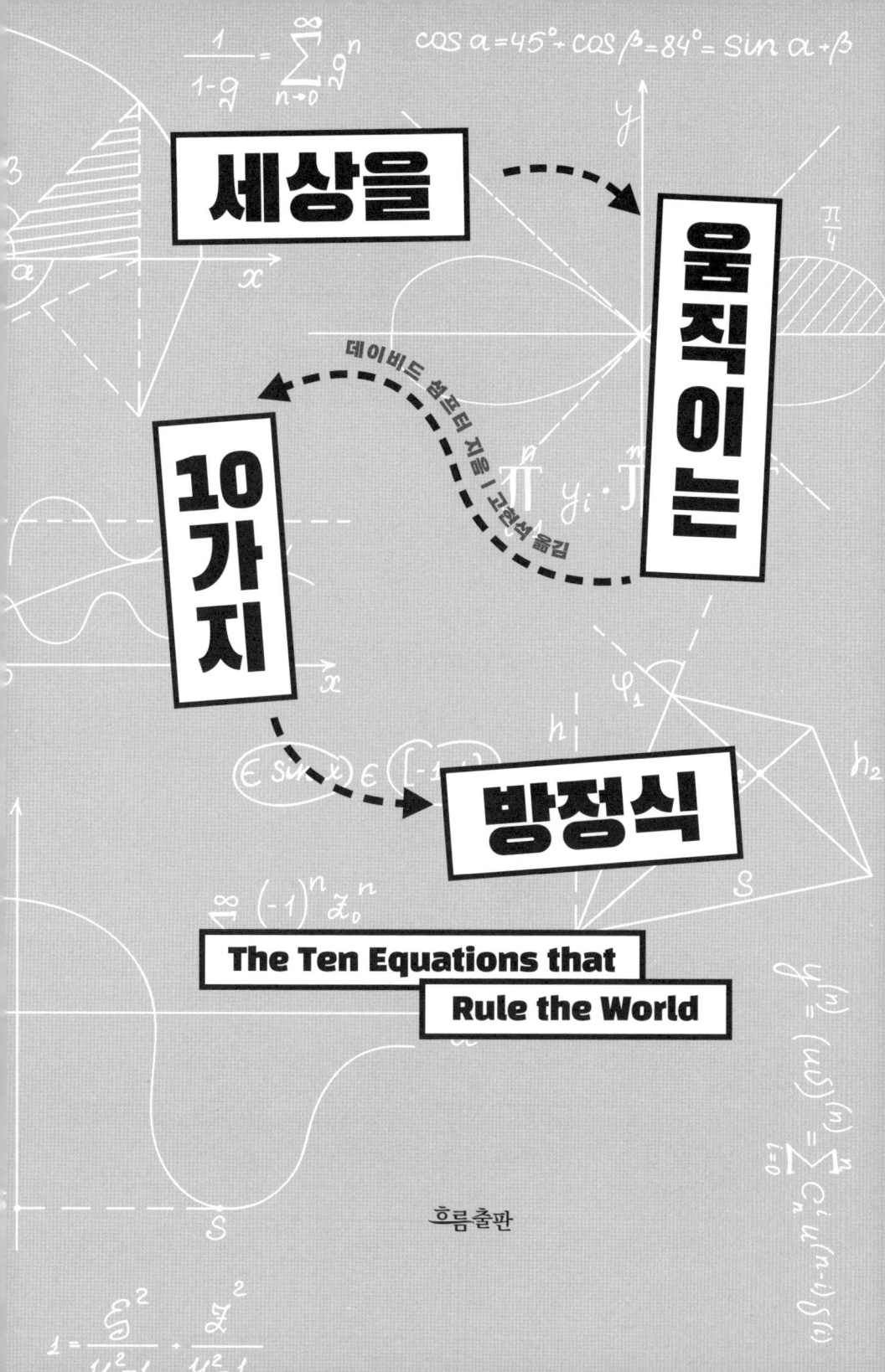

일러두기

- 원문에서 이탤릭체로 강조된 단어는 한글의 가독성을 고려해 굵은 글씨로 표기했다.
- 본문의 외래어 표기는 대체로 한국어 어문 규범 중 「외래어 표기법」을 준수했으나 일부 표현의 경우 규범 표기보다 관례적인 표현을 우선적으로 고려해 표기했다.

차례

인생의 비밀 코드를 해석하는 열 개의 열쇠 • 6

1장 베팅 방정식 • 15

2장 판단 방정식 • 55

3장 신뢰 방정식 • 93

4장 기술 방정식 • 141

5장 인플루언서 방정식 • 179

6장 시장 방정식 • 209

7장 광고 방정식 • 247

8장 보상 방정식 • 285

9장 학습 방정식 • 315

10장 보편 방정식 • 341

미주 • 371

감사의 말 • 390

인생의 비밀 코드를 해석하는
열 개의 열쇠

부자가 되는 비결이 있을까? 행복해지는 비결이 있을까? 인기를 얻는 비결이 있을까? 자신감을 가지고 올바른 판단을 내리는 비결이 있을까?

동네 서점에서 이 책을 집어 들었거나 인터넷 서점에서 이 책의 '미리보기' 버튼을 클릭했다면 이 책이 인생의 성공 공식을 제시하는 많은 책 중 하나임을 알게 될 것이다.

이런 책들에서 곤도 마리에近藤麻理惠(일본의 정리 수납 전문가 - 옮긴이)는 정리하라고 말하고, 셰릴 샌드버그Sheryl Sandberg(메타의 전 최고운영책임자 - 옮긴이)는 적극적으로 달려들라고 말한다. 조던 피터슨Jordan Peterson은 허리를 펴고 곧게 서야 한다고 말하고, 브레네 브라운Brené Brown은 당신의 약점을 받아들여야 한다고 설득한다. 또한 이런 책들은 마음을 가라앉히고, 어떤 일을 그만하고, 어떤 일에는 신경을 끊고, 한심해지지 말고, 소중한 순간을 최대한 활용하라는 메시지를 던진다. '일찍 일어나라', '자고 난 자리를 정리하라', '길을 헤치고 앞으로 나아가라', '일을 덜 해야 한다', '더 많이 기억해야 한다', '잡스러운 생각에서 벗어나라', '한번 시작한 일은 마무리를 지어라', '의지력을 극대화하라', '행복해지기 위해서는 무엇이든 해결하라', '여성처럼 행동하고 남성처럼 생각하라' 같은 조언을 하는 책들도 있다. 사랑을 하는 데 필요한 공식, 부자가 되기 위해 필요한 과학적 방법, 자신감을 가지는 데 필요한 다섯 가지(또는 여덟 가지나 열두 가지) 규칙도 이런 책들에서 발견할 수 있다. 심지어는 '이룰 수 없는 목표를 반드시 이루게 해주는' 기적 같은 방법도 이런 책들은 제시하곤 한다.

하지만 이 모든 조언에는 모순이 있다. 모든 것이 그렇게 간단하다면, 우리가 인생에서 원하는 모든 것을 얻을 수 있는 쉬운 방법이 있다면, 왜 이런 책들과 잡지들에 모순적인 메시지를 담은 조언들이 그렇게 많이 등장할까? 왜 그렇게 영감을 주기 위한 TV 프로그램이 많고, 동기부여를 하는 테드TED 강연이 그렇게나 많이 이루어질까? 누군가가 간단하게 방정식을 제시하고 그 방정식이 어떻게 작동하는지 몇 가지 예를 통해 보여줄 수 있다면, 자기계발 방법이나 현명하게 생각하는 방법을 제시해 돈을 버는 비즈니스는 사라지게 될 것이다. 모든 것이 그렇게 수학적이고 분명하다면, 왜 그들은 우리에게 답을 지금 바로 알려주지 않을까?

인생의 딜레마에 대한 해결책이라고 제시되는 것들이 너무 많아지면서 성공을 위한 공식이 하나이거나 몇 개밖에 안 된다고 생각하기가 점점 더 힘들어졌다. 인생이 우리에게 던지는 모든 문제에 대한 간단한 해결책은 정말 없는 것일까?

나는 이 책이 탐구할 또 다른 가능성에 대해 여러분이 생각해보길 바란다. 이 책에서는 비밀의 코드를 해독한 사람들로 이루어진 어떤 폐쇄적인 비밀결사에 대한 이야기를 들려주고자 한다. 그들은 성공, 인기, 부, 자신감, 올바른 판단을 가져올 수 있는 적은 수의(열 개의) 방정식을 발견한 사람들이다. 그들은 다른 모든 사람이 계속 답을 찾는 동안 그 비밀을 간직해왔다.

이 비밀결사는 수 세기 동안 우리 곁에 존재해왔으며, 그 회원들은 여러 세대에 걸쳐 자신들이 가진 지식을 전수해왔다. 그들은 정부, 금융계, 학계 그리고 최근에는 기술 기업 안에서 권력을 쥐고 있다. 그들은 눈에 띄지는 않지만 강력하게 우리에게 조언을 하고, 때로는 우리를 통제하면서 우리 가운데에서 살아간다. 그들은 부유하고 행복하며 자신감이 넘친다. 그들은 우리가 간절히 원하는 비밀을 발견한 사람들이기 때문이다.

댄 브라운Dan Brown의 소설 《다빈치 코드》에서 암호학자 소피 느뵈는 자신의 할아버지가 살해당한 사건을 조사하는 과정에서 수학적 암호를 발견한다. 그 후 소피는 로버트 랭던 교수를 만나게 되고, 그로부터 할아버지가 하나의 숫자, 즉 황금비율(φ, 약 1.618)로 세상을 이해하는 비밀결사인 시온 수도회의 수장이었다는 사실을 듣게 된다.

《다빈치 코드》는 소설이지만, 내가 연구해온 비밀결사는 댄 브라운이 이 소설에서 묘사한 비밀결사와 매우 많은 점이 비슷하다. 완전히 이해하는 사람이 거의 없는 코드로 비밀이 작성되며, 회원들은 난해한 스크립트로 의사소통한다. 또한 이 비밀결사도 기독교에 뿌리를 두고 있으며, 내부의 윤리적 다툼과 갈등으로 분열돼 있다. 하지만 이 비밀결사는 시온 수도회와는 중요한 측면에서 매우 다르다. 이 말이 무슨 뜻인지는 곧 알게 될 것이다. 이 비밀결사에는 시온 수도회와는 달리 어떤 종류의 종교적 의례도 없다. 그렇기 때문에 이 비밀결사는 다른 비밀결사보다 찾아내기가 훨씬 어렵고, 활동 범위가 훨씬 넓다. 이 비밀결사는 외부인의 눈에는 보이지 않는다.

그렇다면 내가 어떻게 이 비밀결사에 대해 알게 됐을까?

답은 간단하다. 내가 그 회원 중 한 명이기 때문이다. 나는 지난 20년 동안 이 비밀결사의 활동에 참여해왔고, 그 비밀결사의 이너 서클에 점점 더 가까이 다가갔다. 그동안 나는 이 비밀결사가 하는 일을 연구하고, 그 비밀의 방정식을 현실에 적용해왔다. 나는 이 비밀결사의 코드에 접근함으로써 어떻게 성공에 이를 수 있는지 직접 체험한 사람이다. 나는 세계 최고의 대학들에서 일했고, 서른세 살이 되기 하루 전날 응용수학 정교수로 임용됐다. 지금까지 나는 생태학과 생물학부터 정치학, 사회학에 이르기까지 다양한 분야의 과학적 문제를 해결해왔다. 또한 나는 정부와 금융계를 비롯해 인공지능, 스포츠, 도박 분야에서도 컨설턴트로 활동 중이다. 현재 나는 행복하다. 물론 성공을 했기 때문에 그렇기도 하지만, 내가 느끼는 행복의 가장 큰 원인은 내가 그동안 알게 된 비밀이 나의 생각을 만들어냈다는 데에 있다. 이 비밀의 방정식들은 나를 더 나은 사람으로 만들었다. 이 방정식들 덕분에 나는 균형 잡힌 시각을 갖게 됐고, 다른 사람의 행동을 더 잘 이해할 수 있게 됐다.

나는 이 비밀결사의 회원으로 활동하면서 나와 비슷한 사람들도 만나게 됐다. 아시아 베팅 시장에서 승률을 높이는 방법을 찾아낸 젊은 프로 도박사 마리우스와 얀, 주가 형성 과정의 미세한 비효율성을 찾아내 1초도 안 되는 짧은 순간의 계산으로 수익을 창출해내는 마크가 그들이다. 나는 FC 바르셀로나의 데이터 과학자들과 함께 리오넬 메시와 그의 동료 선수들이 경기를 장악하는 방식에 대해 연구했고, 소셜 미디어를 통제하고 미래 인공지능을 구축하고 있는 구글, 메타, 스냅챗, 케임브리지 애널리티카의 기술 전문가들을 만나기도 했다. 또한 나는 모아 버셀$^{Moa\ Bursell}$, 니콜 니스벳$^{Nicole\ Nisbett}$, 빅토리아 스페이서$^{Victoria\ Spaiser}$ 같은 연구자들이 어떻게 방정식을 이용해 차별을 감지하고, 정치적 논쟁을 이해하고, 세상을 더 나은 곳으로 만드는지 직접 목격하기도 했다. 94세의 나이에도 여전히 옥스퍼드 대학교 교수로 활동하고 있는 데이비드 콕스$^{David\ Cox}$ 경과 같이 비밀결사의 기반이 되는 코드를 발견한 선배들로부터 나는 많은 것을 배웠다.

이제 나와 그들이 속한 비밀결사의 이름을 밝힐 때가 된 것 같다. 이 비밀결사의 정회원이 알아야 할 방정식이 열 개이기 때문에 앞으로 나는 이 비밀결사를 'TEN(텐)'이라는 이름으로 부를 것이다. 지금부터 나는 이 비밀결사의 비밀, 즉 열 개의 방정식을 여러분에게 알려줄 것이다.

* * *

TEN이 다루는 문제에는 일상적인 딜레마도 포함된다. 예를 들어 다음과 같은 것들이다.

- 직장(또는 인간관계)을 그만두고 다른 일을 시도해야 할까?
- 주변 사람들보다 내가 인기가 없는 것 같은 느낌이 드는 이유는 왜일까?

- 인기를 얻으려면 얼마나 노력해야 할까?
- 소셜 미디어의 방대한 정보 홍수에 가장 잘 대처할 수 있는 방법은 무엇일까? 자녀가 하루에 여섯 시간 동안 휴대폰을 쳐다보도록 놔두어도 될까?
- 넷플릭스 한 시리즈의 몇 편을 보다가 다른 시리즈로 넘어가는가는 것이 좋을까?

여러분은 TEN이 이런 일상적인 문제들까지 다루지는 않는다고 생각할지도 모른다. 하지만 그렇지 않다. TEN의 이 몇 개 안 되는 방정식은 사소한 질문, 심오한 질문, 개인적인 질문, 사회 전체에 관한 질문 등 모든 질문에 대한 해답을 제시할 수 있다.

예를 들어 3장에서 소개할 신뢰 방정식$^{confidence\ equation}$은 직장을 그만두어야 할지 결정하거나, 프로 도박사가 베팅 시장에서 언제 자신이 유리할지 파악하거나, 직장에서 미묘하게 이루어지는 인종차별이나 성차별을 드러내는 데에 도움이 된다.

8장에서 설명할 보상 방정식$^{reward\ equation}$은 소셜 미디어가 사회를 어떻게 티핑 포인트로 이끌었는지 그리고 이것이 반드시 나쁜 것만이 아닌 이유를 설명해준다. 거대 인터넷 기업들이 이 보상 방정식을 비롯한 다양한 방정식을 사용해 우리에게 어떻게 보상을 제공하면서 영향을 미치는지, 우리를 어떻게 분류하는지 알게 된다면 우리와 우리의 자녀는 소셜 미디어, 게임, 광고 사이에서 더 잘 균형을 유지할 수 있게 될 것이다.

이 방정식들이 중요한 이유는 이 방정식들을 사용한 사람들이 성공을 거두었다는 사실에 있다. 9장에서는 학습 방정식$^{learning\ equation}$을 사용해 자신들이 운영하는 유튜브 채널 시청 시간을 2,000% 늘린 캘리포니아의 세 엔지니어 이야기를 소개할 예정이다. 베팅 방정식, 인플루언서 방정식, 시장 방정식, 광고 방정식은 각각 베팅, 기술, 금융, 광고 부문에서 TEN 회원들로 하여금 수십억 달러의 수익을 창출하게 했다.

이 책에서 다룰 방정식을 학습하다 보면 세상의 더 많은 측면이 이해되기 시작할 것이다. TEN의 눈으로 보면 큰 문제는 작아지고, 작은 문제는 사소해진다.

하지만 여러분이 빠른 해결책만을 찾는다면 문제가 발생할 수도 있다. TEN의 회원이 되려면 새로운 사고방식부터 배워야 한다. TEN은 세상을 **데이터**, **모델**, **난센스**라는 세 가지 범주로 분류하도록 요구한다.

오늘날 TEN이 강력한 힘을 발휘하는 이유 중 하나는 현재 그 어떤 때보다 많은 **데이터**가 존재한다는 사실에 있다. 이런 데이터에는 증권거래소와 베팅 시장의 움직임에서 얻는 데이터도 있고, 사람들의 선호와 구입 그리고 활동이 드러나는 페이스북과 인스타그램에서 수집되는 개인 데이터도 있다. 정부 기관은 사람들이 어디에 사는지, 어떻게 일하는지, 자녀가 어느 지역 학교에 다니는지, 얼마나 버는지에 대한 데이터를 가지고 있다. 여론조사 업체는 사람들의 정치적 견해와 태도를 수집하고 종합한다. 뉴스와 의견은 엑스(X, 옛 트위터), 블로그, 뉴스 웹 사이트에서 수집된다. 스포츠 스타가 경기장에서 보이는 모든 움직임도 기록되고 저장된다.

데이터가 폭발적으로 증가하고 있다는 사실은 누구나 다 안다. 하지만 TEN의 회원들은 그 수준을 넘어서 데이터를 설명할 수 있는 수학적 **모델**을 찾는 것이 중요하다는 점을 인식해왔다. 여러분도 그들처럼 모델을 구축하고, 이 방정식들을 이용해 데이터를 장악하고 활용함으로써 다른 사람들에는 없는 에지^{edge}, 즉 작은 이점을 가질 수 있다.

마지막으로, 우리는 말이 안 되는 이야기, 즉 **난센스**를 알아차릴 수 있어야 한다. 사람들은 이런 이야기를 하면서 즐거워하고 때로는 성취감을 느끼기도 한다. 하지만 이 책을 읽으면서 여러분은 TEN의 회원처럼 생각하려면 난센스를 배제해야 함을 알게 될 것이다. 누구든 말이 안 되는 이야기를 할 때마다 우리는 그런 이야기를 무시해야 한다. 이 책에서 나는 난센스를 무시하고 데이터와 모델에 다시 집중하는 방법에 대해서도 다룰 것이다.

이 책은 단순한 자기계발서가 아니다. 십계명을 담은 책도 아니다. 해야 할 일과 하지 말아야 할 일의 목록도 아니다. 이 책에는 방정식은 있지만 레시피는 없다. 지금 이 책의 157쪽을 펼쳐 읽는다고 해도 넷플릭스의 한 시리즈에서 정확하게 몇 개의 에피소드를 본 다음에 다른 시리즈로 넘어가야 할지에 대한 답을 얻을 수는 없다.

규칙과 레시피는 사람들이 가진 두려움에 기초해 만들어진다. 이 책은 그런 두려움을 이용하기 위해 쓴 책이 아니다. 이 책에서 나는 TEN의 코드가 지난 250년 동안 어떻게 진화했는지, 그 250년 동안 인류의 역사를 어떻게 만들어왔는지 설명할 것이다. 이 책을 통해 우리는 그 코드를 개발한 수학자들로부터 배우고, 그들 사고의 근간이 되는 철학을 이해하게 될 것이다. TEN에 대해 알게 되면서 여러분은 지금까지 일상적으로 해왔던 많은 생각이 무너지는 경험을 하게 될 것이다. 그 과정에서 여러분은 '정치적 올바름$^{political\ correctness}$'

같은 용어를 다시 생각하게 될 것이고, 다른 사람들에 대한 판단을 다시 하게 될 것이고, 사람들이 만들어낸 고정관념을 재고하게 될 것이다.

이 책에서 나는 도덕성에 관한 이야기도 할 예정이다. TEN이라는 이 비밀결사가 세상에 미친 영향에 대한 연구 없이 내가 그 수많은 비밀을 밝히는 것은 옳지 않기 때문이다. 소수의 사람들이 나머지 사람들을 이끌고 있다면, 우리는 그 소수의 사람들이 어떤 동기로 그런 선택을 했는지 알아야 한다. 나는 이런 이야기들을 이 책에 쓰면서 나 자신과 내가 하는 일에 대해 다시 생각하게 됐다. 그 과정에서 나는 TEN이 선인지 악인지 스스로에게 묻고, 앞으로 우리가 스스로 세워야 할 도덕적 규칙에 대해서도 생각하게 됐다.

스파이더맨의 삼촌은 조카 피터에게 "큰 힘에는 큰 책임이 따른다"라고 말했다. TEN의 숨겨진 힘을 얻으려면 스파이더맨 슈트가 부여하는 책임보다 더 큰 책임을 떠안아야 한다. 여러분은 이제 인생을 바꿀 수 있는 비밀을 알게 될 것이다. 그렇게 되면서 여러분도 이 비밀이 우리가 사는 세상에 어떤 영향을 미쳤는지 생각하게 될 것이다.

너무 오랫동안 이 코드는 선택된 소수만 접근이 가능했다. 지금부터 우리는 이 코드에 대해 공개적으로 함께 이야기하게 될 것이다.

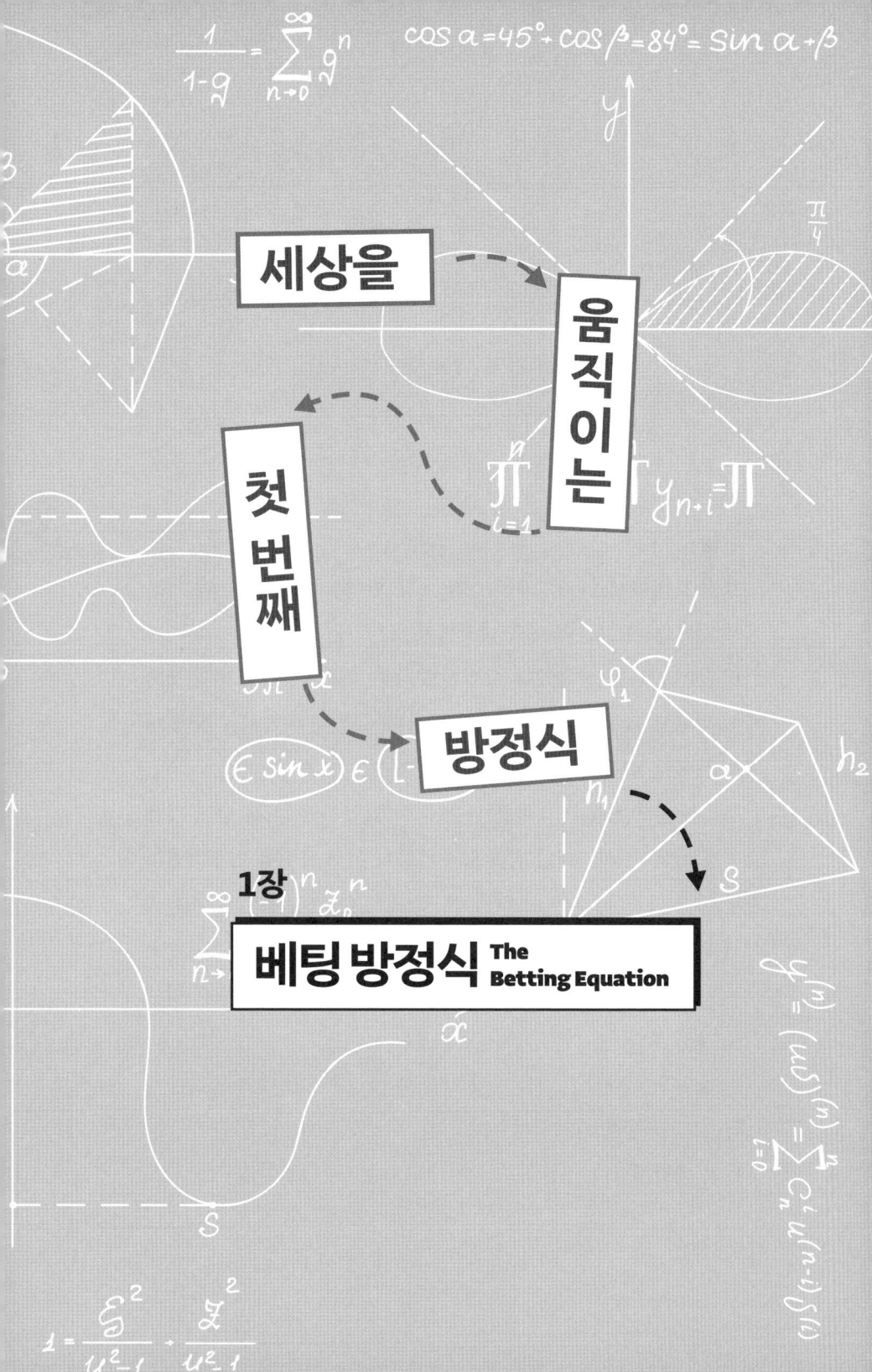

$$P = \frac{1}{1+\alpha x^{\beta}}$$

　호텔 로비에서 얀과 마리우스를 처음 만나 악수를 나눌 때 가장 인상 깊었던 건 그들이 내가 대학에서 가르치는 학생들보다 나이가 그리 많지 않다는 점이었다. 그런데도 나는 그들로부터 도박의 세계에 대해 많은 것을 배울 수 있기를 바랐다. 그들도 내게서 수학에 대해 많은 것을 배우고 싶어 했을 것이다.

　우리는 온라인에서 대화를 나눈 적이 있었지만, 직접 만난 것은 그때가 처음이었다. 내년 전략을 준비하기 위해 유럽을 여행하면서 축구 베팅 전문가들과 팁스터들tipster(스포츠 경기의 결과를 예측하고, 이런 예측 정보를 다른 사람들에게 제공하는 사람, 즉 스포츠 베팅에 대한 조언을 해주는 전문가 - 옮긴이)들을 만나던 그들은 나를 만나기 위해 비행기를 타고 왔다.

　호텔 밖으로 나갈 준비를 하고 있을 때 마리우스가 내게 물었다.

　"노트북을 펍에 가져갈까요?"

　나는 대답했다.

"물론이지요."

그날의 만남은 그다음 날 본격적으로 일을 시작하기 전에 '서로를 파악하기 위한' 만남 같은 것이었다. 하지만 우리 세 사람은 그 자리에서 본격적으로 토론하지는 않더라도 어느 정도 숫자 계산은 해야 한다는 것을 알았다. 당연히 노트북이 필요했다.

사람들은 축구 도박에서 이기려면 많은 지식이 필요하다고 생각할 것이다. 또한 사람들은 모든 선수의 컨디션, 부상 상태를 파악하고 때로는 내부 정보를 확보하는 등의 노력을 통해 경기에 대한 심층적인 이해를 할 수 있어야만 축구 도박에서 이길 수 있다고 생각할 것이다. 10년 전에는 그랬을지도 모른다. 당시에는 경기를 주의 깊게 보고, 선수들의 몸짓을 관찰하고, 일대일 상황에서 어떻게 경기를 펼치는지를 관찰하면 순진하게 홈 팀에 베팅한 도박사들보다 우위에 설 가능성이 있었다. 하지만 지금은 그렇지 않다.

얀은 축구 자체에는 별로 관심이 없었기 때문에 2018년 러시아 월드컵에서 우리가 베팅할 경기 대부분을 볼 생각이 없었다. 하지만 그는 자신 있게 웃으면서 말했다.

"독일 경기는 재미있을 것 같아요."

개막식 당일 저녁, 축구에 관심이 있든 없든 지구상의 거의 모든 사람이 그 소식을 듣지 않을 수 없는 이벤트가 시작됐다. 하지만 얀은 자신의 조국인 독일의 국가대표 팀 경기 외에는 독일 분데스리가^{Bundesliga}든, 노르웨이 티펠리겐^{Tippeligan}이든, 월드컵이든, 테니스나 경마 경기 등 모든 경기가 똑같다고 생각했다. 얀과 마리우스에게 모든 스포츠 경기는 돈을 벌 수 있는 또 다른 기회일 뿐이었다. 그들이 나를 찾아온 것은 이런 기회를 찾는 과정에 일어난 일 중 하나였다.

그들과 만나기 몇 달 전에 나는 내가 개발한 축구 베팅 모델에 대한 글을 발표했었다.[1] 이 모델은 평범한 수학적 모델이 아니었다. 2015~2016년 프리미어리그 시즌이 시작될 때 나는 방정식 하나를 작성했고, 프리미어리그 경기 결과들에 대해 북메이커bookmaker(스포츠 경기를 비롯한 각종 이벤트에서 결과에 대한 베팅을 받고, 배당률을 계산하며, 당첨금을 지급하는 사람 또는 회사를 뜻한다 - 옮긴이)들이 예측한 승패 확률보다 내 방정식을 이용해 계산한 승패 확률이 더 정확하게 맞아떨어지리라고 주장했다. 결과는 내 예상대로였다.

2018년 5월까지 이 방정식은 1,900%의 이익을 창출했다. 2015년 8월에 이 모델에 100파운드를 투자했다면 3년이 채 지나지 않아 2,000파운드를 갖게 됐을 것이다. 아무 생각도 하지 않고 내 모델이 제안하는 대로 베팅하기만 했어도 그 정도 돈을 벌었을 것이다.

내 방정식은 경기장에서 일어난 일과는 아무런 관련이 없었다. 내 방정식은 경기를 관전하는 것과도 관련이 없었고, 어떤 팀이 월드컵에서 우승했는지와도 전혀 관련이 없었다. 이 모델은 북메이커의 배당률을 기초로, 과거 경기들에 의해 발생하는 편향을 약간 보정해 베팅 배당률을 제시한 일종의 수학적 함수였을 뿐이다. 이 정도 함수로도 충분히 돈을 딸 수 있었다.

나는 이 방정식을 모든 사람에게 공개했고, 사람들은 이 방정식에 상당히 많은 관심을 보였다. 나는 〈이코노미스트〉가 발행하는 라이프 스타일 잡지 〈1843 매거진〉에 이 방정식에 대한 자세한 내용의 글을 발표했고, BBC, CNBC, 신문, 소셜 미디어와의 인터뷰에서도 이 방정식에 대해 이야기했다. 따라서 내 방정식은 비밀이라고 할 수 없었다. 얀과 마리우스가 나에게 물어본 내용도 바로 이 모델에 관한 것이었다. 마리우스가 내게 물었다.

"선생님이 아직도 에지를 가지고 있다고 생각하는 이유가 뭐죠?"

도박의 화폐는 정보다. 다른 사람들이 모르는 정보를 당신이 알고 있고 그 정보로 돈을 벌 수 있다면, 당신은 그 정보를 절대 다른 사람과 공유하지 않을 것이다. '에지'라는 말은 북메이커에 비해 당신이 정보를 더 많이 가짐으로써 베팅에서 확보하게 되는 약간의 우위를 뜻한다. 당신이 가진 에지를 계속 지키려면 그 에지를 비밀로 유지해야 한다. 수익 창출 계획이 유출되면 다른 사람들이 이를 악용할 테고 북메이커는 배당률을 수정할 것이다. 그렇게 되면 당신의 에지는 사라진다. 어쨌든 이론적으로는 그렇다. 하지만 나는 그 이론과 반대되는 방향으로 행동했다. 나는 내 방정식을 사람들에게 알리기 위해 가능한 모든 노력을 다했다. 마리우스는 내 방정식이 그렇게 널리 알려졌는데도 왜 여전히 효과가 있는지 알고 싶었던 것이다.

마리우스의 질문에 대한 답 대부분은 내가 매일 받는 베팅 문의 이메일과 DM의 내용에서 찾을 수 있다. '내일 경기에서 누가 이길 것 같나요? 교수님에 대한 글을 많이 읽으면서 교수님 말씀을 신뢰하게 됐어요', '사업을 시작하는 데 필요한 자본을 확보하고자 자금을 모으려고 합니다. 축구 베팅에 관한 조언을 해주시면 확실히 큰 도움이 될 것 같습니다', '크로아티아 팀과 덴마크 팀 중 어떤 팀이 이길까요? 저는 덴마크 팀이 이길 것 같은 직감이 드는데, 확신하지는 못하겠어요', '잉글랜드 경기의 결과가 어떻게 될까요? 무승부일 수도 있을까요?' 이런 질문들이 끊임없이 이어진다.

이런 말을 하는 것이 별로 내키지는 않지만, 사람들이 내게 이런 메시지들을 계속 보내는 이유가 바로 마리우스의 질문에 대한 답이기도 하다. 나는 내 접근 방식의 한계를 설명하고 통계에 기반한 장기적인 전략을 강조했지만, 대중의 반응은 대부분 '주말에 아스날이 이길까요?' 또는 '살라가 출전하지 않으면 이집트가 조별 예선에 진출할 수 있을까요?' 같은 질문들이었다.

하지만 내게 이런 이메일을 보내는 사람들은 그래도 좀 나은 편에 속한다. 적어도 그들은 확률 계산이나 도박에 대한 조언을 얻기 위해 인터넷을 검색한 적이 있는 사람들이기 때문이다. 사실 이런 검색이나 조사를 전혀 하지 않고 도박을 하는 사람이 훨씬 더 많다. 이런 사람들은 직감으로 도박을 하고, 재미로 도박을 하고, 술에 취해서 도박을 하고, 현금이 필요해서 도박을 하고, (절박한 경우에는) 스스로 멈출 수 없어서 도박을 한다. 전체적으로 보면, 이런 사람들이 내가 사용하는 방법이나 그 비슷한 방법을 이용해 정보를 기반으로 도박을 하는 사람들보다 훨씬 더 많다. 나는 마리우스에게 이렇게 설명했다.

"내 모델이 계속 효과를 내는 이유는 그 모델이 사람들이 하기 싫어하는 베팅을 제안하기 때문이지요. 예를 들어 사람들은 리버풀과 첼시의 경기에서 무승부에 베팅하거나 맨체스터시티가 허더즈필드에 승리할 낮은 확률에 베팅을 하는 것은 재미가 없다고 생각해서 잘 안 하려고 해요. 내 모델이 추천하는 베팅이 바로 이런 것들이에요."

수익을 내려면 시간과 인내심이 필요하다. 마리우스가 내게 보낸 첫 번째 이메일은 내가 받은 모든 이메일 중에서 특별한 1%에 속했다. 그 이메일에서 그는 자신과 얀이 시장에서 가치를 찾아내기 위해 개발한 자동화 시스템에 대해 이야기했다. 그들의 아이디어는 대부분의 북메이커가 '소프트' 북메이커라는 사실을 이용한 것이었다. 소프트 북메이커는 배당률을 설정할 때 팀의 실제 승리 확률을 정확하게 반영하지 않는 경우가 많다. (내게 베팅할 팀을 알려달라고 요청하는 메시지를 보내는 사람들을 포함한) 대부분의 펀터punter(스포츠 경기 등에 베팅을 하거나 도박을 하는 사람들 – 옮긴이)는 소프트 북메이커를 이용한다. 패디 파워Paddy Power, 래드브록스Ladbrokes, 윌리엄힐William Hill 같은 유명 북메이커는 물론, 레드벳RedBet, 888스포트888sport 같은 소규모 온라인 북메이커도 소프트 북메이커에 속한다. 소프트 북메이커는 많은 고객을 도박으로 유도하기 위해 특별 혜택 제공에 많은 신경을 쓰지만, 스포츠 경기 결과를 정확하게 반영해 배당률을 설정하는 데는 별로 신경을 쓰지 않는다. 경기 결과를 예측하기 위해 배당률을 정확하게 조정하는 일은 피너클Pinnacle이나 매치북Matchbook 같은 '샤프' 북메이커들이 수행한다. 북메이커를 이용해 도박을 하는 사람들의 약 1%만이 이 샤프 북메이커를 이용한다.

마리우스와 얀의 아이디어는 이 샤프 북메이커를 이용해 소프트 북메이커로부터 돈을 벌어들이는 것이었다. 그들이 만든 시스템은 소프트 북메이커와 샤프 북메이커의 배당률을 모두 모니터링하고 불일치하는 부분을 찾아냈다. 소프트 북메이커 중 한 곳이 샤프 북메이커보다 더 높은 배당률을 제시하는 경우, 시스템은 해당 소프트 북메이커를 이용해 베팅할 것을 제안했다. 이 전략이 항상 성공적이지는 않았지만, 일반적으로 샤프 북메이커가 더 정확했기 때문에 얀과 마리우스는 에지를 확보할 수 있었다. 이들은 장기간에 걸쳐 수백 번의 베팅을 통해 소프트 북메이커에서 돈을 땄다.

하지만 얀과 마리우스의 이 시스템에는 한 가지 한계가 있었다. 이 한계는 소프트 북메이커들이 베팅에 계속 성공해 돈을 딴 사람들의 계정을 아예 막거나 활동을 제한하는 데서 발생했다. 어떤 고객을 선택할지는 소프트 북메이커가 결정하기 때문에, 얀과 마리우스의 계정이 수익을 연달아 내자 북메이커들은 그 계정으로 활동할 수 있는 범위를 축소해버린 것이었다. 예를 들어 소프트 북메이커들은 '이제 귀하의 계정은 최대 베팅 금액이 2.50파운드로 제한됩니다'라는 메시지를 얀과 마리우스에게 보냈다.

하지만 곧 그들은 수익을 낼 다른 방법을 찾아냈다. 구독 서비스를 제공하는 시스템의 개발이었다. 얀과 마리우스가 제공하는 이 서비스를 매달 일정한 이용료를 내고 구독하는 사람들은 소프트 북메이커가 제공하는 베팅 종목 중에서 수익이 예상되는 종목에 대한 링크를 제공받았다. 즉, 얀과 마리우스는 자신들의 계정은 제한됐지만 이 시스템을 이용해 간접적으로 수익(구독료)을 올렸다. 이 서비스는 구독자와 운영자 모두에게 이익을 제공했다. 여기서 이익을 보지 못하는 것은 소프트 북메이커뿐이었다. 취미로 도박을 하는 사람들은 장기적으로 승률을 높이는 데 필요한 팁을 얻었고, 얀과 마리우스도 한몫 챙길 수 있었기 때문이다.

두 사람과 펍에 앉아 나눈 이야기도 이 시스템과 관련된 것이었다. 그들은 데이터를 수집해 자동으로 베팅을 하는 기술을 이미 마스터한 상태였으며, 나는 그들의 에지를 더욱 강화할 수 있는 방정식을 개발한 상태였다. 실제로 프리미어리그 베팅을 위해 내가 만든 모델은 소프트 북메이커뿐만 아니라 샤프 북메이커도 이길 수 있었다.

당시 나는 곧 열릴 월드컵 본선 경기 베팅에서도 내가 에지를 가질 수 있다고 생각했다. 하지만 내 생각을 테스트하려면 더 많은 데이터가 필요했다. 내가 이 생각에 대한 설명을 끝내기도 전에 얀은 노트북을 열고 와이파이 접속을 시도하면서 말했다.

"참가 팀들의 예선 통과 배당률과 지금까지 열린 예선 경기 중 중요한 여덟 번의 경기에 참가한 팀들의 승리 배당률을 다운받을게요. 스크레이핑scraping(특정 웹 사이트나 페이지에서 필요한 데이터를 자동으로 추출해내는 행위 – 옮긴이)에 필요한 코드가 나한테 있어요."

술을 마시면서 우리는 계획을 세웠고, 계획 실행에 필요한 데이터에 대한 이야기도 나누었다. 술자리가 끝나자 얀은 호텔로 돌아가 밤새도록 컴퓨터로 과거의 승률 데이터를 긁어모았다.

* * *

얀과 마리우스는 새로운 유형의 프로 도박사다. 이들은 코딩 능력이 있고, 데이터를 확보하는 방법을 알고 있으며, 수학을 이해하는 능력도 지녔다. 이들은 대체로 전통적인 도박사들에 비해 특정 스포츠에는 관심이 적지만 숫자에는 관심이 많은 유형에 속한다. 하지만 이들도 돈을 버는 일에는 전통적인 도박사들만큼 관심이 많으며, 그 일에 훨씬 더 탁월한 능력을 보인다.

내가 공개한 베팅 에지를 통해 나를 알게 된 이 두 사람은 자신들이 속한 도박 네트워크의 주변부로 나를 끌어들였다. 하지만 펍에서 내가 그들에게 현재 진행 중인 다른 프로젝트들에 대해 물었을 때 그들이 조심스럽게 대답한 것을 보면 그 네트워크 깊숙한 곳으로까지는 나를 초대하지 않은 모양이었다. 어쨌든 그때까지는 그랬던 것 같다. 우리가 개발하려고 하는 시스템에 내가 50파운드를 베팅할 계획이라고 말하자 그들이 나를 비웃은 것, 그리고 그들의 다른 프로젝트들에 대한 정보가 우리 계획에 필요할 때에만 부분적으로 내게 공유된 것을 보면 그들이 보기에 나는 아마추어였던 것 같다.

하지만 내게는 이 두 사람보다 더 많은 정보를 공유해준 지인이 한 명 있었다. 그는 최근에 스포츠 도박계를 떠난 사람인데, 자신이 소속됐던 집단과 개인 신상 정보를 밝히지 않는 조건으로 자신이 했던 경험을 솔직하게 말해주었다(편의상 그를 '제임스'라는 이름으로 부를 것이다). 제임스는 내게 말했다.

"선생님이 확실하게 에지를 갖고 있다면, 베팅에 빨리 돈을 걸수록 그만큼 빠르게 돈을 벌 수 있게 될 겁니다."

제임스가 한 이 말을 이해하려면, 먼저 수익률이 3%인 전통적인 투자를 한다고 상상해보자. 이 경우 총 1,000파운드를 투자하면 1년 후에는 그 돈이 1,030파운드로 불어 총 30파운드의 수익을 얻게 된다.

이제 1,000파운드를 가지고 북메이커에 대해 3%의 에지를 가진 채 도박을 한다고 생각해보자. 당신은 가진 모든 돈을 한 번의 베팅에 걸고 싶지는 않을 것이다. 그래서 우선 10파운드씩만 투자해 손실 위험을 줄인다고 생각해보자. 베팅을 할 때마다 돈을 딸 수는 없을 것이다. 하지만 당신의 에지가 3%라는 것은 10파운드 베팅을 할 때마다 평균적으로 30펜스를 딸 수 있다는 뜻이다(1파운드는 100펜스다 - 옮긴이). 즉, 1,000파운드 투자에 대한 수익률은 베팅당 0.03%다.

따라서 30파운드의 수익을 얻으려면 10파운드짜리 베팅을 100번 해야 한다. 1년에 100번, 즉 대략 1주에 두 번 베팅을 한다면 보통 사람들이 하는 베팅보다 더 많이 하는 것이라고 할 수 있다. 그렇기 때문에 안타깝게도, 우리처럼 가끔 재미로 베팅을 하는 아마추어는 설령 에지를 가졌다고 해도 1,000파운드 투자로는 많은 수익을 기대할 수 없다.

제임스와 함께 일했던 사람들은 가끔 재미로 베팅을 하는 사람들이 아니었다. 전 세계적으로 하루에 열리는 축구 경기는 100경기가 훨씬 넘는다. 얀은 나와 대화를 나눌 때 이미 1,085개 리그의 경기 데이터를 다운로드 받아둔 상태였다. 축구 경기 외에도 테니스, 럭비, 경마 등 수많은 스포츠 경기가 열리며, 그 경기들은 모두 베팅의 기회를 제공한다.

제임스와 그의 동료들이 축구에만 에지를 가졌으며, 1년 동안 하루에 100개 축구 경기에 베팅을 한다고 가정해보자. 또한 수익이 늘어날수록, 이들이 뱅크롤^{bankroll}(베팅하는 사람이 베팅에 사용할 수 있는 돈의 총합 - 옮긴이)에 비례해 판돈을 늘려 100파운드를 베팅할 때마다 1만 파운드를 땄다고 가정해보자. 이 상황에서 뱅크롤이 10만 파운드가 됐을 때 이들이 판돈을 1,000파운드로 올렸다고 생각해보자. 3% 에지를 가진 이들이 1년 동안 베팅을 계속한다면 그 1년의 마지막 날에 얼마를 벌게 될까? 1,300파운드? 3,000파운드? 1만 3,000파운드? 31만 파운드?

놀랍게도, 그 시점에서 이들은 56,860,593.80파운드를 가질 수 있게 된다. 이는 자그마치 5,700만 파운드에 가까운 돈이다. 베팅을 한 번 할 때마다 이들의 자본은 1.0003배밖에 불어나지 않지만, 베팅 횟수가 3만 6,500번에 이르면 자본은 기하급수적으로 늘어나고 그에 따른 수익도 극적으로 증가하기 때문이다.[2]

하지만 현실에서는 이 정도로 수익이 극적으로 늘어나는 일이 일어날 수 없다. 제임스와 그의 동료들이 이용하는 샤프 북메이커가 소프트 북메이커에 비해 더 큰 규모의 베팅을 허용하기는 하지만, 그 한도에도 제한이 있어 원하는 만큼 많은 돈을 베팅하기는 어렵기 때문이다. 제임스는 "특히 런던의 베팅 회사들(여기서 베팅 회사란 북메이커가 아니라 돈을 베팅하는 집단을 뜻한다 - 옮긴이)은 이제 너무 커져서 직접 베팅을 하기보다는 중개인을 통해 베팅을 해야 하는 상황에 이르렀습니다. 만약 이 회사들이 어떤 경기에 베팅을 하려 한다는 소문이 퍼지면, 많은 사람이 같은 경기와 결과에 돈을 걸기 때문에, 이 회사들이 가졌던 에지는 사라지게 되지요"라고 설명했다(이 회사들은 기본적으로 자신들만의 정보를 바탕으로 유리한 베팅을 하려 하지만, 그 전략이 대중에게 노출되면 시장에서 경쟁력이 떨어지게 되므로, 중개인을 통해 조용히 베팅을 진행하려고 한다는 뜻이다 - 옮긴이).

이런 제한에도 불구하고 여전히 돈은 방정식을 활용하는 베팅 회사들로 몰려든다. 이 회사들이 어느 정도로 잘나가는지는 그들의 스타일리시한 런던 사무실 인테리어만 봐도 충분히 알 수 있다. 이 업계의 선두 주자 중 하나인 풋볼 레이더Football Radar의 직원들은 무료 조식으로 하루를 시작하며, 고급 헬스장을 이용할 수 있고, 휴식 시간에는 탁구나 플레이스테이션 게임을 즐길 수 있으며, 필요한 모든 컴퓨터 장비를 제공받는다. 이런 회사들의 데이터 과학자와 소프트웨어 개발자들은 자유롭게 근무 시간을 조정할 수 있고, 구글이나 메타 같은 IT 대기업 수준의 창의적인 환경을 제공받는다.

풋볼 레이더의 주요 경쟁사 두 곳인 스마트오즈Smartodds와 스타리저드Starlizard 역시 런던에 본사를 두고 있다. 이 회사들은 각각 매튜 베넘Matthew Benham과 토니 블룸Tony Bloom이 소유하고 있으며, 두 사람 모두 숫자에 대한 뛰어난 능력을 바탕으로 경력을 쌓아왔다. 베넘은 옥스퍼드대학교에서 공부하면서 통계를 기반으로 도박을 시작했고, 블룸은 프로 포커 선수로 활동한 배경을 지녔다. 2009년에는 두 사람 모두 자신이 태어난 도시의 축구 클럽, 블룸은 브라이턴 & 호브 앨비언 FC^{Brighton & Hove Albion FC}를, 베넘은 브렌트포드 FC^{Brentford FC}를 인수했다. 베넘은 이 업계에서 지속적인 우위를 확보한 뒤 아예 북메이커를 소유하는 것이 최선이라고 판단했고, 샤프 북메이커인 매치북^{Matchbook}을 인수했다.

베넘과 블룸은 둘 다 빅데이터를 이용해 확보한 작은 에지를 활용해 엄청난 이익을 낸 사람들이다.

* * *

페이버릿(여기에서 페이버릿은 선택한 팀을 의미 – 옮긴이)이 월드컵 경기에서 이길 확률(P)에 대해 내가 얀과 마리우스에게 제안한 에지는 다음의 방정식에 기초한다.

$$P(\text{페이버릿이 이길 확률}) = \frac{1}{1 + \alpha x^\beta}$$

(방정식 1)

이 방정식에서 x는 페이버릿 승리에 대한 북메이커의 배당률이다. 여기서 배당률은 영국식 표현인 분수 형태로 대입된다. 즉, 페이버릿이 이길 확률이 3:2라면 $x=3/2$가 되고, 이는 페이버릿의 승리에 2파운드를 베팅한 상태에서 그 팀이 이기면 3파운드를 받는다는 뜻이다.

이제 방정식 1이 실제로 무엇을 뜻하는지 분석해보자. 좌변의 'P'부터 살펴보자. 수학적 모델은 '승리' 또는 '패배'를 절대적인 확실성으로 예측하지 않는다. 대신, 'P(페이버릿이 이길 확률)'는 0%에서 100% 사이의 값으로 나타나는데, 이 값은 내가 결과에 할당하는 확실성의 수준에 대한 예측값이다.

이 확률은 방정식의 우변에 대입하는 값에 따라 달라지며, 우변에는 라틴 알파벳의 x와 그리스 알파벳의 α, β, 총 세 개의 기호가 포함된다. 한 학생은 나에게 방정식이 라틴 알파벳 x와 y로 구성될 때는 수학이 간단해 보였는데, α나 β 같은 그리스 문자가 등장하면 어려워진다고 말한 적이 있다. 하지만 수학자들에게 이런 생각은 어처구니없게 느껴진다. x, α, β 같은 문자는 기호에 불과하며, 이 기호들이 수학을 더 어렵게 만들거나 덜 어렵게 만들지 않기 때문이다. 나는 그 학생이 농담을 했다고 생각한다. 하지만 그 학생의 말은 방정식에 α와 β가 포함되면 수학이 실제로 더 어렵게 느껴질 수 있다는 중요한 사실을 지적한 것이긴 했다.

그렇다면 이 방정식에서 α와 β를 지워보자. 그러면 앞의 방정식은 다음과 같이 훨씬 이해하기 쉬운 형태가 된다.

$$P = \frac{1}{1+x}$$

예를 들어 배당률이 3/2(유럽식 표현으로는 2.5, 미국식 표현으로는 +150)라면 페이버릿이 이길 확률은 다음과 같다.

$$P = \frac{1}{1+\frac{3}{2}} = \frac{2}{2+3} = \frac{2}{5}$$

    $α$와 $β$를 제거한 이 방정식은 북메이커가 예상하는 페이버릿의 승리 확률을 나타낸다. 다시 말해, 이 방정식은 페이버릿이 이길 확률이 2/5, 즉 40%라고 북메이커가 생각한다는 뜻이다. 따라서 이 경우 북메이커는 경기가 무승부로 끝나거나 언더독^{underdog}(승리 확률이 낮은 플레이어 또는 팀 – 옮긴이)이 이길 확률을 60%라고 예측한다는 것을 이 방정식은 말해준다.

    $α$와 $β$가 없을 때(엄밀히 말하면 $α=1$, $β=1$일 때) 이 베팅 방정식은 비교적 이해하기 쉽다. 하지만 $α$와 $β$가 없으면 이 방정식으로 수익을 얻을 수 없다. 왜 그럴까? 페이버릿에게 1파운드를 베팅했을 때 어떤 일이 일어날지 생각해보자. 북메이커의 배당률이 정확하다면, 다섯 번 중 두 번은 1.50파운드를 따게 되고, 다섯 번 중 세 번은 1파운드를 잃게 될 것이다(배당률과 상관없이, 베팅한 팀이 패배할 경우에는 걸었던 금액을 모두 잃게 된다. 따라서 배당률이 3/2일 때 1파운드를 걸고 그 팀이 지면 1파운드를 잃게 된다 – 옮긴이). 따라서 배당률이 3/2일 때 평균적으로 당신이 돈을 딸 확률은 다음과 같다.

$$\frac{2}{5} \times \frac{3}{2} + \frac{3}{5} \times -1 = \frac{3}{5} - \frac{3}{5} = 0$$

    이 방정식은 수없이 많이 베팅을 해도 평균적으로는 아무것도 얻지 못할 것이라는 사실 즉 수익이 제로가 됨을 말해준다. 설상가상으로 이 방정식은 그보다 더 나쁜 상황을 예측하기도 한다. 그 이유는 이렇다. 처음에 나는 북메이커가 제시하는 배당률이 공정하다고 가정했다.[3] 하지만 실제로 북메이커가 제시하는 배당률은 전혀 공정하지 않다. 북메이커는 항상 자신에게 유리하도록 배당률을 조정한다. 예를 들어 북메이커는 배당률로 3/2를 제시하는 것이 합리적인데도 7/5를 제시할 수 있다. 당신이 베팅에 대해 정말 잘 알고 있지 않는 한, 북메이커가 항상 이기고 당신이 항상 지는 이유가 바로 이 배당률 조정에 있다. 7/5의 배당률에서는 평균적으로 1달러 베팅당 4센트를 잃게 된다.[4]

북메이커를 이길 유일한 방법은 숫자를 살펴보는 것이다. 얀이 펍에서 나간 뒤 저녁 내내 컴퓨터로 긁어모은 데이터가 바로 이런 숫자 데이터였다. 얀은 자신의 컴퓨터로 2006년 독일 월드컵 이후의 (예선전을 포함한) 모든 월드컵 경기와 유럽 챔피언십 경기의 배당률과 결과를 수집했다. 다음 날 아침 우리는 내 연구실에 모여 에지를 찾기 시작했다.

먼저 우리는 데이터를 로딩한 다음, 아래와 같은 스프레드시트로 정리해 살펴봤다.

페이버릿	언더독	북메이커가 제시한 페이버릿 승리 확률 (x)	페이버릿의 승리 여부 $\frac{1}{1+x}$	그렇다=1 아니다=0
스페인	호주	11/30	73%	1 (승리)
잉글랜드	우루과이	19/20	51%	0 (패배)
스위스	온두라스	13/25	66%	1 (승리)
이탈리아	코스타리카	3/5	63%	0 (패배)
…				

이런 과거의 결과를 통해 우리는 앞의 스프레드시트 데이터의 마지막 두 열을 비교해 배당률의 정확성을 파악했다. 예를 들어 2014년 월드컵 스페인 대 호주 경기의 배당률은 스페인이 73%의 확률로 승리할 것을 예측했으며, 실제로 스페인이 이겼다. 이는 '좋은' 예측으로 볼 수 있다. 반면, 코스타리카가 이탈리아를 이기기 전의 배당률은 이탈리아의 승리 확률을 63%로 예측했다. 이는 '나쁜' 예측으로 볼 수 있다.

여기서 '좋은'과 '나쁜'이라는 단어를 따옴표로 감싼 것은 비교 대상이 없는 상태에서 어떤 예측이 좋거나 나쁘다고 말할 수는 없기 때문이다. 여기서 α와 β가 등장한다. 방정식 1에서 이 문자들은 매개변수라고 할 수 있다. 매개변수는 방정식을 더 정밀하게 다듬기 위해, 즉 방정식을 더 정확하게 만들기 위해 사용되는 값이다. 우리는 스페인 대 호주 경기의 마감 배당률을 바꿀 수 없으며, 그 경기의 결과에 영향을 미칠 수도 없다. 하지만 우리는 북메이커보다 더 나은 예측을 하기 위해 α와 β를 선택할 수는 있다.

로지스틱 회귀$^{\text{logistic regression}}$는 최적의 매개변수를 찾는 방법으로 알려져 있다. 로지스틱 회귀가 어떻게 작동하는지 이해하기 위해, 먼저 β를 조정해 스페인 대 호주 경기의 예측을 어떻게 개선할 수 있을지 생각해보자. 만약 내가 β를 1.2로 설정하고 α는 1로 유지한다면, 아래와 같은 방정식을 쓸 수 있다.

$$\frac{1}{1+\alpha x^{\beta}} = \frac{1}{1+(\frac{11}{30})^{1.2}} = 77\%$$

이 경기의 결과는 스페인의 승리였기 때문에, 77%라는 이 예측은 북메이커가 예측한 73%보다 더 낫다고 볼 수 있다.

하지만 이 방정식에도 문제는 있다. β의 값을 늘리면 우루과이에 대한 잉글랜드의 승리 확률도 51%에서 52%로 증가한다. 그리고 2014년에 잉글랜드는 우루과이와의 경기에서 별로 운이 좋지 않았다. 이 문제를 해결하기 위해 나는 다른 매개변수의 값을 늘렸다. 즉, 나는 β는 1.2로 유지하면서 α를 1.1로 설정했다. 그러자 방정식은 스페인이 호주를 이길 확률을 75%로, 잉글랜드가 우루과이를 이길 확률을 49%로 예측했다. 두 경기에 대한 예측 모두가 α와 β를 1로 설정했을 때보다 개선됐다.

방금 나는 단지 두 경기에 대해 매개변수 α와 β 각각을 조정한 방정식으로 얻은 예측치와 실제 경기 결과를 비교했다. 하지만 얀의 데이터 세트는 2006년 이후 월드컵과 유럽 챔피언십의 모든 경기(총 284번의 경기) 결과에 대한 예측과 실제 결과로 구성돼 있었다. 사람이 매개변수 값을 반복적으로 업데이트해 그 결과를 방정식에 대입해 예측이 개선되는지 확인하는 일은 매우 시간이 많이 걸리는 작업이다. 하지만 컴퓨터 알고리즘을 사용하면 이런 계산을 쉽게 수행할 수 있으며, 이것이 바로 로지스틱 회귀가 하는 일이다(그림 1 참조). 로지스틱 회귀는 α와 β의 값을 체계적으로 조정해 실제 경기 결과에 최대한 가까운 예측을 제공한다.

나는 계산을 수행하기 위해 프로그래밍 언어인 파이선^{Python}으로 스크립트를 작성한 뒤 '실행' 버튼을 눌렀고, 내가 만든 코드가 숫자를 처리하는 모습을 지켜봤다. 몇 초 후, 결과가 나왔다. 가장 정확한 예측은 $\alpha = 1.16$, $\beta = 1.25$일 때 이루어졌다.

이 값들은 즉시 내 주목을 끌었다. $\alpha = 1.16$, $\beta = 1.25$로 두 매개변수가 모두 1보다 크다는 것은 배당률과 결과 간의 복잡한 관계를 나타낸다. 이 복잡한 관계를 이해하는 가장 좋은 방법은 스프레드시트에 새로운 열을 추가해 우리의 로지스틱 회귀 모델과 북메이커의 예측을 비교하는 것이었다.

페이버릿	언더독	북메이커가 제시한 페이버릿 승리 확률 (x)	페이버릿의 승리 여부 $\frac{1}{1+x}$	로지스틱 회귀 방법으로 계산한 페이버릿 승리 확률 $\frac{1}{1+1.16x^{1.25}}$	페이버릿의 승리 여부 (그렇다=1 아니다=0)
스페인	호주	11/30	73%	75%	1 (승리)
잉글랜드	우루과이	19/20	51%	48%	0 (패배)
스위스	온두라스	13/25	66%	66%	1 (승리)
이탈리아	코스타리카	3/5	63%	62%	0 (패배)
...					

여기서 우리는 스페인 팀처럼 강력한 페이버릿에 대해 숙련된 도박사들이 '롱숏 편향long-shot bias'을 가짐을 알 수 있다. 일반적으로 이런 팀들은 북메이커들이 배당률을 설정할 때 과소평가됐기 때문에 베팅할 가치가 있었다. 반면에 2014년 월드컵에서 잉글랜드 팀처럼 상대적으로 약한 페이버릿은 과대평가됐다. 잉글랜드 팀이 이길 가능성은 배당률이 제시하는 것보다 낮았기 때문이다. 예측과 모델 사이의 이런 차이가 작긴 했지만, 얀과 마리우스, 그리고 나는 이런 작은 차이를 이용해 우리가 수익을 내리라고 확신했다.

그림 1 로지스틱 회귀가 α를 1.16, β를 1.25로 추산하는 과정

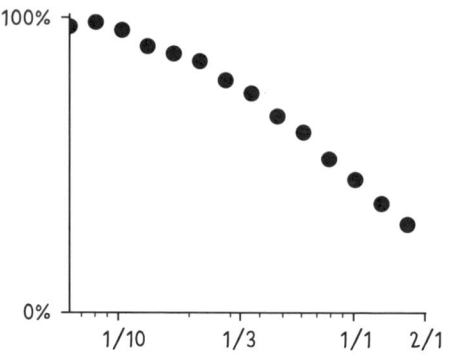

먼저 북메이커가 제시한 배당률과 승리 빈도의 관계를 그래프로 그린다.

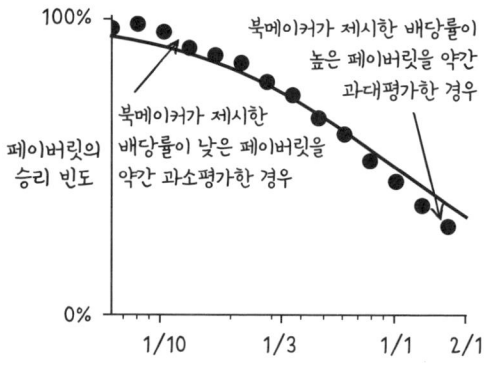

북메이커가 제시한 배당률이 완벽하다면 그 배당률은 방정식
$$\frac{1}{1+x}$$
이 나타내는 검은 선 위에 위치해야 한다.

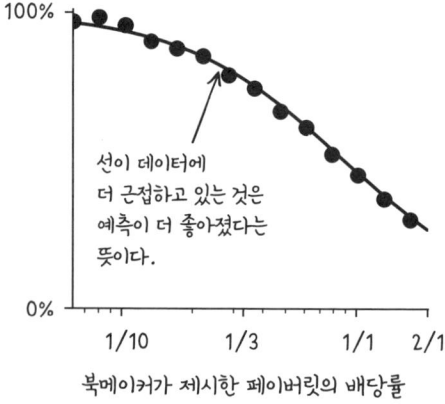

북메이커가 제시한 페이버릿의 배당률

로지스틱 회귀 방법을 사용하면 결과를 더 잘 예측하는 모델을 찾을 수 있다.
이 경우 그 모델은 다음의 수식으로 표현된다.
$$\frac{1}{1+1.16x^{1.25}}$$

우리는 월드컵에서 작은 에지를 발견한 것이었다. 다만, 이전 경기에서의 에지가 이번에도 그대로 유지될지는 확실하지 않았다. 하지만 우리는 약간의 돈을 베팅해 이 의문에 대한 답을 찾을 준비가 돼 있었다. 우리는 점심 식사 때까지 내 방정식을 기초로 거래 시스템을 완성했고, '실행' 버튼을 눌러 시스템을 가동시켰다. 이로써 월드컵 기간 내내 우리는 자동으로 베팅을 할 수 있게 됐다.

점심 식사 후, 우리 집으로 자리를 옮겼다. 마리우스와 나는 지하실에서 우루과이 대 이집트 전을 지켜봤다. 얀은 노트북을 꺼내 테니스 경기들의 배당률을 다운로드하기 시작했다.

* * *

이 베팅 방정식은 단순히 한 번의 월드컵 경기 베팅에만 적용되는 것이 아니다. 또한 북메이커로부터 돈을 딸 목적으로만 만들어지지도 않았다. 이 방정식의 진정한 힘은 이 방정식이 미래를 확률과 결과의 관점에서 보게 만드는 방식에서 나온다. 이 베팅 방정식을 활용한다는 것은 직감에 의존하지 않음을 뜻하며, 축구 경기, 경마, 금융 투자, 면접, 심지어는 로맨틱한 데이트의 결과도 100% 확실하게 예측할 수 있다는 생각을 버린다는 뜻이다. 미래에 어떤 일이 일어날지 확실하게 알 방법은 결코 없으니 말이다.

사람들 대부분은 미래의 사건이 상당 부분 우연하게 결정된다는 막연한 생각을 갖고 있다. 예를 들어 일기예보에서 내일 맑을 확률이 75%라고 해도, 출근길에 갑자기 소나기를 만나는 것은 놀랄 일이 아니다. 하지만 확률 속에 숨겨진 작은 에지를 찾아내려면 이보다 한 단계 더 깊은 이해가 필요하다.

어떤 결과가 당신에게 중요하다면, 그 결과가 좋을 확률과 그렇지 않을 확률을 생각해보자. 최근에 나는 네 차례에 걸쳐 수백만 달러의 투자를 유치하는 데 성공해 직원 100명의 스타트업 회사를 이끄는 CEO와 대화를 나누었는데, 그는 자신과 투자자들이 장기적인 수익을 확보할 확률이 10분의 1 정도에 불과하다고 기꺼이 인정했다. 그는 오랜 시간 동안 열심히 일하면서 사업에 헌신했지만, 그러면서도 그는 모든 것이 갑자기 무너질 가능성을 인지하고 있었다.

꿈의 직업을 찾든 천생연분을 찾든, 모든 시도 또는 데이트가 계속해서 성공적일 확률은 매우 낮다. 그 과정에서 통제할 수 없는 요인들이 항상 존재하기 때문이다. 나는 입사 면접 단계에서 탈락한 사람들이 자신이 무엇을 잘못했을 것이라고 생각하면서 자책하는 모습을 보면서 놀란 적이 많다. 그들은 같이 면접을 본 네 명의 지원자 중 한 명이 완벽한 모습을 보였을 가능성은 전혀 고려하지 않았던 것 같다. 면접장에 들어가기 전에 당신이 가지고 있던 20%의 성공 확률을 기억하려고 노력해보자. 그렇게 한다면, 다섯 번 정도 면접에서 실패하기 전까지는 특정 결과에 대해 너무 낙담할 이유가 없어질 것이다.[5]

수치화하기는 어렵지만, 로맨스에도 동일한 확률 법칙이 적용된다. 예를 들어 첫 번째 틴더Tinder(데이팅 앱 - 옮긴이) 데이트에서 이상형을 만날 수 있으리라고 기대해서는 안 된다. 하지만 34번째 데이트에서도 이상형을 만나지 못했다면 자신의 접근 방식에 대해 다시 생각해보는 시간을 가져야 한다.

일단 확률을 파악한 후에는 그 확률이 투자 규모와 잠재적 수익과 어떻게 관련되는지 생각해야 한다. 확률적으로 사고하라는 나의 이 조언은 명상을 통해 마음의 안정을 얻거나 어떤 일에 더 집중하라는 뜻이 아니다. 앞에서 언급한 CEO, 즉 자신의 성공 확률이 10분의 1에 불과하다고 말한 그 CEO는 우버나 에어비앤비 같은 기업을 만들 수 있는 사업 아이디어를 가진 사람이다. 실제로 이 아이디어는 가치가 100억 달러에 이르는 기업을 만들 만한 아이디어였다. 100억 달러의 10분의 1만 해도 10억 달러다. 이 정도면 엄청난 기대 수익expected profit(특정한 결정으로 얻을 수 있는 모든 가치 – 옮긴이)이라고 할 수 있다.

확률적으로 사고한다는 것은 자신에게 불리할 수 있는 가능성에도 불구하고 현실적으로 생각한다는 뜻이다. 경마나 축구 경기에 베팅할 때 순진한 도박사들은 롱숏long shot(승리 가능성이 매우 낮은 플레이어 또는 팀 – 옮긴이)을 과대평가하는 경향이 있다. 하지만 현실에서 사람들은 롱숏을 과소평가하는 경향을 보인다. 본능적으로 신중을 기하면서 위험을 회피하기 때문이다. 정말 원하는 직업을 가지게 됐을 때나 천생연분을 찾아냈을 때의 성취감이 얼마나 클지 생각해보자. 이는 목표를 이루기 위해서는 큰 위험을 감수할 준비가 돼 있어야 한다는 뜻이다.

* * *

수학은 많은 노력과 끈기를 필요로 한다. 방금 전, 나는 응용수학 역사상 가장 주목할 만한 논문 중 하나를 읽었다. 이 논문은 그야말로 10억 달러의 가치를 지닌 논문이다. 처음 읽을 때 나는 이 논문이 다루는 수학적 내용의 중요성을 간과했다. 하지만 방정식 부분에 이르자 내용이 어려워지기 시작했다. 나는 방정식을 건너뛰면서, 나중에 자세히 살펴보겠다고 생각한 뒤 흥미로워 보이는 부분으로 넘어갔다.

이 논문은 윌리엄 벤터William Benter가 쓴 것으로, '컴퓨터 기반 경마 핸디캐핑과 베팅 시스템에 관한 보고서Computer based horse race handicapping and wagering system: a report'라는 제목이 붙어 있다.[6] 이 논문은 일종의 선언문이면서 저자의 과학적인 사고가 담긴 성명서이기도 하다. 또한 이 논문은 철저함에 집착하고 자신이 하는 일에 대한 신념으로 가득 찬 사람의 작품이며, 실행하기 전에 자신의 계획을 문서화함으로써 승리가 단순한 운이 아닌 수학적 확실성에 기인함을 세상에 보여주고자 한 저자의 노력이 응축된 것이기도 하다.

1980년대 후반, 윌리엄 벤터는 홍콩 경마 베팅 시장을 장악하겠다는 계획을 가지고 움직이기 시작했다. 그가 이 프로젝트를 시작하기 전에 고액 도박은 직업적인 도박꾼들의 전유물이었다. 이런 도박꾼들은 홍콩의 해피 밸리 경마장, 샤틴 경마장, 로열 홍콩 조키 클럽의 주변을 어슬렁거리면서 마주, 말 관리 직원, 조련사로부터 내부 정보를 캐내려 했다. 예를 들어 이들은 경주마가 아침을 먹었는지, 비밀리에 추가 훈련을 받았는지 알아내려고 했다. 또한 이들은 기수들과 친분을 쌓고 다가오는 경주에 대한 전략을 물어보기도 했다.

미국인인 벤터는 그 세계의 외부인이었지만, 이 도박꾼들이 간과했던 또 다른 내부 정보를 확보하는 방법을 알아냈다. 그 방법은 조키 클럽 사무실에 항상 있던 자료에 있었다. 벤터는 경기 연감들의 사본을 입수한 뒤 비서 두 명의 도움을 받아 경기 결과를 컴퓨터에 입력하기 시작했다. 그 후 그는 그가 나중에 〈블룸버그 비즈니스위크)와의 인터뷰에서 언급한 돌파의 순간을 맞이하게 됐다. 그는 조키 클럽이 수집한 마감 배당률closing odds(경마에서 한 경주가 시작되기 직전, 즉 베팅이 마감되는 순간에 형성되는 배당률로, 최종적이고 정확한 배당률로 간주된다 - 옮긴이) 수치들도 컴퓨터에 입력했다. 내가 얀과 마리우스에게 보여준 방법, 즉 베팅 방정식의 사용과 비슷한 방법을 벤터도 사용할 수 있게 한 것은 바로 이 배당률 수치들이었다. 우리는 이 방법을 이용해 도박사들과 팁스터들의 예측에서 정확하지 않은 부분을 찾아냄으로써 결정적인 도움을 받을 수 있었다.

벤터는 거기서 멈추지 않았다. 내가 지난 섹션에서 제시한 기본 방정식은 축구 배당률의 편향을 식별하는 데 한계가 있었다. 하지만 벤터의 논문을 두세 번 반복해 읽으면서 나는 그가 오랜 기간 동안 수익을 낼 수 있었던 이유가 이해되기 시작했다. 내 모델은 경기 결과를 예측하게 해주는 추가적인 요소들을 고려하지 않았다. 하지만 벤터는 경마 경기 결과 예측에서 내 모델보다 한 걸음 더 나아갔다. 그는 과거 성적, 마지막 경주 이후에 경과한 시간, 경주마의 나이, 기수의 기여도, 배정된 스타트 위치, 지역의 날씨 등 다양한 요소들을 데이터 세트에 빠르게 포함시킴으로써 데이터 세트의 양을 크게 늘렸다. 이런 각각의 요소는 그의 베팅 방정식에 항목별로 추가됐으며, 더 많은 세부 정보가 방정식에 입력될수록 그가 적용한 로지스틱 회귀의 정확도가 높아졌고, 그에 따라 그의 예측도 점점 더 정확해졌다. 이런 데이터 입력에 5인년person-year(인년은 각 개인에 대한 서로 다른 관찰 기간의 합을 뜻한다 - 옮긴이)이 소요된 후 그의 모델은 가동될 준비를 마쳤고, 카지노에서 카드 카운팅card counting(주로 블랙잭에서 사용되는 확률적인 전략으로, 딜러 또는 플레이어에게 유리한 상황을 판단하기 위해 남아 있는 카드를 추적하는 방법이다 – 옮긴이)으로 모은 자본으로 그는 해피 밸리 경마장에서 베팅을 시작했다.

도박을 시작하고 첫 몇 달 동안 벤터는 투자금의 50%에 해당하는 수익을 보았지만, 두 달 후 그 수익은 모두 사라졌다. 다음 2년 동안 벤터의 수익은 변동을 거듭하며 가끔 100%에 가까워졌다가 다시 거의 제로로 떨어지곤 했다. 약 2년 반이 지난 후, 그의 모델은 정말로 성과를 내기 시작했다. 수익은 200%, 300%, 400%로 올라가며 기하급수적으로 증가했다. 벤터는 〈블룸버그 비즈니스위크〉와의 인터뷰에서 1990~1991년 시즌에 300만 달러를 벌었다고 말했다.[7] 같은 출처에 따르면, 그 이후 20년 동안 벤터와 같은 방법을 사용하는 소수의 경쟁자들은 홍콩 경마장에서 10억 달러 이상의 수익을 올렸다.

벤터의 이 과학 논문과 관련해 가장 주목할 점은 그 내용이 아니라 그 논문을 읽은 사람이 거의 없다는 사실이다. 실제로 이 논문은 발표된 지 25년이 지난 지금까지 다른 과학 논문에서 인용된 횟수가 92회에 불과하다. 비교하자면, 도토리개미가 새로운 집을 선택하는 방법에 관해 내가 15년 전에 쓴 논문은 현재 351회 인용된 상태다.

벤터의 이 논문은 그 자체도 이렇게 무시됐지만, 그 논문에서 인용된 다른 논문들도 무시됐다. 그는 이 논문에서 '반드시 참조해야 하는 논문'으로 루스 볼턴Ruth Bolton과 랜들 채프먼Randall Chapman의 1986년 논문을 참고 문헌 목록에 포함시켰다.[8] 하지만 경마장에서 베팅 방정식을 사용해 이익을 낼 수 있는 방법을 보여주는 이 놀라운 논문은 발표된 지 거의 35년이 지난 지금도 인용 횟수가 100회를 넘지 않고 있다.

벤터는 고급 수학을 정식으로 공부한 사람은 아니지만, 필요한 경우 언제든지 고급 수학을 자신의 연구에 동원할 준비가 돼 있었다. 일각에서는 그를 천재라고 말하지만, 내 생각은 다르다. 그동안 응용수학자로 살면서 나는 벤터가 사용한 통계적 방법과 동일한 방법을 꾸준히 학습한 사람들을 꽤 많이 만났고, 그들과 함께 일을 했다. 그들은 수학자도 천재도 아닌 보통 사람들이었다. 그들은 도박을 하는 사람들도 아니었다. 그들은 통계를 이용해 가설을 검증하는 생물학자, 경제학자, 사회과학자였지만 수학을 이해하기 위해 시간을 투자한 사람들이었다.

나도 어떤 수학 이론을 처음 읽을 때는 이해가 잘 안 된다. 사실 내가 만난 수학자들 중에서도 세부적인 부분을 여러 번 다시 살펴보지 않고도 특정한 방정식을 완전히 이해할 수 있는 사람은 거의 없었다. 비밀은 그 세부적인 부분들에 숨겨져 있기 때문이다.

* * *

모든 비밀결사에게 가장 큰 위협은 그 비밀이 밝혀지는 것이다. 기술에 정통한 권력자들이 전 세계에서 일어나는 모든 일을 통제한다고 상상하는 현대판 일루미나티 음모론은 일루미나티의 모든 구성원이 그 비밀결사의 목표와 방법에 대해 침묵을 지킨다는 전제에 기초한다. 만약 구성원 중 단 한 명이라도 코드를 공유하거나 비밀결사의 계획을 누설한다면, 그 비밀결사가 추구하는 모든 일이 위협을 받는다.

과학자들 대부분이 일루미나티 같은 비밀결사의 존재를 믿지 않는 가장 큰 이유가 바로 이 발견의 위험과 관련이 있다. 어떤 비밀결사가 인류의 모든 활동을 통제하려면 비밀결사 자체가 엄청나게 커야 하며, 그 비밀결사의 비밀 자체가 엄청난 것이어야 한다. 또한 그런 비밀결사가 존재한다면, 그 구성원 중 한 사람이 모든 것을 발설할 위험도 상당히 크다.

하지만 TEN의 비밀은 베팅 방정식을 깊이 파고들면 쉽게 알 수 있다. 이 비밀결사의 비밀은 그 비밀을 알기 위해 끈기 있게 노력하는 사람들에게 서서히 그 실체를 드러내기 때문이다. 사실 이 비밀결사의 비밀, 즉 코드는 우리가 초중고 과정에서 모두 배우고, 대학 과정에서 더 깊게 학습하는 코드다. 다만 우리는 우리가 그 비밀을 배웠다는 사실을 깨닫지 못하고 있을 뿐이다. 이 비밀결사의 구성원들은 자신이 엄청난 음모의 일부라는 사실을 아주 어렴풋하게만 알고 있다. 그들은 자신들이 드러낼 것도, 발설할 것도, 숨길 것도 없다고 생각한다.

TEN의 잠재적 회원은 벤터의 과학 논문을 두 번, 세 번 읽으면서 제대로 이해하려고 노력할 것이다. 그 과정에서 그 사람은 수십 년, 수백 년에 걸쳐 이어지는 유대감, 즉 연결 고리를 느끼기 시작할 것이다. 벤터도 루스 볼턴과 랜들 채프먼의 논문을 읽으면서 이런 유대감을 느꼈을 것이다. 그에 앞서 볼턴과 채프먼은 자신들의 연구의 기초가 된 데이비드 콕스[David Cox]가 1958년에 발표한 로지스틱 회귀 논문을 읽으면서 역시 동일한 유대감을 느꼈을 것이다. 이런 수학적 유대감은 1940년대에 발표된 모리스 켄들[Maurice Kendall]과 로널드 A. 피셔[Ronald A. Fisher]의 논문, 그보다 훨씬 이전인 18세기 영국 런던에서 아브라함 드무아브르[Abraham de Moivre]와 토머스 베이즈[Thomas Bayes]가 발표한 최초의 확률 이론으로까지 거슬러 올라간다.

TEN의 잠재적인 회원은 세부 사항을 더 깊이 파고들수록 비밀의 모든 부분이 눈앞에서 하나씩 드러남을 깨닫게 될 것이고, 벤터가 그의 방정식에 25년 전에 남긴 비밀 코드들, 즉 대수 기호들의 의미를 하나씩 풀어내면서 성공의 길로 접어들 것이다.

수학, 즉 방정식에 대해 우리가 공유하는 관심은 이렇게 시공간을 초월해 우리를 하나로 묶는다. 벤터가 그랬던 것처럼, TEN의 잠재적인 회원은 이제 직감이 아닌 데이터 간의 통계적 관계에 기반한 베팅의 아름다움을 배우기 시작할 것이다.

* * *

얀, 마리우스 그리고 내가 개발한 베팅 전략의 아이디어를 방정식을 사용하지 않고 설명할 수 있는 방법이 있다. 이 아이디어의 핵심을 한 문장으로 요약하면 다음과 같다. 우리는 월드컵 경기 결과를 예측할 때 개막 배당률(경기가 열리기 훨씬 전에 북메이커가 제시하는 배당률)을 이용하면 마감 배당률(경기 직전에 북메이커가 제시하는 배당률)을 이용하는 것보다 더 나은 예측을 할 수 있다는 사실을 알아냈다.

하지만 이 관찰 결과는 직관에 반한다. 북메이커가 배당률을 설정하는 시점, 즉 킥오프 몇 주(또는 몇 달) 전에는 킥오프 때까지 어떤 일이 발생할지 예측하기가 매우 어렵다. 스타 선수가 부상을 당할 수도 있고(이집트의 모하메드 살라가 그랬다), 어떤 팀이 부진한 흐름을 이어갈 수도 있으며(프랑스가 월드컵 본선 몇 주 전에 미국과 비긴 적이 있다), 경기 직전에 감독이 교체될 수도 있다(스페인이 그랬다). 원칙적으로 배당률은 이런 사건들을 반영해 조정해야 한다. 스페인이 감독을 갑자기 해임하면 포르투갈을 이길 확률이 떨어져야 한다는 말이다.

실제로 배당률은 조정된다. 하지만 이런 조정은 상황이 변한 정도에 맞춰서 이루어지는 것이 아니라 과도하게 이루어지는 경향이 있다. 경기가 다가오면 아마추어 도박꾼들이 시장에 진입해 경기 결과를 예측하고 베팅을 하게 되고, 북메이커들은 이런 아마추어 도박꾼들이 하는 베팅을 반영해 배당률을 조정한다. 예를 들어 2018년 러시아 월드컵에서 프랑스가 페루에 승리할 경우의 배당률은 첫 번째 조별 리그 경기 전에 2/5에서 1/2로 올라갔다(이 경기에서 프랑스는 1:0으로 페루를 이겼다 - 옮긴이). 아마추어 도박꾼 중에는 프랑스가 미국과의 친선경기에서 승리하지 못했다면, 프랑스 대 페루 경기에서 페루가 승점 1점에서 3점을 확보하리라고 생각한 사람들도 있었을 것이다. 스타 미드필더 폴 포그바에 대한 비판적인 신문 기사를 읽고 그가 프랑스 팀을 이끌 역량이 부족하다고 판단한 사람들도 있었을 것이다. 이유가 무엇이었든 이런 상황은 우리가 만든 모델이 2018년 월드컵에서 가치 있는 베팅을 생성하는 과정에서 예측했던 상황이었다. 강력한 페이버릿의 승리 배당률이 높아졌을 때는 그 페이버릿에 베팅하는 것이 유리했다. 우리가 만든 자동 시스템은 배당률 변화를 감지해 프랑스 팀에 50파운드를 베팅했고, 경기가 끝난 뒤 우리는 75파운드를 가지게 됐다. 이 시스템은 이렇게 간단하고 효과적이다.

응용수학자로서 내가 가진 중요한 능력 하나는 우리가 사용하는 모델을 뒷받침하는 논리를 설명하는 능력이다. 마리우스와 나는 모델을 구축해놓은 상태에서 오후에 축구 경기를 보면서, 월드컵 본선 경기 시작일이 다가올수록 배당률의 정확도가 떨어지는 이유에 대해 이야기했다. 마리우스가 말했다.

"대체적으로 우리가 구사하는 베팅 전략들은 경기 날짜가 다가올수록 배당률이 더 정확해진다는 생각에 기초하지만, 월드컵은 뭔가 다른 것 같습니다."

내가 말했다.

"베팅의 양이 엄청나게 많기 때문에 그럴 겁니다. TV에서 축구 경기가 많이 방송되니까 사람들이 재미로 돈을 조금 베팅하는 일이 많아지지요. 애국심으로 베팅을 하는 사람들도 있고, 다른 나라를 이기고 싶은 마음에서 베팅을 하는 사람들도 있지요."

마리우스는 내 말에 동의했다. 월드컵은 평소에 축구 경기를 시청하지 않는 사람들을 TV 앞으로 끌어들였고, 그렇게 축구 경기를 보게 된 사람들은 이길 확률이 높다고 생각되는 팀에 돈을 걸지 않을 수 없게 된 것이었다. 우리는 충성스러운 잉글랜드 팬들이 프랑스를 상대로 돈을 벌면 재미있을 것이라고 생각하는 모습을 상상했다. 아르헨티나 팬들과 독일 팬들이 스위스가 브라질과의 첫 경기에서 승리하기를 응원하는 모습을 떠올리기도 했다. 언더독에 대한 베팅이 증가하자 북메이커는 페이버릿의 승리 배당률을 높였고, 우리 모델은 사람들의 생각에 반하는 베팅을 통해 수익을 올렸다. 우리는 모든 경기에서 수익을 내지는 못했지만(브라질은 스위스와의 첫 경기에서 예상을 뒤엎고 비겼다), 경기 직전에 매우 강력한 페이버릿에 베팅을 했을 때는 대부분 수익을 올릴 수 있었다.

아마추어 도박꾼들의 롱숏 베팅 편향에 대한 예측은 우리 모델의 일부에 불과했다. 우리 방정식은 그보다 더 정교한 예측을 제공했기 때문이다. 예를 들어 α가 1.16, β가 1.25의 값을 가질 경우 이 방정식은 매우 강력한 페이버릿이 없을 때는 언더독에 베팅해야 한다고 제안했다. 2014년 월드컵에서 잉글랜드가 우루과이에 패한 것이 바로 이 경우에 해당한다. 이런 예측은 콜롬비아와 일본의 경기 결과에도 적중했다. 경기가 다가오면서 콜롬비아의 승리 배당률은 7/10에서 8/9로 높아졌다. 이 배당률을 우리 방정식에 넣어본 결과, 우리는 일본에 베팅해야 함을 알 수 있었다. 이는 일본이 이길 가능성이 더 높기 때문이 아니었다. 콜롬비아는 여전히 우승 후보였다. 그럼에도 불구하고 우리 방정식은 현재 배당률이 26/5인 일본이 콜롬비아보다 더 나은 가치를 제공한다고 제시했다. 실제로 우리 방정식의 예측대로 콜롬비아는 이 경기에서 패했고, 50파운드를 베팅한 우리는 260파운드를 가지게 됐다.

* * *

데이비드 콕스는 현재 나이가 95세임에도 여전히 연구 활동을 계속하고 있다. 80년 동안 일하면서 그는 317개의 과학 논문을 저술했으며, 앞으로도 계속 논문을 발표할 가능성이 매우 높다. 그는 지금도 옥스퍼드대학교의 너필드 칼리지 연구실에서 통계에 관한 논평과 리뷰를 쓰면서 자신의 연구 분야에서 지속적인 기여를 하는 중이다. 나는 그에게 매일 연구실에 나가는지 물었다.

"매일은 아닙니다."

그가 대답했다.

"토요일이나 일요일에는 나가지 않습니다."

그러더니 그는 다시 이렇게 고쳐 말했다.

"토요일이나 일요일에 가는 확률은 매우 낮다고 말하는 것이 더 정확하겠네요. 가끔 주말에 나가기도 하니까요."

데이비드 콕스는 정확성을 중시한다. 내 질문에 대한 그의 답변은 신중하고 검토된 것이었으며, 그는 항상 자신의 대답에 확신의 수준을 덧붙였다.

콕스는 베팅 방정식을 발견한 사람이다. 물론 그는 그렇게 말하지 않을 것이다. 사실 정확히 말하자면 그 말이 완전히 맞는 말은 아니다. 더 정확히 말하자면, 그는 로지스틱 회귀 이론을 개발했으며, 그의 이론에 기초해 나는 $α$와 $β$ 값을 찾았고, 벤터는 경마 결과를 예측하는 요인을 결정할 수 있었다고 해야 한다.[9] 다시 말하면, 콕스는 베팅 방정식이 정확하게 예측하도록 만드는 통계 방법을 개발했다고 할 수 있다.

로지스틱 회귀는 제2차 세계 대전 후에 영국에서 탄생한 개념이다. 제2차 세계 대전이 끝나갈 무렵, 데이비드 콕스는 케임브리지대학교 수학과를 졸업하고 영국왕립비행단으로 배속돼 연구를 진행했다. 이후 영국이 재건을 시작하면서 그는 섬유 산업 분야로 옮겨 연구를 계속했다. 처음에 그는 자신이 공부한 추상수학에 관심이 있었지만, 왕립비행단과 섬유업계에서 일하면서 새로운 도전에 눈을 뜨게 됐다고 말했다.

"섬유 산업 분야에는 수학적으로 매력적인 문제가 많았습니다."

그는 당시의 기억이 정확하지는 않다고 말했지만, 그 무렵 그가 가졌던 열정만은 확실하게 기억하고 있었다. 그는 다양한 소재들(양모)의 특성에 대한 테스트를 통해 재료가 끊어질 확률을 예측하는 방법, 성기게 방직된 양모로 강하고 균일한 최종 제품을 만드는 문제에 대해 이야기했다. 이런 문제들, 그리고 왕립비행단에서 경험한 다양한 사고들, 비행기 날개의 공기역학과 관련된 다양한 문제들이 그의 연구 활동에 동기를 부여했던 것으로 보였다.

이런 실질적인 문제들에서 시작해 콕스는 더 일반적이고 수학적인 문제들을 파고들기 시작했다. 이런 문제들 중 하나는 여러 요인들—예를 들어 바람의 속도나 스트레스와 같은 요인들—이 결과에 어떤 영향을 미치는지를 예측하는 가장 좋은 방법을 찾아내는 것이었다. 이 문제는 벤터가 경마 경기 결과를 예측할 때 해결하려고 했던 문제와 비슷하다. 벤터는 말의 과거 경주 기록이나 날씨와 같은 요인에 따라 말이 승리할 확률을 계산할 수 있는 방법을 찾으려고 했다.

콕스는 "1950년대 중반에 내가 이 이론을 정립하고 있을 때 대학의 연구자들 사이에서 가장 큰 논란의 대상의 됐던 주제는 의료 및 심리 데이터를 분석하고 다양한 요인들이 의료 결과에 어떻게 관련되는지 예측하는 방법에 관한 것이었습니다"라고 말했다. 이어 그는 "로지스틱 회귀는 나의 실질적인 경험과 내가 받은 수학 교육이 결합해 탄생한 것입니다. 나는 의학, 심리학, 산업계에서 접한 다양한 문제들을 동일한 계열의 수학적 함수들을 이용해 해결할 수 있다는 것을 알게 된 거지요"라고 말했다.

나중에 이 수학적 함수들은 콕스가 상상했던 것보다 더 중요한 역할을 하게 됐다. 1950년대에 산업에서 발생한 문제들로부터 의료 시험 결과를 해석하는 데 이르기까지 로지스틱 회귀는 수많은 문제에 성공적으로 적용됐다. 로지스틱 회귀는 현재 메타가 우리에게 광고를 보여주는 방식, 스포티파이가 음악을 추천하는 방식 그리고 자율주행 자동차의 보행자 감지 시스템의 일부로 사용된다. 그리고 물론, 도박에도 사용된다.

나는 콕스에게 로지스틱 회귀를 이용해 경마 도박에서 성공을 거둔 벤터에 대해 아는지 물었다. 그는 들어본 적이 없다고 말했고, 나는 벤터가 로지스틱 회귀를 이용해 어떻게 10억 달러를 벌어들였는지 그리고 옥스퍼드대학교 학생 매튜 베넘이 축구 경기 결과를 예측해 성공을 거둔 이야기를 들려주었다.

그는 내 이야기를 들은 후 "나는 도박을 하지 말아야 한다고 생각하는 편입니다"라고 말하고 나서 아주 오랜 시간 생각에 잠겼다. 그러더니 1950년대의 한 동료와 관련된 자신의 도박 이야기를 낮은 목소리로 들려주기 시작했다. 그는 그 이야기를 절대 다른 사람에게 말하지 않겠다고 약속해달라고 했다. 따라서 안타깝게도, 나는 그 약속을 지키려고 한다.

* * *

도박에서 중요한 것은 미래를 확실히 예측하는 능력이 아니라 세상을 보는 방식에서 당신과 다른 사람들이 보는 방식 사이의 작은 차이를 식별해내는 능력이다. 만약 당신의 시각이 조금 더 예리하고, 당신의 매개변수가 데이터를 더 잘 설명할 수 있다면, 그때 당신에게는 에지가 생긴다. 이런 에지가 쉽고 빠르게 당신에게 생기리라고 생각해선 안 된다. 이런 에지는 시간을 두고 점차적으로 매개변수를 점점 더 개선해나가는 시행착오 과정을 통해 쌓아가야 한다.

또한 항상 도박에서 이기기를 기대해서도 안 된다. 그보다는 여러 번의 게임을 반복하면서 조금 더 자주 이기리라고 기대하는 편이 더 좋다.

우리는 때때로 하나의 '빅 아이디어'에 집중하는 경향이 있다. 하지만 베팅 방정식은 도박의 핵심이 아이디어를 다양하게 변형시키는 데 있다는 점을 우리에게 알려준다. 요가나 댄스를 배우기 시작한다고 상상해보자. 이 경우 다양한 사람들과 다양한 시도를 해보면서 어떤 시도를 했을 때 가장 효과적인지 기록한다면 도움이 될 것이다. 이와 마찬가지로, 작은 아이디어들을 다양하게 테스트함으로써 우리는 그 아이디어들이 해피밸리 경마장의 말들처럼 경쟁하게 할 수 있다. 우리는 이 작은 아이디어들의 '경주'가 끝난 뒤, 승자와 패자를 평가하고 성공과 실패를 이끈 속성들을 살펴볼 수 있다.

새로운 아이디어를 테스트하기 시작했다면, 데이터 과학 분야에서 'A/B 테스트(두 가지 콘텐츠를 비교해 방문자나 뷰어가 더 관심을 보이는 버전을 확인하는 테스트다. 분할 테스트 또는 버킷 테스트라고도 불리며, 디지털 마케팅 분야에서 웹 사이트나 이메일 마케팅 등에 많이 사용된다 – 옮긴이)'라고 부르는 방법을 시도하는 것이 좋다. 넷플릭스가 웹 사이트 디자인을 업데이트할 때, 그들은 두 개 이상의 버전(A, B, C 등)을 만들어 다양한 사용자들에게 제공한다. 그런 다음 어떤 디자인이 가장 많은 참여를 유도하는지 확인한다. 이는 디자인 기능의 '성공'과 '실패'에 베팅 방정식을 직접적으로 적용한 사례. 넷플릭스에는 수많은 트래픽이 유입되기 때문에, 그들은 어떤 디자인이 효과가 있고 없는지에 대한 명확한 그림을 빠르게 구축할 수 있다.

베팅 방정식을 활용하기 위해 꼭 로지스틱 회귀를 수행할 필요는 없다. 하지만 데이터를 최적화하기 위해 매개변수를 조정하는 원리를 이해했다면 로지스틱 회귀 방법도 충분히 잘 배울 수 있을 것이다. 콕스는 자신이 개발한 기술, 즉 로지스틱 회귀를 대부분의 사람들이 배울 수 있으며, 배워야 한다고 생각한다고 말했다. 그는 사람들이 로지스틱 회귀와 관련한 모든 수학적 세부 사항을 이해하지는 못한다고 해도, 수집된 데이터에 대해 로지스틱 회귀가 무엇을 말하는지는 이해할 수 있으리라고 덧붙였다.

* * *

월드컵 기간 동안 나는 축구를 수없이 많이 시청했다. 하지만 배당률을 따로 확인하지 않았기 때문에 경기 결과가 나에게 돈이 될지 아닐지는 알 수 없었다. 나는 그저 경기를 즐겼을 뿐이다. 가끔 얀이 자동으로 생성된 스프레드시트를 보내주었는데, 여기에는 베팅 내역과 수익 또는 손실이 기록돼 있었다. 우리는 조별 리그 첫 라운드에서는 손실을 보았지만, 이후 계속 베팅이 성공했고, 대회가 계속 진행되면서 수익이 손실을 초과하기 시작했다. 월드컵이 끝났을 때, 나는 총 1,400파운드를 베팅해 거의 200파운드의 수익을 얻었다. 이는 약 14%의 투자 수익률이었다.

업데이트된 스프레드시트를 검토한 후, 내 메일함을 다시 보니 월드컵이 진행될수록 점점 절박해져가는 메시지들이 쌓여 있었다. '제발 부탁합니다. 선생님이 축구 경기에 베팅하는 방법과 점수를 예측하는 방법을 잘 아신다는 것을 잘 압니다. 저를 도와주실 수 있을까요?', '이미 베팅에서 많은 돈을 잃었습니다. 교수님의 경기 결과 예측 방법으로 베팅해 돈을 벌 수 있도록 도와주실 수 있을까요?', '오늘 우리나라에서 큰 경기가 열립니다. 제가 베팅에서 돈을 딸 수 있도록 도와주시면 저를 비롯한 100명에게 큰 도움이 될 겁니다.' 이런 내용의 이메일이 거의 한 시간에 한 통씩 들어와 있었다.

나는 우리가 올린 소액의 수익이 결국 누군가의 주머니에서 나왔다는 생각을 지울 수 없었다. 물론 가장 큰 몫을 가져가는 것은 북메이커들이었지만, 얀, 마리우스 그리고 내가 벌어들인 돈은 원래 누군가의 돈이었다. 그리고 그 누군가는 처음부터 가진 것이 많지 않았던 사람이었을지도 모른다.

그때 내 머릿속에 하나의 생각이 떠올랐다. 방정식을 아는 사람과 모르는 사람 간의 불평등은 도박에만 국한되지 않는다는 점이었다. 데이비드 콕스의 통계 모델은 현대사회의 많은 부분에서 오랫동안 작동해왔다. 양모 산업과 항공기 설계에서부터 현대 데이터 과학과 인공지능에 이르기까지, 이 수학적 기법은 진보를 이끌어왔고 기술의 기초가 돼왔다. 이런 진보는 방정식을 아는 극소수의 사람들이 주도해왔다. 그리고 대부분의 경우, 그 비밀을 아는 사람들은 그들의 수학적 지식을 통해 사회적으로나 경제적으로 이득을 보아왔다.

데이비드 콕스는 TEN의 일원이다. 그는 자신이 이 비밀결사에 소속됐다는 것을 알지 못하지만, 그 비밀결사의 비밀 방정식 중 하나를 발명했고 나머지 아홉 개도 완전히 이해하고 있다. 그 결과, 그는 TEN의 역사에서 확고한 위치를 차지했다. 그는 이 비밀결사의 최상부에 속하는 존경받는 회원이다.

벤터, 베넘, 블룸도 TEN의 회원이다. 그들은 콕스가 이해하는 형식적이고 수학적인 방식으로 방정식을 아는 것은 아닐지 모르지만,

원리를 이해하고 그것을 실전에 적용하는 방법을 안다. 얀과 마리우스도 그들의 뒤를 따르고 있다.

그렇다면 나는 어떨까? 나는 학자들이 이해하는 순수하고 가공되지 않은 방식으로 그 열 가지 방정식을 잘 이해하고 있다. 또한 나는 벤터처럼 실용적인 측면에서도 그 방정식들을 잘 이해하고 있다. 그리고 비록 과거에는 인정하지 않았지만, 지금 나는 TEN이 단지 내 연구 방식뿐만 아니라 나 자신, 즉 나라는 사람을 정의한다는 것을 깨달은 상태다.

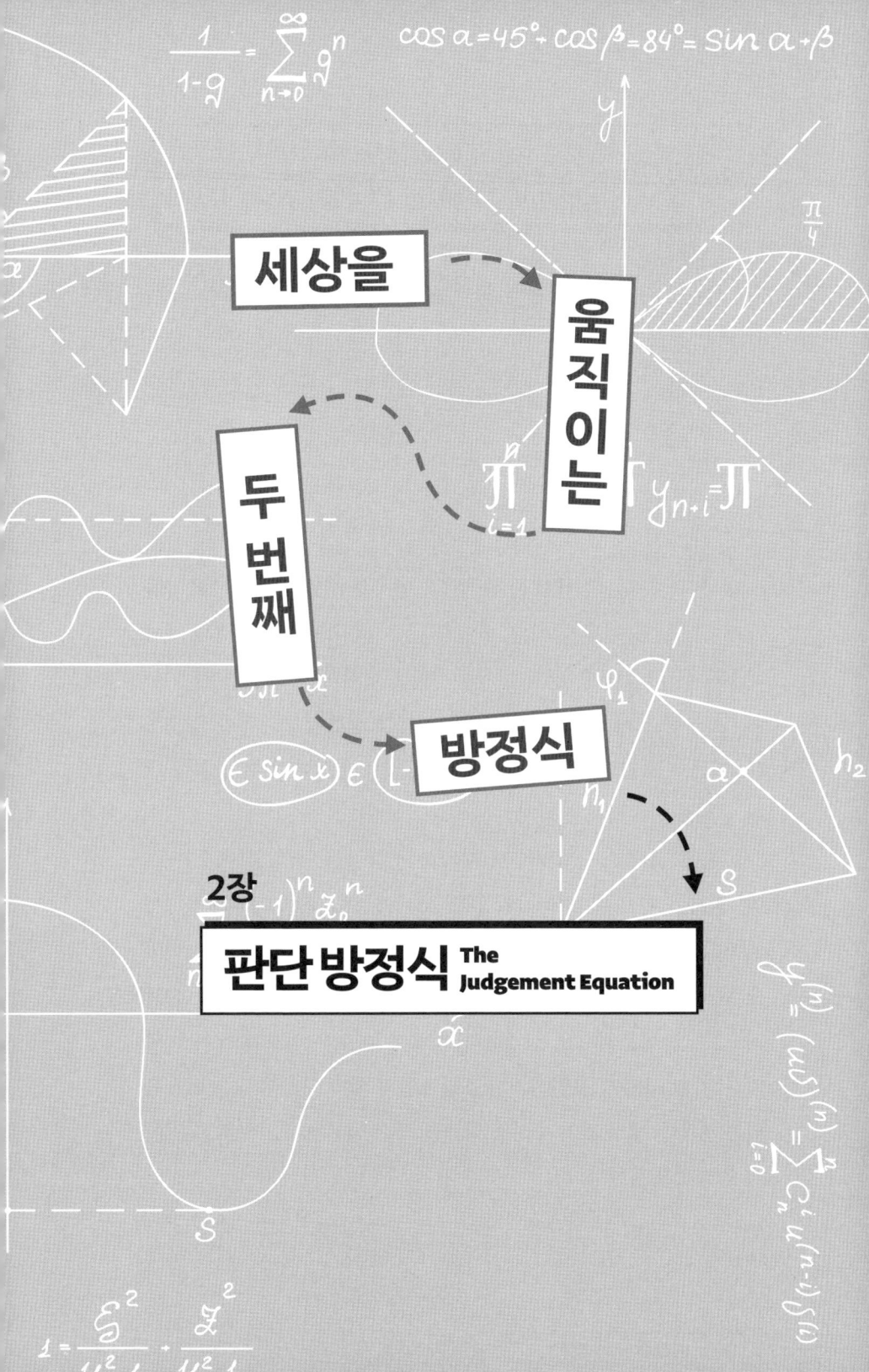

$$P(M|D) = \frac{P(D|M) \cdot P(M)}{P(D|M) \cdot P(M) + P(D|M^C) \cdot P(M^C)}$$

내 친구 마크는 수학 또는 통계학을 공부한 사람들로 구성된 금융 트레이더 팀을 이끌고 있다. 마크는 이 트레이더들 중 최고의 성과를 내는 사람들에게 한 가지 공통적인 능력이 있다는 것을 알게 됐다. 그 능력은 새로운 정보를 처리하고 그 정보에 반응하는 능력이다. 이들은 사건이 발생할 때마다 달라지는 현실에 맞춰 상황에 대한 이해를 신속하게 변화시키는 사람들이다.

이들은 절대로 단정적으로 생각하지 않는다. 예를 들어 이들은 '이 회사가 다음 분기에 이익을 낼 것이다', '그 스타트업은 실패할 것이다' 하는 식으로 생각하지 않는다. 대신 이들은 '이 회사가 이익을 낼 확률이 34%다', '이 스타트업이 실패할 위험이 90%다' 하는 식으로, 즉 확률적으로 생각한다. 이들은 새로운 정보가 들어올 때마다, 가령 CEO가 사임하거나 스타트업의 베타 버전이 좋은 반응을 얻는 경우에 해당 기업의 성공 확률을 각각 34%에서 21%로, 90%에서 80%로 조정한다.

도박 업계에 종사하는 내 지인 제임스도 이와 비슷한 이야기를 한 적이 있다. 이들도 베팅 방정식의 변형된 형태를 이용한다. 하지만 이들은 많은 돈을 베팅하기 때문에 이 모델이 다가오는 축구 경기에서 효과가 있을지 또는 없을지 빠르게 판단해야 한다. 이를테면 경기 시작 한 시간 전에 출전 선수 명단이 변경돼 이 모델이 제시한 가정이 더 이상 유효하지 않게 되면 이들은 어떻게 할까? 제임스는 이렇게 설명했다.

"그 상황이야말로 누가 진짜로 뛰어난 트레이더인지 말해주지요. 뛰어난 트레이더라면 출전 선수 명단에서 한 명이 바뀌면 베팅을 그대로 유지하고, 두세 명이 변경되면 다양한 가능성을 고려하기 시작하며, 다섯 명 이상이 변경되면 모든 베팅을 철회할 겁니다."

이런 분석가들처럼 생각하는 법을 배우려면, 먼저 자신을 감정적으로 스트레스가 많은 상황에 처하게 해야 한다. 예를 들어 지상에서 안전하게 있을 때 대부분의 사람들은 비행이 위험하지 않다고 생각한다. 실제로 민간 여객기에 탑승했을 때 치명적인 사고로 사망할 확률은 1천만 분의 1 이하다. 하지만 비행기에 타는 동안에는 전혀 다른 느낌을 받을 수 있다.

여러분이 100번의 비행기 탑승 경험이 있는 노련한 여행자라고 상상해보자. 그렇다고 해도 이번 비행은 좀 다를지도 모른다는 생각이 들 수 있다. 비행기가 하강하면서 이전에는 경험해보지 못한 방식으로 심하게 흔들리기 시작한다. 옆에 앉은 여자는 숨을 몰아쉬고 있고, 통로 건너편에 앉은 남자는 두 손으로 무릎을 움켜쥐고 있다. 주변의 모든 사람이 겁에 질려 있는 모습이 보인다. 혹시 추락하는 것은 아닐까? 최악의 상황이 오는 걸까?

이런 상황에서 수학자들은 심호흡을 한 뒤 관련된 모든 정보를 수집하기 시작한다. 비행기 추락 사고가 일어날 기본 확률baseline probability은 수학 기호로 'P(CRASH)'로 나타낼 수 있다. 여기서 P는 확률, 'CRASH'는 (당신이 탄 비행기가) 치명적인 착륙을 하는 최악의 상황을 나타낸다. 통계 기록에 따르면, P(CRASH) = 1/10,000,000, 즉 1천만 분의 1이다.[1]

사건들이 서로 어떻게 연관되는지 이해하기 위해 수학자들은 P(SHAKE | CRASH)라는 식을 쓴다. 이는 어떤 비행기가 추락 직전의 상태에 있다고 가정할 때, 그 비행기가 흔들릴 확률을 나타낸다 (여기서 'SHAKE'는 '비행기의 흔들림', 세로선 '|'은 '~라고 가정할 때'를 뜻한다).

비행기가 추락하기 직전에는 언제나 비행기가 많이 흔들린다고 가정하는 것이 합리적이므로, 이 상황에서는 P(SHAKE | CRASH) = 1이라고 쓸 수 있다. 즉, 이 수식은 비행기 추락 직전에는 언제나 많은 흔들림이 발생한다는 뜻이다.

그렇다면 우리는 비행기가 안전하게 착륙하는 경우에 그 비행기가 흔들릴 확률인 P(SHAKE | not CRASH)도 알아야 한다. 여기서는 당신의 감각에 의존해야 한다. 이번 비행은 비슷한 100번의 여행 중에서 가장 무서운 비행이므로, P(SHAKE | not CRASH) = 1/100이 가장 좋은 추정치가 될 것이다.

이 확률들은 유용하지만, 당신이 정말로 알고 싶은 것은 이 확률들이 아닐 것이다. 당신이 정말 알고 싶은 것은 P(SHAKE | CRASH), 즉 비행기가 이렇게 심하게 흔들리고 있을 때 추락할 확률일 것이다. 이 확률은 베이즈의 정리Bayes' therorem를 이용해 구할 수 있다.

$P(\text{CRASH}|\text{SHAKE})$

$$= \frac{P(\text{SHAKE}|\text{CRASH}) \cdot P(\text{CRASH})}{P(\text{SHAKE}|\text{CRASH}) \cdot P(\text{CRASH}) + P(\text{SHAKE}|\text{not CRASH}) \cdot P(\text{not CRASH})}$$

이 방정식에서 · 기호는 곱셈을 나타낸다. 이 방정식이 어디서 유래했는지 곧 설명하겠지만, 지금은 그냥 받아들이자. 이 방정식은 18세기 중반에 토머스 베이즈$^{Thomas\ Bayes}$ 목사에 의해 증명됐고, 그 이후로 수학자들에 의해 사용돼왔다. 지금까지 나왔던 모든 숫자를 이 방정식에 대입하면 다음과 같다.

$$P(\text{CRASH}|\text{SHAKE}) = \frac{1 \cdot \frac{1}{10000000}}{1 \cdot \frac{1}{10000000} + \frac{1}{100} \cdot \frac{9999999}{10000000}} = 0.00001$$

이 방정식에 따르면 당신이 탄 비행기가 현재 겪는 난기류가 최악이라고 해도, 당신이 사망할 확률은 0.00001에 불과하다. 이는 안전하게 착륙할 확률이 99.999%나 된다는 뜻이다.

이 논리는 위험해 보이는 수없이 다양한 상황에 적용할 수 있다. 예를 들어 호주의 바다에서 수영을 하다 물속에서 무언가 무서운 것을 보았다 하더라도 그것이 상어일 확률은 극히 낮다. 식구 중 누군가가 연락이 닿지 않는 상태에서 집에 들어오지 않는다면 온갖 걱정이 들 것이다. 하지만 이 경우 가장 가능성이 높은 시나리오는 휴대전화 충전을 깜빡해 연락이 되지 않는 상황일 것이다. 흔들리는 비행기, 물속의 흐릿한 형체, 연락 두절 등 우리가 새로운 정보라고 여기는 많은 것들은 올바르게 접근하면 생각만큼 무섭지 않다.

베이즈의 정리는 정보를 적절하게 평가할 수 있게 해주고, 주변 사람들이 모두 패닉에 빠진 상황에서도 침착함을 유지할 수 있도록 도와준다.

* * *

나는 세상이 사건들이 끊임없이 펼쳐지는 영화의 일부라고 느낀다. 혼자 있을 때도 그렇지만, 다른 사람들과 함께 있을 때도 내 머릿속에서는 나의 미래에 대한 영화들이 끊임없이 재생된다. 이 영화들은 모두 같은 영화가 아니며, 각각 전개되는 줄거리와 결말이 다른 여러 가지 영화들이다. 앞에서 언급했던 비행기 탑승 이야기를 다시 예로 들어 설명하자면 다음과 같다.

나는 비행기가 이륙하거나 착륙할 때 앞에서 언급한 추락이 실제로 일어나는 장면을 떠올린다. 가족과 함께 비행기에 탔을 때는 아이들의 손을 잡고 그들을 안심시키며 사랑한다고 말하는 내 모습을 상상한다. 가족이 모두 함께 최후를 맞이할 때 아이들을 위해 마음을 다잡으려 애쓰는 내 모습을 상상하기도 한다. 반면에 나 혼자 비행기에 타고 있을 때는 다른 영화가 머릿속에서 펼쳐진다. 비행기 추락으로 사망한 나의 장례식 장면과 나 없이 홀로 아이들을 돌보면서 아이들에게 아빠와 함께 보낸 시간을 떠올리게 만드는 아내의 모습을 상상하기도 한다. 이 영화는 말로 표현할 수 없을 만큼 슬픈 영화다.

이런 영화들은 내 왼쪽 눈 위쪽에 있는 뇌의 한 부분에서 끊임없이 여러 편이 동시에 펼쳐진다. 적어도 내가 느끼기에는 그렇다. 이런 영화들 대부분은 비행기가 추락하는 영화만큼 극적이지는 않다. 예를 들어 나는 출판사 편집자와의 미팅을 앞둔 상태에서 대화 장면을 머릿속으로 미리 떠올리며 내가 할 말을 생각한다. 세미나 진행을 앞두고는 어떻게 자료를 발표할지, 어려운 질문들이 나오면 어떻게 대처할지 상상한다. 이런 영화들 중에는 추상적인 것들도 많다. 작성할 과학 논문을 위한 아이디어가 등장하는 영화도 있고, 내가 지도하는 박사 과정 학생의 논문 구조가 그려지는 영화도 있고, 수학 문제를 해결하는 장면이 담긴 영화도 있다. 이런 영화들은 대형 스크린에는 잘 어울리지 않을 것이다. 수많은 숫자와 전문용어, 과학적 참고 자료들로 가득 차 있기 때문이다. 나는 이런 영화들을 즐기지만, 그건 내가 아주 특별한 전문가 관객이라 그럴 것이다.

이런 장면들을 영화처럼 떠올리기는 하지만, 그렇다고 해서 내가 모든 것을 예측할 수 있는 예언자는 아니다. 실은 전혀 그렇지 않다. 내가 만들어내는 영화들은 파편적이기 때문이다. 이 영화들은 세부 사항들이 빠졌기 때문에 그 부분들은 현실에 의해 채워져야 한다. 그리고 결정적으로, 이 영화들은 거의 항상 틀린다. 예를 들어 편집자는 예상치 못한 방향으로 대화를 이끌어가고, 나는 준비한 질문을 잊어버린다. 과학 논문의 논리에는 구멍이 생기고, 이를 해결할 수 없게 된다. 수학 문제를 풀 때는 처음부터 엄청난 계산 실수를 하고, 결과가 엉망으로 나올 때도 있다.

심리학자들은 사람들이 세상을 바라보고 미래의 이야기를 구성하는 방식을 연구해왔지만, 여기서 중요한 것은 과학적인 설명이 아니다. 중요한 것은 당신이 미래를 보는 방식에 대해 당신 자신이 어떻게 생각하는지다. 그 방식은 언어 표현일 수도 있고, 영화나 컴퓨터게임의 형태일 수도 있으며, 사진이나 소리 또는 냄새로 구성될 수도 있으며, 추상적인 느낌 또는 실제로 어떤 일이 일어날지 상상하는 것일 수도 있다. 당신 자신이 상황을 파악하는 방식이 어떤지 한 번 생각해보자. 당신이 세상을 보는 방식은 당신 자신만의 것이어야 한다. 나는 당신이 당신만의 방식을 바꿔야 한다고 생각하지 않는다. 누구든 내게 나의 방식, 즉 영화 만들기를 통해 미래를 보는 방식을 바꾸라고 말한다면 난 정말 싫을 것이다. 내가 만드는 '영화'는 나의 일부이기 때문이다.

이런 내 사고방식의 형성 과정에서 수학은 내 영화 컬렉션을 정리하는 역할을 한다. 비행기 추락 장면으로 내가 만드는 영화를 다시 예로 들어보자. 이 영화를 머릿속에서 재생할 때 나는 추락 사고가 실제로 발생할 확률을 추정하면서, 그 확률이 극도로 낮다는 사실에 위안을 얻는다. 하지만 그 시점에서 영화가 멈추지는 않는다. 비행기를 타고 이동할 때나 바다에서 수영을 할 때 여전히 나는 두려움을 느끼지만, 영화를 계속 재생하면서 생각에 집중하는 데 도움을 받는다. 영화를 재생하면서 나는 두려움에 사로잡히는 대신 가족이 내게 얼마나 소중한지, 왜 여행을 줄이고 바다에서 수영하는 일을 늘려야 하는지 생각한다.

내가 머릿속에서 재생하는 영화를 과학 용어로는 '모델'이라고 표현할 수 있다. 비행기 추락 사고를 내용으로 하는 영화, 상어가 공격하는 장면을 담은 영화, 과학 연구를 하는 장면을 담은 영화는 모두 각각 하나의 모델이다. 모델은 막연한 생각에서부터 내가 월드컵 베팅을 위해 개발한 것처럼 공식화된 방정식까지 다양한 형태를 띨 수 있다. 세상을 수학적으로 접근하는 첫 번째 단계는 우리가 모델을 어떻게 사용하는지 인식하는 일이다.

* * *

에이미는 새로운 대학 과정에 등록하면서 누구와 친해지고 누구를 피해야 할지 고민하고 있다. 에이미는 다른 사람들을 잘 믿는 성격이라 머릿속에서는 다른 사람들이 자신을 환영해주고 친절하게 대하는 장면을 상상한다. 하지만 에이미는 아주 순진한 사람이 아니다. 그녀는 지금까지 살아오면서 모든 사람이 착하지는 않다는 사실을 알게 됐고, 머릿속에서 '꼴통^{bitch}'이 등장하는 영화도 재생하고 있다. 하지만 에이미가 이런 표현을 쓴다고 해서 너무 심각하게 받아들일 필요는 없다. 머릿속으로만 이런 말을 쓰기 때문이다. 예를 들어 에이미는 옆자리에 앉은 레이철과 처음 인사를 나누게 됐을 때 속으로 레이철이 '꼴통'일 가능성은 약 1/20 정도로 매우 낮다고 생각했다.

나는 에이미가 어떤 여성을 만날 때 그 여성이 '꼴통'일 확률을 정확하게 설정한다고 보지는 않는다. 내가 숫자를 설정하는 것은 문제에 대해 좀 더 명확하게 이해할 수 있도록 돕기 위해서다. 여러분도 지인 중 어느 정도가 꼴통인지 잠시 생각해보는 시간을 가지면 좋을 것 같다. 그 비율이 1/20보다는 적기를 바라지만, 여러분만의 숫자를 설정해보길 바란다.

에이미와 레이철은 서로가 만난 첫날 강의에서 받은 과제를 같이 검토한다. 에이미는 과제의 세부 사항을 이해하는 데 시간이 걸린다. 이전 학교에서는 이 학교 교수가 강의에서 다룬 개념을 이해하는 데 필요한 강의를 듣지 못했기 때문이다. 겉으로 레이철은 그런 에이미를 이해하려고 노력하는 듯 보이지만, 에이미는 레이철이 약간 짜증이 나 있음을 눈치챈다. '왜 에이미는 이해를 잘 못하는 거지?' 레이철은 이렇게 생각하지만, 에이미는 약간의 좌절감을 느낀다. 그러던 중 점심 직후에 끔찍한 일이 벌어진다. 에이미가 화장실 칸막이 안쪽에 앉아 핸드폰을 보면서 조용하게 시간을 보내고 있는데, 레이철이 다른 여학생과 화장실로 들어오면서 나누는 대화가 에이미에게 들린다.

"새로 온 애 알지? 걔 진짜 멍청해."

레이철이 말한다.

"내가 문화적 전유가 뭔지 설명해줬는데 전혀 이해를 못했어. 걔는 문화적 전유가 백인이 봉고를 배우는 거라고 생각했대."

에이미는 숨을 죽이고 가만히 앉아 그들이 나가기를 기다린다. 이제 에이미는 무슨 생각을 해야 할까?

대부분의 사람들은 에이미의 입장이라면 슬퍼하거나 화를 낼 것이다. 하지만 꼭 그래야 할까? 분명 레이철은 여기서 옳지 않은 행동을 했다. 새 학교에 처음 온 에이미에 대해 이런 험담을 하는 것은 바람직하지 않다. 그렇다면 레이철이 이런 잘못을 했는데도 에이미는 레이철을 용서하고 다시 기회를 주어야 할까?

당연히 에이미는 레이철을 용서해야 한다. 우리는 이런 잘못을 한 번뿐만 아니라 여러 번 용서해야 한다. 우리는 우리가 듣는 줄 모르고 누군가가 우리에 대해 나쁜 이야기를 하는 것을 용서해야 한다.

그렇다면 왜 우리는 용서해야 할까? 우리가 착한 사람이어서? 우리가 스스로를 짓밟히도록 내버려두었기 때문에? 우리가 스스로를 지키기에는 너무 약해서?

절대 그렇지 않다. 우리는 합리적이기 때문에, 논리와 이성을 믿기 때문에 용서해야 한다. 우리는 공정하기를 원하기 때문에 용서해야 한다. 베이즈의 정리 또한 우리가 용서해야 하는 이유를 제공하며, 두 번째 방정식은 용서야말로 우리가 해야 할 유일하게 옳은 일임을 말해준다.

우리가 왜 그래야 하는지 지금부터 수학적으로 살펴보자. 베이즈의 정리는 모델과 데이터를 연결해주는 역할을 한다. 다시 말해, 베이즈의 정리는 우리가 떠올리는 영화 장면들이 현실과 얼마나 잘 일치하는지 확인할 수 있게 해준다. 이 장의 시작 부분에서, 나는 비행기가 격렬하게 흔들릴 때의 추락 확률 $P(CRASH|SHAKE)$를 계산했다. 에이미가 알고 싶어 하는 것은 $P(BITCH|DISS)$이며, 이 확률의 계산법은 비행기 추락 확률의 계산법과 완전히 동일하다(여기서 'DISS'는 '디스^{dislike}'하다, 즉 부정적인 의견을 나타내거나 험담하는 것을 말한다 – 옮긴이).

CRASH와 BITCH는 우리의 머릿속에 있는 모델이다. 이 모델들은 세상에 대한 우리의 믿음이며, 생각의 형태를 띤다. 내 경우에는 이 모델들이 영화 같은 형태로 나타난다. SHAKE과 DISS는 우리가 접근할 수 있는 데이터다. 데이터는 구체적이며, 실제로 발생하며, 우리가 느끼고 경험하는 것이다. 응용수학의 많은 부분은 모델과 데이터를 조화롭게 맞춤으로써 우리의 꿈과 냉혹한 현실 사이의 괴리를 줄이는 일과 관련된다.

모델을 M, 데이터를 D로 표기해보자. 여기서 우리가 알고 싶은 것은 (화장실에서의 무례한 험담이라는) 데이터가 주어졌을 때 우리의 모델이 적중할 확률(레이철이 꼴통일 확률)로, 이를 수식으로 표현하면 다음과 같다.

$$P(M|D) = \frac{P(D|M) \cdot P(M)}{P(D|M) \cdot P(M) + P(D|M^C) \cdot P(M^C)}$$

(방정식 2)

이 방정식, 즉 베이즈의 법칙을 이해하기 위해 방정식의 우변을 여러 부분으로 나누어보자.

이 방정식 우변의 분자(위쪽 부분)는 두 개 확률, 즉 $P(D|M)$와 $P(M)$의 곱으로 구성된다. $P(M)$는 어떤 일이 일어나기 전에 모델이 적중할 확률로, 비행기 추락 확률이나 에이미가 만나는 사람이 꼴통일 확률에 대한 추정치다. 후자의 경우, 에이미가 추정한 확률은 1/20이다. 이 확률은 에이미가 화장실에 들어가기 전에 알고 있는 정보다.

$P(D|M)$는 화장실에서 발생하는 일에 관한 것이다. 이는 레이철이 실제로 꼴통일 때 레이철이 에이미를 디스할 확률, 더 일반적으로 말하면, 모델이 적중할 때 우리가 데이터를 관찰할 확률이다. 이 확률을 정확하게 수치로 나타내기는 힘들지만, 50%라고 가정하면 $P(D|M) = 0.5$라고 할 수 있다. 레이철이 꼴통이라고 해도 그녀가 화장실에 갈 때마다 다른 학생들을 험담하지는 않을 것이다. 꼴통들도 나머지 50%의 경우에는 다른 사람에 대한 험담이 아닌 다른 이야기를 할 것이다.

우리가 두 확률, 즉 분자에서 $P(M)$와 $P(D|M)$를 곱하는 이유는

두 가지가 모두 참일 확률을 찾기 위해서다. 예를 들어 두 개의 주사위를 던져서 두 개가 모두 6이 될 확률을 알고 싶다면, 첫 번째 주사위가 6일 확률인 1/6과 두 번째 주사위가 6일 확률인 1/6을 곱해, 1/6 · 1/6 = 1/36을 얻는다. 이와 같은 곱셈 원리가 여기에서도 적용된다. 분자는 레이철이 꼴통일 확률과 그녀가 화장실에서 꼴통 발언을 할 확률을 곱한 것이다.

방정식 2의 분자는 레이철이 꼴통일 경우에 관한 것이지만, 여기서 우리는 레이철이 착한 사람일 수 있다는 대안 모델도 고려해야 한다. 이는 방정식 우변의 분모(아래쪽)에서 이루어진다. 레이철은 꼴통으로서 꼴통 발언을 할 수도 있고(M), 착한 사람인데 실수로 꼴통 발언을 할 수도 있다(M^c). 여기서 M에 붙은 위첨자 c는 여집합을 나타낸다. 이 경우 여집합 M^c는 '착한 행동'을 뜻한다. 여기서 분모의 첫 번째 항인 $P(D|M) \cdot P(M)$는 분자와 동일하다는 점에 주목해야 한다. 두 번째 항인 $P(D|M^c) \cdot P(M^c)$는 레이철이 꼴통이 아닐 경우 험담을 할 확률과 사람들이 일반적으로 착할 확률을 곱한 것이다. 여기서 우리는 모든 가능한 상황의 합으로 분자를 나누어줌으로써, 에이미가 화장실 칸막이 안에서 관찰한 데이터에 대한 모든 잠재적인 설명을 고려할 수 있게 된다. 이를 통해 데이터가 주어졌을 때 모델의 확률인 $P(M|D)$를 구할 수 있다.

레이철이 꼴통이 아니라면, 그녀는 착한 사람이므로 $P(M^c) = 1 - P(M) = 0.95$가 된다. 이제 착한 사람들이 실수를 할 확률을 고려해야 한다. 레이철은 실제로 착한 사람일 수 있으며, 사람들 대부분이 그렇듯이 특히 그날에 기분이 좋지 않았을 수도 있다. 그렇다면 $P(D|M^c) = 0.1$로 설정해보자. 이는 착한 사람이 나쁜 하루를 보낼

경우, 10일 중 1일은 후회할 만한 말을 할 수 있음을 나타낸다.

　이제 남은 것은 계산뿐이다. 이 계산은 비행기 추락 사례와 똑같은 방식으로 진행되지만, 숫자가 다르다.

$$P(M|D) = \frac{0.5 \cdot 0.05}{0.5 \cdot 0.05 + 0.1 \cdot 0.95} = 0.21$$

　이 계산에 따르면, 레이첼이 꼴통일 확률은 약 5분의 1이다. 에이미가 레이첼을 용서해야 하는 이유가 바로 여기에 있다. 이 경우 레이첼이 착한 사람일 확률은 5분의 4이기 때문에, 단 한 번의 행동으로 레이첼을 판단하는 것은 매우 불공평한 일이다. 따라서 에이미는 자신에 대해서 레이첼이 한 나쁜 말을 언급해서도 안 되고, 레이첼의 그 말이 자신과 레이첼의 상호작용에 영향을 미치게 해서도 안 된다. 에이미는 그냥 내일 상황이 어떻게 흘러갈지 지켜봐야 한다. 학년이 끝날 즈음에는 두 사람이 화장실 사건에 대해 이야기하면서 함께 웃고 있을 확률이 80%이기 때문이다.

　에이미에게 할 수 있는 다른 조언도 있다. 아마 에이미는 그날 아침 화장실에서 레이첼이 자신을 비난하는 소리를 들었을 때 최상의 컨디션이 아니었을지도 모른다. 에이미는 레이첼과 함께 과제에 대해 토론할 때 조금 더 집중해야 했지만 그렇지 못했을 수도 있다. 게다가 점심을 먹은 후에 화장실 칸막이 안에 앉아 휴대폰을 들여다본 것도 별로 바람직한 일이 아니었을지 모른다. 하지만 여기서 기억해야 할 것이 있다. 베이즈의 법칙은 어떤 일이 발생하더라도 계속해서 정보에 따라 우리의 생각을 조정하도록 도와준다는 사실이다. 에이미는 레이첼에게 적용하는 것과 동일한 규칙을 자신에게도 적용

그림 2 베이즈의 정리에 대한 설명

데이터를 가지기 전에 우리는 이미 세상에 대한 모델, 즉 M을 가지고 있다.

여기서 직사각형들의 면적은 우리 모델이 참 또는 거짓일 확률, 즉 $P(M)$ 또는 $P(M^c)$로 표시된다.

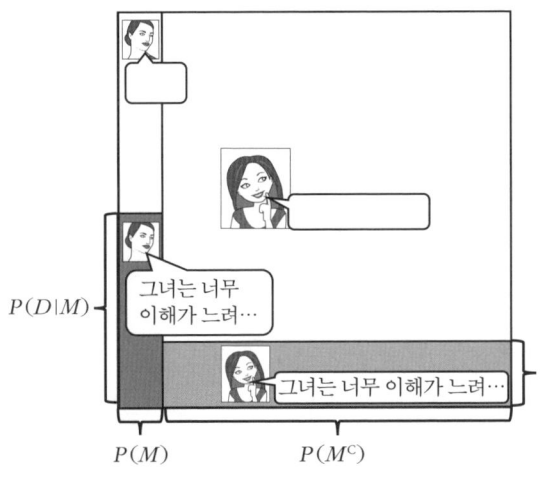

이제 각 모델에 대한 데이터의 확률, 즉 $P(D|M)$와 $P(D|M^c)$를 결정한다.

음영 처리된 두 개의 직사각형 중 하나가 실제 세계의 진정한 상태를 나타낸다.

$P(M|D)$는 음영 처리된 직사각형의 상대적인 크기를 사용해 방정식 2를 통해 구할 수 있다.

해야 한다. 베이즈의 법칙은 에이미가 자신에 대한 생각을 천천히 조정하고 특정 사건에 너무 낙담하지 말라고 말해준다.

현재의 당신은 당신이 한 모든 행동의 결과이지, 한두 번 저지른 실수의 결과가 아니다. 다른 사람에게 베이즈의 법칙이 요구하는 것과 같은 이성적인 용서를 자신에게도 적용해보자.

* * *

베이즈의 법칙, 즉 판단 방정식에서 얻을 수 있는 첫 번째 교훈은 우리가 확정적인 결론을 내리는 데 신중해야 한다는 것이다. 예제에서 사용한 숫자는 결과에 영향을 미치지만, 논리에는 영향을 주지 않는다. 여러분도 한번 생각해보길 바란다. 모든 사람들 중에서 대체적으로 착한 사람의 비율이 얼마나 될까? 착한 사람들은 얼마나 자주 실수를 할까? 꼴통들은 얼마나 자주 꼴통 짓을 할까? 그 숫자들을 판단 방정식에 대입하면 다음과 같은 동일한 결론에 이르게 될 것이다. 누군가를 '꼴통'이라고 부르려면 그 누군가가 적어도 두 번 이상의 험담을 해야 한다는 것이다.

내 경우에도 이따금 학과장이 꼴통 같은 행동을 한다. 내가 가르치는 학생 중 일부는 집중력이 부족해 보이기도 한다. 나와 함께 일하는 어떤 연구자는 내가 먼저 생각해낸 아이디어를 자기가 생각해 냈다고 주장하면서 인정을 받으려고도 한다. 내가 속한 위원회의 위원장은 조직적이지 않거나 비효율적으로 보이며, 무의미한 이메일 교환으로 내 시간을 낭비하게 만든다. 이런 상황에서 나는 판단 방정식을 사용한다. 그렇다고 해서 내가 이 방정식을 동료가 불쾌한 사람인지, 집중력이 없는지, 무능력한지를 판단하는 데 필요한 확률을 계산하기 위해 사용하는 것은 아니다. 나는 개별적인 사건이 내 감정에 영향을 미치지 않도록 하기 위해 이 방정식을 사용한다. 나와 함께 일하는 누군가가 실수를 했다는 생각이 드는 경우 나는 상황이 어떻게 전개되는지 지켜본다. 어쩌면 그 사람이 아니라 내가 실수를 했을지도 모르기 때문이다.

제인 오스틴의 소설 《오만과 편견》에서 주인공 다아시는 엘리자베스 베넷에게 "나한테 좋은 평가를 못 받으면 그걸로 끝장입니다"라고 말한다. 그러자 엘리자베스는 "화를 내고 돌이키지 않는 것은 약간의 성격적 결함이지요"라고 대답한다. 오스틴의 이 표현은 너무나 신중하고 정확해 감탄이 나올 정도다. 엘리자베스는 다아시를 비판하면서도 그의 분노를 일시적인 성격적 결함이라고만 말했다. 그녀는 그의 분노하는 성격이 근본적인 오점이라고 말하지 않을 정도로 자신을 억제했다. 다른 사람에 대한 의견을 말할 때 이 정도의 주의를 기울인다는 것은 훌륭한 판단력을 가졌음을 보여주는 신호라고 할 수 있다.

* * *

TEN을 이해하기 위해서는 그 역사와 철학의 비밀을 알아내야 한다. TEN의 이야기는 합리적 사고의 비밀을 세대에서 세대로 전해온 소수의 사람들만 알고 있는 이야기다. 그들은 더 명확하고 정밀하게 생각하는 방법을 알고 싶어 거대한 질문을 던진 사람들이다. 그들은 우리가 하는 말과 다른 사람들이 하는 말의 진실성을 평가할 수 있기를 원했다. 심지어 그들은 어떤 것이 진실이고 어떤 것이 거짓이라는 말이 어떤 의미가 있는지 알고 싶어 했다. 그들의 이야기는 현실의 본질, 그리고 그 현실 속에서 자신들이 차지하는 위치라는 거대한 주제에 관한 것이다.

또한 그들의 이야기는 종교와 옳고 그름에 대한 이야기, 선과 악 그리고 도덕에 관한 이야기이기도 하다.

이 이야기는 1761년에 시작됐다. 리처드 프라이스Richard Price 박사는 세상을 떠난 친구의 서류 더미에서 에세이 한 편을 발견했다. 이 에세이에는 수학적 기호와 철학적 반성이 섞인 내용이 담겨 있었다. 이 에세이는 독자에게 "이 세상에 갓 태어난 사람이 세상에서 일어나는 일들의 순서와 흐름을 관찰하면서, 그 순서와 흐름에 어떤 힘과 원인이 작용하고 있는지 추론해보기를" 요구했다. 예를 들어 이 에세이는 해가 뜨는 것을 처음, 두 번째, 세 번째 본 사람은 어떤 추론을 해야 할지 묻는다. 이 사람은 매일 해가 뜰 확률에 대해 어떤 결론을 내려야 할까?

이 에세이의 결론은 매우 놀랍다. 매일 해가 뜬다고 해서 갓 태어난 사람이 앞으로도 해가 매일 뜨리라고 믿어서는 안 된다는 것이 그 결론이다. 이 결론에 따르면 그는 해가 뜨는 것을 100번 본 뒤에도, 심지어는 평생 동안 해가 뜨는 것을 본 뒤에도 해가 뜰지 또는 그렇지 않을지에 대해 신중하게 생각해야 한다. 그 어떤 것도 당연하게 생각해서는 안 된다는 것이 바로 이 결론의 핵심이다.

프라이스 박사의 친구, 즉 이 에세이를 쓴 사람이 바로 토머스 베이즈다. 그는 이전 사건의 데이터를 통해 어떤 사건이 다시 발생할 확률을 추정하는 방법을 제시했다. 베이즈는 "갓 태어난 사람"에게 해가 뜰 확률의 추정치를 매개변수 θ로 표시하라고 지시했다. 첫 번째 해가 뜨기 전에 그 사람은 해에 대한 사전 개념이 없어야 하므로 θ의 모든 값이 같다고 생각해야 한다. 이 시점에서 그 사람은 해가 뜰 확률로 매일 뜰 확률($\theta=1$), 이틀에 한 번 뜰 확률($\theta=0.5$), 100일 중 하루만 뜰 확률($\theta=0.01$) 등 모든 확률을 생각할 수 있다. θ는 0과 1 사이에 존재하지만(모든 확률은 1 이하여야 한다), 그 사이에서 무한한 수의 값을 가질 수 있다. 예를 들어 θ는 0.8567, 0.1234792, 0.99999 등과 같은 값일 수 있다. 이런 숫자들은 θ의 값이 0과 1 사이에 있는 한, 어떤 수준의 정밀도로도 존재할 수 있다.

정밀성 문제를 다루기 위해, 베이즈는 그에게 매일 해가 뜰 최소한의 확률을 결정하라고 지시했다. 예를 들어 그가 매일 해가 뜰 확률이 최소 50%라고 생각한다면, 그는 $\theta>0.5$라고 적어야 한다. 만약 그가 해가 뜰 확률이 90% 이상이라고 생각한다면, 그는 $\theta>0.9$라고 적어야 한다. 이제 100번의 해가 뜨는 것을 본 그 사람이 해가 100일 중 99일 이상 뜬다고 주장한다고 상상해보자. 즉, 그가 $\theta>0.99$라는 추정을 했다고 생각해보자. 이 경우 그가 추정한 확률이 맞을 확률은 $P(\theta>0.99 \mid 100 \text{ sunrises})$로 표현할 수 있다. 베이즈는 서로 다른 정밀도 수준을 고려한 수정된 버전의 방정식을 사용해, $P(\theta>0.99 \mid 100 \text{ sunrises})=1-0.99^{100+1}=63.8\%$라는 것을 보여주었다.[2] 이는 그 남자가 자신의 믿음보다 해가 덜 뜰 확률이 36.2%라고 추정한다는 뜻이다.[3]

그 남자가 60년 동안 살면서 매일 해가 뜨는 것을 보았다면, 그는 매일 해가 뜰 확률이 99%를 초과한다고 확신할 수 있다. 하지만 해가 99.99% 이상의 확률로 뜬다고 그가 주장한다고 해도, 우리는 여전히 확신을 가져서는 안 된다. $1-0.9999^{365\times60+1}=88.8\%$의 경우, 여전히 11.2%의 확률로 그 남자가 잘못된 주장을 하고 있을 가능성이 남아 있기 때문이다. 베이즈는 이 세계에 갓 도착한 사람이 자신의 모델을 명시하고, 그가 생각하는 θ의 최소 가능 값이 무엇인지 말하게 하며, 그의 가정이 맞을 확률을 알려준다.

리처드 프라이스는 베이즈의 방정식이 기적에 관해 18세기에 이루어졌던 논쟁과 관련이 있음을 깨달았다. 프라이스는 베이즈와 마찬가지로 교회 목사였으며, 자신이 성경에서 읽은 기적들과 당시의 새로운 과학적 발견들을 어떻게 조화시킬 수 있을지를 고민했다.

그로부터 10년 전, 철학자 데이비드 흄$^{David\ Hume}$은 "증언 자체가 기적에 해당하는 경우가 아니라면, 그리고 증언이 거짓일 가능성이 그 증언이 입증하고자 하는 사실보다 더 기적적이라고 할 수 있는 경우가 아니라면, 그 어떤 증언도 기적을 입증하기에는 충분치 못하다"라고 주장했다.[4] 흄의 이 주장은 판단 방정식의 중요성을 강조한 것으로도 볼 수 있다. 흄은 기적이 발생할 모델 M과 기적이 발생하지 않을 대안 모델 M^c를 비교하도록 만들기 때문이다. 흄은 우리가 기적을 목격한 적이 없기 때문에 $P(M^c)$가 1에 가깝고 $P(M)$가 매우 작다고 주장한다. 따라서 그 반대의 주장을 설득시키기 위해서는 매우 중대한 기적이 필요하다. 이는 매우 높은 $P(D|M)$와 낮은 $P(D|M^c)$를 가진 강력한 증거가 필요하다는 뜻이다. 흄의 주장은 앞서 언급한 흔들리는 비행기 사례에서 내가 한 주장과 비슷하다. 우리가 평소에 믿을 수 있다고 생각하는 비행기가 추락할 것이라고 믿게 하려면 아주 강력한 증거가 필요하다. 이와 마찬가지로, 예수가 죽은 자 가운데서 다시 살아났다는 것을 설득하기 위해서도 매우 강력한 증거가 필요하다.

프라이스는 흄의 논리가 "극도로 비합리적"이라고 생각했다.[5] 그는 흄이 베이즈의 생각을 잘못 이해했다고 봤다. 따라서 그는 흄이 기적 발생 확률 θ에 대해 더 구체적으로 설명할 필요가 있었다고 말했다.[6] 기적을 믿는 사람조차도 기적이 매일 일어난다고 믿지는 않기 때문이다. 이 주장을 더 구체적으로 만들기 위해, 프라이스가 흄에게 기적의 발생 빈도를 명시하게 만든다고 상상해보자. 예를 들어 기적이 약 1,000만 일, 즉 27,400년에 한 번 이하로 발생한다고 흄이 주장한다고 상상해보자. 이는 $\theta > 99.99999\%$, 즉 기적이 일어날 확률이 99.99999% 이상이라는 뜻이다.[7] 그렇다면 여기서 프라이스가 $99.99999\% > \theta > 99.999\%$, 즉 기적이 274년에 한 번 이하로 발생하지만 27,400년에 한 번보다는 더 자주 발생한다고 믿는다고 가정해보자. 이제 이 상태에서 기적이 2,000년 동안 한 번도 발생하지 않았다고 생각해보자. 이 데이터를 고려했을 때, 흄이 맞을 확률은 약 7.04%이다. 반면 프라이스가 맞을 확률은 92.89%이다. 수천 년 동안 기적이 발생하지 않는다고 해도, 기적이 일어나지 않는다고 주장할 만큼의 증거는 충분히 확보할 수 없다. 한 사람의 일생 동안 수집되는 데이터만으로는, 기적은 일어나지 않는다는 흄의 주장을 충분히 뒷받침할 수 없다.

리처드 프라이스는 TEN을 기독교적인 도덕의 길로 인도했다. 그는 그리스도의 부활을 믿었고, 합리적인 논증을 통해 부활에 대한 의심에 의문을 제기했다. 프라이스는 논리적 사고가 우리 일상 경험에서는 감추어진 세계에 대한 진리를 드러낼 수 있다고 믿었다. 그에게 하나님은 이런 진리 중 하나였다.

2,000년 전, 그리스 철학자 플라톤은 동굴의 우화를 통해, 비판적

이지 않은 인간들이 동굴 안의 사슬에 묶여 그림자, 즉 외부의 실제적이고 논리적인 세계의 혼란스러운 투사만 볼 수 있다고 설명했다. 플라톤의 이 우화는 수학의 힘을 설명하는 데 자주 사용되며, 프라이스는 이 우화를 매우 진지하게 받아들였다. 프라이스는 우리가 동굴 벽의 그림자가 현실이 아니라는 것을 받아들임으로써 새로운 진리를 발견할 수 있다고 믿었다. 우리의 일상 경험은 더 큰 진리의 혼란스러운 표현이다. 우리는 데이터에 의존하지 않는 모델을 사용해 세계의 진정한 형태에 대해 더 명확하게 사고함으로써 더 혼란스러운 상황, 즉 일상생활의 그림자에 대해 더 명확하게 생각할 수 있다.

프라이스가 상상한 TEN은 그의 종교적 신념과 플라톤의 형이상학에 기초를 둔다.[8] 그는 수학에 도덕이 존재한다고 믿었다. 그는 수학에서 올바르고 합리적인 방법을 찾을 수 있다고 믿었다. 그는 이 메시지를 다른 사람들에게 전했을 뿐만 아니라 스스로 실천했다. 기대수명 life expectancy을 표로 정리함으로써 그는 새로운 보험금 지급 플랜을 제공했고, 그 플랜은 거의 한 세기 동안 사용됐다.[9] 자신의 연구가 가난한 사람들을 불확실성으로부터 보호하기 위한 것이라고 생각했던 그는 당시의 거의 모든 보험회사가 미래에 해야 할 일을 하지 못할 것이기 때문에 보험 정책을 개선할 필요가 있음을 보여주었다.[10] 프라이스는 미국 독립혁명의 열렬한 지지자였으며, 벤저민 프랭클린의 친구이기도 했다. 그는 미국에서 자유의 원칙에 기반한 시스템을 만들 기회를 보았으며, 땅 소유에서 평등이 구현되고 정치권력이 모든 사람에게 공정하게 분배되는 세상을 꿈꾸었다.[11] 리처드 프라이스는 당시 미국이 기독교에 충실하면서도 합리적인 TEN이 마침내 번영하는 나라가 곧 되리라고 믿었다.

TEN의 현재 회원들은 도덕성에 대해 이야기하는 경우가 드물다. 기독교의 신을 믿는 사람들도 소수에 불과하다. 하지만 아직도 많은 회원들이 프라이스의 가치를 계승하고 있다. 예를 들어 보험계리사는 장인어른의 자동차 보험료를 면밀히 계산하고, 정부 공무원은 우리의 연금을 계획하거나 금리를 설정하며, 유엔 소속 과학자는 개발 목표를 설정하고, 기후 과학자는 향후 20년간의 온도 상승 가능성을 측정하며, 의료 전문가는 의료 행위에 수반되는 위험과 비용을 조화롭게 조정한다. 이들은 베이즈의 판단 방정식을 사용해 더 질서 있고 공정하며 구조화된 사회를 만드는 데 기여한다. 이들은 우리 모두가 위험과 불확실성을 공유할 수 있도록 도와주며, 끔찍하지만 드문 사건이 우리 중 한 사람에게 발생할 때 나머지 사람들이 기여한 자원이 그 사건의 해결에 도움을 주도록 만든다.

판단 방정식은 구성원들이 모두의 이익을 위해 행동하도록 이끈다. 프라이스의 관점에서 좋은 판단은 우리가 타인에게 관대해야 하며 배려해야 한다고 요구한다. 또한 좋은 판단은 우리가 기적을 간과해서는 안 된다는 것도 말해준다. 또한 좋은 판단은 TEN의 방정식 중 적어도 하나가 우리를 의로운 길로 인도함을 암시한다.

* * *

청중이 조용히 앉아 논문 방어가 시작되길 기다리고 있다. 비에른Björn의 얼굴에서 긴장감이 엿보인다. 그는 지난 5년 동안 새로운 진리를 발견한다는 고상한 목표를 이루기 위해 학문적 연구에 힘써 왔다. 나는 그의 박사 과정 지도교수로서 그가 목표를 향해 나아가는 길을 안내해주었다. 이제 그는 동료들, 교수진, 그리고 친구들과 가족들 앞에서 박사학위 논문을 방어할 것이다.

그의 연구 주제가 도전적인 만큼, 다양한 심사위원들의 조합이 비에른을 더욱 긴장하게 만든다. 그의 논문 중 한 챕터는 '스웨덴의 마지막 밤'이라는 제목으로, 그의 고향에서 벌어진 폭력 범죄와 이민의 관계를 다룬다. 또 다른 챕터에서는 자유주의적·사회적주의적 정책으로 널리 알려진 그의 조국 스웨덴에서 지난 10년 동안 두각을 나타낸 반이민주의 정당인 스웨덴 민주당에 대해 살펴본다.

심사위원 중 수학자들에게는 이 논문이 통계 방법에 관한 논문으로 보일 테고, 그의 공동 지도교수인 경제학자 라니울라 발리 스바인Ranjula Bali Swain에게는 이 논문이 전 세계적으로 문화가 섞이는 과정에서 발생하는 현상을 설명하기 위한 논문으로 보일 것이다. 비에른의 가족들, 즉 블롬크비스트Blomqvist 가문 사람들과 친구들은 그가 변화하는 스웨덴에 대해 발견한 내용을 알고 싶어 한다. 스웨덴은 바이킹의 후손들만 살던 나라에서 아프가니스탄인, 에리트레아인, 시리아인, 유고슬라비아인, 브렉시트를 한 영국인들이 뒤섞인 다문화 용광로로 변화 중이다.

비에른은 사람들의 기대와 요구에 부응하기 위해 노력하면서 느끼는 불안과 스트레스를 감지한다. 스웨덴에서 박사학위 논문을 방어하는 행사는 박사 후보자와 논문을 읽고 논의할 책임이 있는 반대자가 연구 분야에 대한 배경을 제시하는 것으로 시작된다. 비에른의 반대자는 더럼대학교의 이언 버논Ian Vernon이다.

이언은 베이즈 추론의 원리에 대해 설명한다. 이 장에서 지금까지 내가 제시한 예시는 단일 모델이나 단일 매개변수를 테스트하는 데 초점을 맞췄지만, 과학자들은 보통 여러 경쟁 가설을 가지고 있다. 이언의 도전 과제는 이 모든 대안 모델을 탐색하고 각각에 확률을 할당하는 것이다. 어떤 가설도 100% 참일 수는 없지만, 증거가 축적됨에 따라 어떤 가설은 다른 가설보다 더 그럴듯해진다. 그는 석유층(지하에 자연적으로 생성된 석유 매장층 – 옮긴이)을 찾는 예를 통해 설명을 시작한다. 이언과 그의 동료들이 개발한 특허 알고리즘은 석유 회사들이 장기적으로 가장 좋은 전망을 제공하는 석유층을 찾는 데 사용된다.

그 후 그는 건강 문제로 넘어간다. 연구자들은 말라리아나 HIV(후천성 면역결핍증을 일으키는 원인 바이러스 – 옮긴이)를 근절하기 위한 방법을 시험할 때, 먼저 그들의 방법이 낼 수 있는 효과를 예측하기 위해 수학적 시뮬레이션을 만든다. 빌앤멜린다게이츠 재단은 이언의 방법을 사용해 질병 근절 프로그램을 계획하고 있다.

마지막으로 이언은 가장 거대한 질문 중 하나로 넘어간다. 빅뱅 이후 어떻게 은하가 처음 형성됐고, 오늘날 우리가 관찰할 수 있는 은하의 크기와 형태를 설명하는 모델은 무엇인가? 이안은 초기 우주의 가능한 모델 수를 줄였고, 은하가 어떻게 우주로 팽창하는지를 결정짓는 17개의 다양한 매개변수에 대한 가능한 값을 찾았다.[12] 이언의 발표는 다른 심사위원들을 사로잡으면서 수학적 방법의 힘과 다양한 응용을 보여준다. 비에른의 가족과 친구들은 은하가 회전하고 충돌하는 시뮬레이션을 보며 놀라움의 감탄사를 내뱉는다. 이 시뮬레이션은 초기 우주의 시간적 진화를 추정하는 모델로, 그 매개변수는 베이즈의 규칙을 사용해 복원된 것이다.

이제 비에른이 논문을 발표할 차례다. 우주의 크기에 관한 이언의 이론 발표는 그렇지 않아도 긴장한 박사 과정 학생을 더욱 긴장하게 만든 상태였다. 비에른은 스칸디나비아 반도 내의 한 나라에 대한 자신의 연구가 이언의 대규모 연구와 비교하면 보잘것없어 보일 수도 있다고 걱정할지 모른다. 하지만 비에른의 얼굴은 편안해 보였고, 준비가 된 것 같았다. 비에른을 바라보는 그의 부모 얼굴에는 자부심이 가득하다. 블롬크비스트 부부는 이렇게 어려운 수학적 내용을 아들이 공부한 것을 대견하게 생각하는 듯하다. 그들은 비에른이 지금까지 우주를 다루는 수학을 연구해왔다고 생각하고 있는 것 같다.

사회의 변화는 우주의 변화와는 매우 다른 방식으로 일어나지만, 우주의 변화만큼 복잡한 과정이다. 비에른은 반이민주의 정당인 스웨덴 민주당의 부상을 지리적 요인으로 대부분 설명할 수 있음을 보여준다. 예를 들어 스웨덴 최남단 지역인 스코네 주와 중부 지역인 달라르나 주는 스웨덴 민주당을 지지한다. 하지만 놀랍게도 이 지역들은 이민자 비율이 가장 높은 지역들이 아니다. 특정 지역에서 이민자에 대한 반감은 이민자가 그 지역으로 유입되기 때문에 생기지 않는다. 오히려 교육 수준이 낮은 사람들, 특히 농촌 주민들이 반이민주의를 지지하는 경향이 커지고 있다.

발표를 마친 후 비에른은 이언을 비롯한 논문 심사위원들로부터 질의를 받는다. 이언을 비롯한 수학자 심사위원들은 비에른이 어떻게 모델을 데이터와 비교했는지에 대한 기술적 세부 사항을 알고 싶어 한다. 비에른의 동료이자 심사위원인 경제학자 린 레르폴드[Lin Lerpold]는 비에른의 논문에서 중요한 한계를 발견해 지적한다. 그녀는 비에른이 반이민 정서의 원인을 완전히 규명하지 못했으며, 지역사회 내 변화의 패턴을 살펴보았지만 이들 지역에 거주하는 개인들의 심리를 이해하지 못했다고 말한다. 린의 질문에 답하기 위해서는 심층 인터뷰와 설문 조사가 필요할 것이다.

심사위원회의 심사는 통과하기가 힘들었지만 공정했으며, 그들의 평가는 만장일치였다. 비에른의 박사학위 논문은 통과됐고, 이로써 그는 베이지안 과학자라는 엘리트 집단에 합류하게 됐다.

* * *

베이즈 추론은 지난 몇십 년 동안 과학과 사회과학을 변화시켜왔다. 베이즈 추론은 세상을 보는 과학적 방식과 완벽하게 맞아떨어진다. 실험자들은 데이터(D)를 수집하고, 이론가는 그 데이터에 대한 가설이나 모델(M)을 개발한다. 베이즈의 정리는 이 두 가지 요소를 결합한다.

핸드폰 사용은 청소년의 정신 건강에 해롭다는 과학적 가설에 대해 생각해보자. 이 가설은 하루 종일 핸드폰만 들여다보고 있는 10대 자녀(엄밀히 말하자면 10대 성인) 두 명이 있는 우리 집에서도 치열하게 논의되는 주제다. 내가 어렸을 때, 부모님은 내가 어디에 있고 무엇을 하고 있는지 걱정하시곤 했다. 하지만 아내와 나는 그런 걱정이 없다. 대신 우리는 아이들이 푸르스름한 빛을 내뿜는 핸드폰 화면을 바라보며 너무 오랜 시간을 보내는 것이 걱정이다. 나와 아내는 우리 아이들에게 "왜 제때 집에 들어오지 않니?", "누구랑 있었던 거지?" 같은 전통적인 부모의 질문을 던지고 싶다.

사회학자이면서 자녀 양육 및 생산성에 관한 자기계발서를 여러 권 쓴 크리스틴 카터$^{Christine\ Carter}$ 박사는 과도한 핸드폰 사용에 대해 매우 단호한 반대 입장을 견지한다. 카터는 "청소년들이 핸드폰 화면을 오래 들여다보는 것은 우울증, 불안, 자살 증가의 주요한 원인일 가능성이 높다"라고 썼다. 캘리포니아대학교 버클리 캠퍼스에서 발행되는 《그레이터 굿 매거진Greater Good Magazine》에 실린 카터의 이 주장은 두 단계로 구성된다.[13] 첫째, 카터는 부모를 대상으로 한 설문 조사를 언급했다. 이 설문 조사에서 응답자의 거의 절반이 자신의 청소년 자녀가 모바일 기기에 '중독'됐다고 믿는다고 답했으며, 응답자의 50%는 그런 현상이 자녀의 정신 건강에 부정적인 영향을 미친다고 우려했다. 둘째, 카터는 영국 청소년 12만 115명을 대상으로 한 연구에서, 그들이 느끼는 행복감, 삶에 대한 만족도, 사회적 삶에 관한 14가지 질문에 대한 답변을 참조했다. 연구 결과, 하루 한 시간 이상의 스마트폰 사용을 기준으로 할 때, 스마트폰을 그보다 더 많이 사용하는 아이들은 설문지로 측정한 정신적 웰빙이 낮아짐을 발견했다. 다시 말해, 아이들이 모바일 기기를 사용할수록 그들은 더 불행해진다는 것이다.

매우 설득력 있는 주장으로 보이지 않는가? 적어도 나는 처음 이 글을 읽었을 때 바로 설득당했다. 박사학위를 가진 연구자가 썼고, 세계적인 대학에서 발행하는 잡지에 실린 이 글은 동료 검토를 거친 과학 논문과 철저한 설문 데이터를 사용해 그 주장을 뒷받침한다. 하지만 이 주장에는 매우 큰 문제가 하나 있다.

이는 크리스틴 카터가 판단 방정식의 분자 부분만 채웠기 때문이다. 카터가 첫 번째 단계로 부모의 두려움을 설명한 것은 $P(M)$, 즉 스마트폰 화면을 들여다보는 것이 정신적 웰빙에 영향을 미친다고 부모가 믿을 확률에 해당한다. 카터가 제시한 두 번째 단계는

현재 데이터가 걱정하는 부모의 가설과 일치함을 보여주는 것, 즉 $P(D|M)$이며, 이는 상당히 큰 수치다. 하지만 카터는 현대 청소년의 웰빙을 설명할 수 있는 다른 모델들을 고려하지 않았다. 카터는 방정식 2의 분자(상단 부분)를 계산했지만, 분모(하단 부분)에 대해 언급하지 않았다. 카터는 대안 가설에 대한 $P(D|M^c)$를 말하지 않았고, 따라서 우리는 $P(M|D)$, 즉 모바일 기기 사용이 청소년 우울증을 설명할 확률을 알 수 없다. 정작 우리가 알고 싶은 것은 바로 이 확률인데 말이다.

이 공백은 캘리포니아대학교 어바인 캠퍼스 심리학과 교수인 캔디스 오저스$^{Candice\ Odgers}$가 채웠다. 오저스는 《네이처^{Nature}》에 발표한 논문에서 매우 다른 결론에 도달했다.[14] 오저스는 이 문제를 인정하는 것으로 논문을 시작했다. 미국에서 12~17세의 소녀들이 우울증을 겪었다고 보고하는 비율은 2005년 13.3%에서 2014년 17.3%로 증가했으며, 같은 연령대의 남자아이들에서도 비슷한 증가가 있었다. 이 기간 동안 모바일 전화 사용이 증가한 것은 의심의 여지가 없다. 그 점에 대해서는 통계를 인용할 필요조차 없다. 또한 오저스는 크리스틴 카터가 언급한 영국 청소년 대상 연구의 데이터, 즉 스마트폰을 많이 사용하는 청소년들 사이에서 우울증 사례가 증가하고 있음을 보여주는 데이터를 반박하지도 않았다.

하지만 오저스는 청소년 우울증 증가를 설명할 수 있는 다른 가설들도 있다는 사실을 지적했다. 예를 들어 규칙적으로 아침을 먹지 않거나 매일 같은 시간에 잠을 자지 않는 것은 스마트폰 사용보다 정신적 웰빙 저하를 예측하는 데 각각 세 배나 더 중요한 요소로 밝혀졌다.[15] 베이즈 정리의 언어로 표현하자면, 아침 식사와 수면은 우

울증을 설명할 수 있는 대안 모델이며, 이들은 높은 확률 $P(D|M^C)$를 가진다. 베이즈 방정식의 분모에 이 수치들이 대입되면 이 모델들이 참일 확률, 즉 스마트폰 사용이 우울증과 관련이 있을 확률이 줄어든다. 이 감소치는 무시할 수 있는 수준이 아니며, 분모가 커질수록 이 모델이 제시하는 확률은 청소년 정신 건강 문제의 중요한 설명을 제공할 수 없을 정도로 작아진다.

이뿐만이 아니다. 청소년의 모바일 기기 사용이 주는 이점에 관한 논문들도 존재한다. 예를 들어 아이들이 스마트폰을 이용해 소통하며 서로에게 힘이 되면서 지속적인 사회적 네트워크를 구축함을 보여주는 연구가 적지 않다. 실제로 대부분의 중산층 아이들은 스마트폰 사용에 관한 조언을 받으면서 자라는데, 이 과정에서 스마트폰 사용은 그 아이들이 실제 현실과 온라인 세상 양쪽에서 진정한 우정을 지속적으로 쌓는 데 도움을 준다는 내용의 연구도 있다. 캔디스 오저스는 이 논문에서, 문제는 저소득층 아이들에게서 발생한다고 주장했다. 예를 들어 경제적으로 여유가 별로 없는 청소년들은 소셜 미디어에서 발생한 일로 실제 싸움에 휘말릴 가능성이 더 높다. 또한 현실에서 괴롭힘을 당한 경험이 있는 아이들은 이후 온라인에서 더 쉽게 피해자가 되는 경향이 있다.

내 아이들은 전 세계의 사람들과 연결돼 있으며, 온라인에서 새로운 아이디어를 배우곤 한다. 얼마 전 엘리즈와 헨리가 봉고 드럼과 문화적 전유에 대해 이야기하는 것을 들었다. 엘리즈는 "누군가 네가 남미 원주민들의 토속 음악을 연주하는 것에 대해 불쾌감을 느낀다고 말하면, 연주를 멈춰야 해. 그러는 게 다른 사람을 존중하는 거야"라고 말했다. 그러자 헨리가 반박했다.

"그렇다면 백인인 에미넴이 흑인 음악을 하는 것은 문화적 전유라고 해야겠네?"

나라면 열세 살이었을 때 두 살 위인 누나와 이런 이야기를 나누지 못했을 것이다. 사실 지금도 이런 이야기를 하기가 쉬울 것 같지는 않다. 2000년대에 태어난 아이들은 1970년대, 1980년대 또는 1990년대에 성장한 우리로서는 이해할 수 없었던 중요한 아이디어와 정보에 접근이 가능하다.

* * *

에이미와 레이철 이야기로 다시 돌아가보자. 앞에서 그냥 넘어간 중요한 부분을 여기서 언급하기 위해서다.

내가 이들의 사례를 다루면서 한 숫자와 관련된 이야기들, 즉 20명 중 한 명은 꼴통이고, 꼴통은 다른 사람을 비난하는 데 자기가 가진 시간의 50%를 사용하고, 심지어는 착한 사람들도 열흘 중 하루는 기분이 좋지 않다는 이야기는 약간 자의적이기도 하고 주관적이기도 하다. 여기서 주관적이라는 말은 사람마다 다르다는 뜻이다. 특정한 삶의 경험에 따라 사람들에 대한 신뢰 정도가 에이미보다 더 많거나 적을 수 있다. 이는 비행기 추락 사고 사례와 대조된다. 비행기 추락 사고는 끔찍하고 객관적인 현실이기 때문이다. 에이미가 새로운 클래스 메이트를 보는 방식이나 내가 동료를 분류하는 방식은 우리가 이전에 만난 사람들에 대한 주관적 경험에 전적으로 기반한다. 비난하는 행동 또는 꼴통 같은 행동을 객관적으로 측정할 방법은 없다.

에이미 이야기에서 등장한 숫자들이 주관적인 것은 사실이다. 하지만 여기서 짚고 넘어가야 할 중요한 사실이 하나 있다. 베이즈의 법칙은 객관적인 확률뿐만 아니라 주관적인 확률에도 작용한다는 사실이다. 이는 숫자들을 구할 수만 있다면, 그 숫자들이 완전히 정확하지 않아도 베이즈의 법칙은 이 숫자들에 대해 추론할 수 있게 해준다는 뜻이다. 숫자를 바꾸면 결과가 달라지겠지만, 우리가 적용하는 베이즈의 법칙이 우리에게 적용하라고 말해주는 논리 자체는 달라지지 않는다.

새로운 데이터가 없는 상태에서 어떤 사건이 일어날 확률에 대한 가정이 필요한데, 이를 우리는 사전확률^{prior}이라고 부른다. 방정식 2에서 $P(M)$는 우리 모델이 참일 사전확률이다. 대부분의 경우, 사전확률은 주관적 경험으로부터 얻을 수 있다. 하지만 우리가 데이터를 보고 나서 $P(M|D)$, 즉 모델이 참일 확률을 결정하는 과정은 주관적일 수 없다. 이 계산 과정은 반드시 베이즈의 법칙을 따라야 한다.

대부분의 사람들은 수학에서 객관성이 가장 중요하다고 생각한다. 하지만 그렇지 않다. 수학은 세상을 표현하고 세상에 대해 논쟁하는 방식 중 하나에 불과하며, 이런 논쟁의 대상은 논쟁을 하는 사람들만 알고 있는 것일 때가 적지 않다. 결국 에이미가 레이철을 꿀통이라고 생각하는지 아닌지에 대해 다른 사람은 전혀 모를 수도 있고, 그러든지 말든지 신경을 쓰지 않을 수도 있다. 이 모든 사고 과정은 에이미의 뇌 속에 영원히 숨겨져 있을 수 있다.

앞에서 나는 세상을 영화처럼 생각한다고 말했다. 매일매일 내 머릿속에서 상영되는 이런 영화 중 일부는 매우 개인적인 것들이다. 이런 영화들은 아내의 기분에 대한 걱정이나 딸의 미래에 대한 생각일 수도 있고, 아들이 참가한 풋살 팀이 우승 트로피를 따내는 생각일 수도 있으며, 언젠가는 베스트셀러 작가가 되고 싶다는 꿈일 수도 있다. 이런 영화들에 대해 내가 여러분에게 이야기할 필요는 없다. 왜냐하면 그것들은 전적으로 내게 속해 있기 때문이다. 판단 방정식은 우리가 어떤 영화들을 만들어야 하는지, 어떤 꿈을 꿔야 하는지 알려주지 않는다. 판단 방정식은 각각의 영화가 세상의 모델이라는 점을 우리에게 상기시키며, 꿈과 관련된 확률을 업데이트할 수 있도록 해주지만, 어떤 꿈을 가져야 하는지는 알려주지 않는다.

"많은 사람들, 심지어는 수학자들이나 과학자들조차도 실험 연구를 하기 전과 후에 자신이 어떤 생각을 했는지를 베이즈의 법칙이 확실하게 드러낸다는 사실을 알지 못합니다."

이언 버논은 비에른의 박사학위 논문 방어가 끝난 뒤 샴페인을 마시며 내게 이렇게 말했다.

"베이즈 분석은 우리가 주장하는 바를 다양한 모델로 나눈 다음, 그 모델들을 뒷받침할 수 있는 근거를 찾아야 한다고 말해주지요. 우리는 데이터가 우리의 주장을 뒷받침한다고 생각할 수 있어요. 하지만 실험을 하기 전에 우리는 우리 자신이 가설을 얼마나 뒷받침했는지에 대해 솔직해야 합니다."

나는 그의 말에 동의했다. 이언은 일반적인 이야기를 하면서 스웨덴 정치에서 극우파가 부상한 현상에 대해 베이즈의 정리를 사용해 설명했던 비에른의 논문 방어 모습을 떠올렸다. 그 이전에 나는 비에른과 함께 연구를 하면서 사람들을 민족주의 정당에 투표하게 만드는 요인이 어떤 것인지 알게 됐다. 이제 나는 그의 연구 결과를 내 가족의 문제에 적용하려 한다. 나는 정신 건강이나 휴대폰 사용에 관한 전문가는 아니지만, 판단 방정식은 다른 연구자들이 얻은 연구 결과를 해석할 수 있는 방법을 내게 제공한다. 또한 판단 방정식은 과학자들이 제시한 논거들의 상대적 타당성을 평가할 수 있는 방법이기도 하다. 나는 각 연구자가 좋은 판단 기준을 충족했는지 확인하기 위해 베이즈의 정리를 사용했다. 연구자들이 자신들의 모델뿐만 아니라 대안 모델도 고려했는지를 확인했다는 뜻이다. 나는 판단 방정식의 도움으로 캔디스 오저스가 자기 주장의 모든 면을 균형 있게 조화시킨 반면, 크리스틴 카터는 자신의 주장만을 일방적으로 제시했음을 알 수 있었다.

나는 자녀 양육, 라이프 스타일, 건강 등에 대한 이른바 전문가들의 조언을 사람들이 무비판적으로 받아들이는 것을 보고 종종 실망하곤 한다. 이런 식으로 조언을 받아들이는 사람들은 다가오는 큰 경기에서 돈을 따기 위해 베팅 팁을 요청하는 무지한 도박꾼들과 비슷하다. 이 조언의 소비자들은 최신 연구 결과가 제공하는 시각 이상을 가지지 못한다. 이들은 건강하고 균형 잡힌 생활 방식을 발전시키려면 장기적인 관점이 필요하다는 사실을 깨닫지 못하고 있다. 마찬가지로 도박에 성공하려 해도 장기적인 전략이 필요하다.

하지만 크리스틴 카터가 이야기를 전할 때 모든 면을 제시해야 할 책임이 전적으로 그녀에게 있는 것은 아니다. 나는 카터의 연구에 오해의 소지가 있다고 생각하지만, 그녀가 제시한 연구 결과는 실제적이고 많은 부모의 걱정을 반영한다는 점도 잘 안다. 카터가 설명하는 데이터는 현실적이며, 그녀는 자신의 모델을 뒷받침하는 근거를 제시하기도 한다. 대안을 뒷받침하는 근거에 대한 모든 설명을 카터가 해야 하는 것은 아니다.

카터가 제시한 모델의 유효성을 검증하는 일은 거의 대부분 우리의 몫이다. 나는 누군가의 의견이 담긴 글을 읽을 때 그 저자의 학위나 경력이 어떻든 그 저자의 주장이 판단 방정식의 모든 요소를 만족시키는지 확인한다. 부모로서 나는 스마트폰 사용이 우리 삶에서 어떤 역할을 하는지 전체적으로 파악할 수 있었다. 내가 참조한 모든 논문은 모두 온라인에서 무료로 볼 수 있었고, 나는 며칠에 걸쳐 그 논문들을 모두 읽었다. 논쟁의 핵심을 이해한 후, 나는 내 10대 자녀들과 토론하기 시작했다. 나는 아이들에게 밤에 잠을 잘 자는 것과 아침 식사를 규칙적으로 하는 것이 스마트폰을 사용하지 않는 것보다 정신적 웰빙에 세 배 더 중요하다고 말했다. 하지만 나는 이 주장이 의미하는 바에 대해 이야기하면서도, 아이들이 매일 저녁 소파에 누워 유튜브를 보는 것만이 정답이 아니라는 점도 강조했다. 나는 운동과 사회적 상호작용도 중요하다고 아이들에게 말하면서, 절대로 침실에서는 스마트폰을 사용하면 안 된다고 말했다. 엘리즈와 헨리는 내 말뜻을 이해한 것 같았다.

자녀 양육에 관한 조언자들이 제공하는 정보를 무비판적으로 소비하는 사람들은 캔디스 오저스처럼 균형 잡힌 견해를 가진 과학자들이 제공하는 정보에 대해 회의적인 반응을 보이기도 한다. 특정한 이론의 모든 면을 언급하는 과학자들은 결론에 대해 확신을 가지지 못한다고 생각되기 때문이다. 기후변화, 다양한 식단의 장점, 범죄의 원인과 같은 주제는 현재 학계에서 활발하게 논의 중이다. 이런 논의와 모든 잠재적인 가설의 비교가 토론에 참여하는 이들의 약점이나 우유부단함을 드러내지는 않는다. 오히려 이는 이런 토론의 강력함과 철저함을 드러낸다고 할 수 있다. 이는 이런 토론이 모든 가능성을 고려한 결과로서 에지를 가졌다는 증거다.

* * *

세상은 조언을 제공하는 사람들로 가득하다. 직장 생활과 가정생활을 잘하는 방법, 차분하게 집중력을 유지하는 방법, 더 나은 사람이 되는 방법, 완벽한 직업을 선택하는 방법, 완벽한 파트너를 선택하는 방법, 완벽한 삶을 선택하는 방법, 직장을 옮겼을 때 시작해야 할 10가지 일, 우선적으로 피해야 하는 10가지 것들, 가장 중요한 열 개의 방정식, 요가로 평온한 마음 가지는 방법, 마음을 챙기는 방법, 깊이 생각하면서 천천히 숨 쉬는 방법, 마음속의 호랑이를 깨우는 방법, 반려동물에게서 위안을 얻는 방법, 대중 심리학과 진화론에서 배우는 삶의 지혜, 원시인·수렵채집인·그리스 철학자처럼 사는 방법, 스위치를 끄고 마음의 평화를 얻는 방법, 명상을 통해 자신과 만나는 방법, 긴장을 풀고 마음의 안정을 얻는 방법, 힘을 내는 방법, 세상과 당당하게 마주하면서 거짓말을 하지 않는 방법, 음식 조절을 통해 장수하는 방법, 사람들에게 신경 쓰지 않고 행복해지는 방법, 지금 당장 일을 빠르게 하는 방법 등 조언의 종류는 수없이 많다.

하지만 이 모든 조언은 구조적인 면에서 결함이 있다. 이런 조언들은 중요한 정보, 의견, 허튼소리가 뒤섞여 구성된다. 판단 방정식은 이런 조언들의 구조를 파악하고 평가할 수 있게 해준다. 판단 방정식을 이용하면 이런 조언들이 데이터를 통해 검증할 수 있는 모델로 바뀐다. 우리는 다른 사람의 의견을 주의 깊게 듣고, 대안들에 대해 생각해보고, 데이터를 수집해 판단해야 한다. 특정한 아이디어에 대한 의견은 그 아이디어를 뒷받침하거나 반박하는 증거들이 축적되면서 변화해야 한다. 다른 사람의 행동을 평가할 때도 그 평가는 이와 같은 과정을 따라야 한다. 우리는 다른 사람들에게 항상 두 번째 기회, 세 번째 기회를 주어야 하며, 감정이 아닌 데이터를 기반으로 결정을 내려야 한다. 베이즈의 법칙을 따르면, 삶에서 더 나은 선택을 할 수 있을 뿐만 아니라, 다른 사람들의 신뢰도 얻게 된다. 그렇게 되면 당신은 판단력이 뛰어난 사람이라는 평판을 얻게 될 것이다.

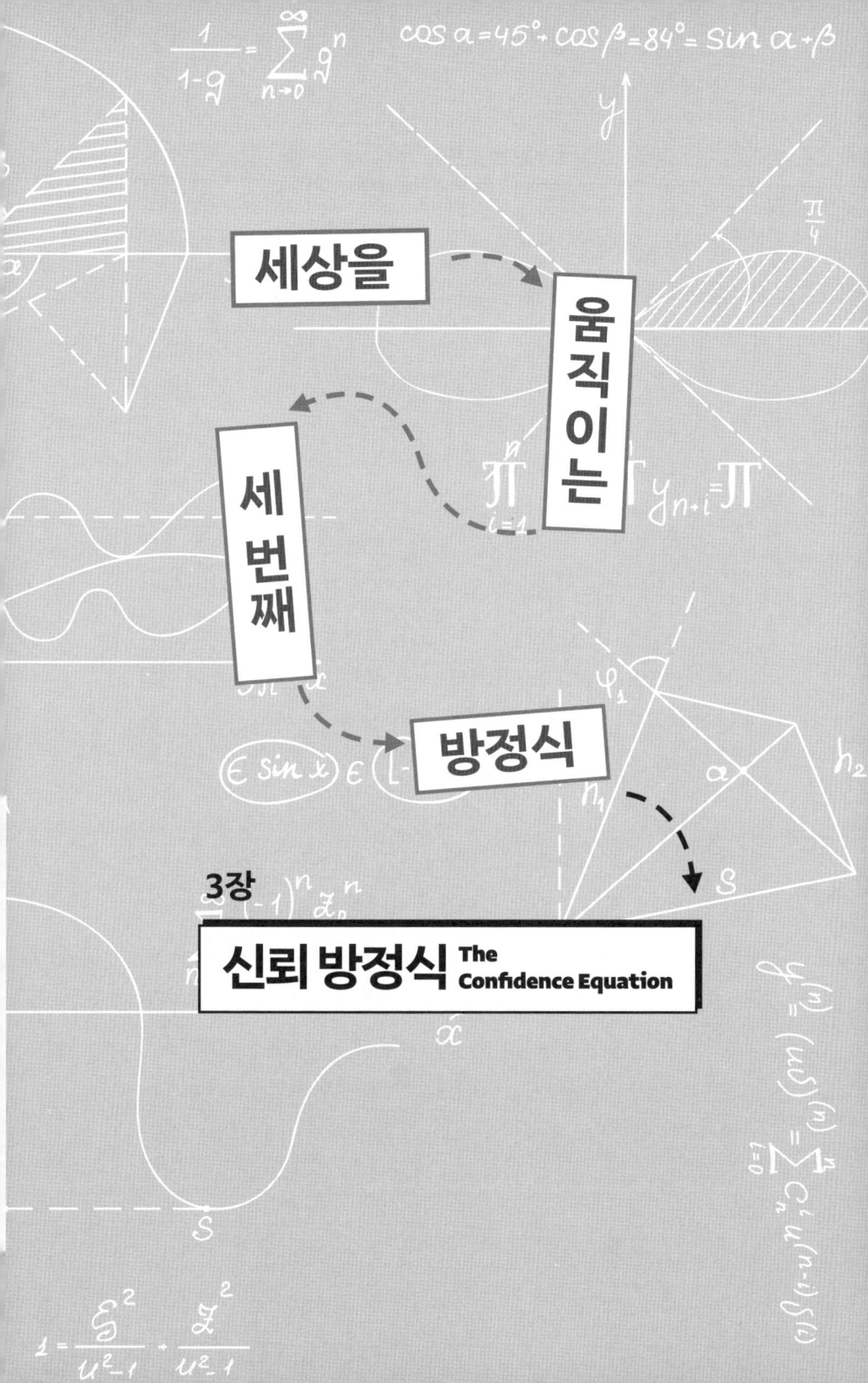

$$b \cdot n \pm 1.96 \cdot \sigma \cdot \sqrt{n}$$

TEN의 모든 코드가 전적으로 기독교적 윤리에 기반하지는 않는다. 만약 TEN이 단 하나의 장소와 시점으로 여행하라고 한다면, 우리는 토머스 베이즈가 임종하기 거의 30년 전인 1733년 11월 12일 런던에서 열린 친구들의 모임에 가게 될 것이다. 그곳에서 우리는 아브라함 드무아브르가 도박의 비밀을 밝혀내는 모습을 볼 수 있을 것이다.

드무아브르는 세상 물정에 밝은 수학자였다. 그는 프로테스탄트 신자라는 이유로 프랑스에서 추방당했고, 런던에서는 프랑스 출신이라는 이유로 의심을 받았다. 따라서 아이작 뉴턴이나 다니엘 베르누이 같은 동시대 인물들이 그들의 분야에서 교수직을 맡는 동안, 드무아브르는 다른 방법으로 생계를 유지해야 했다. 그의 수입의 일부는 런던에서 중산층 소년들을 가르치는 데서 나왔고(일각에서 토머스 베이즈가 젊은 시절에 그의 제자였다고 추측하지만, 확인은 불가능하다), 나머지 일부는 '컨설팅'에서 나왔다. 그는 세인트 마틴 레인의 올드 슬로터 커피 하우스에서 도박꾼과 금융가 인물, 아이작 뉴턴 같은 사람들에게 조언을 제공하곤 했다.

드무아브르가 1733년 11월에 발표한 논문은 그의 이전 논문들보다 더 정교했다. 이 논문은 뉴턴이 발견한 지 얼마 되지 않은 미적분학이 확률 게임의 장기적인 수익성에 대한 신뢰도를 결정하는 데 어떻게 사용될 수 있는지 보여주었다. 궁극적으로 그가 제시한 방정식은 과학자들과 사회과학자들이 연구 결과에 대한 신뢰를 구축하는 방식의 기초가 됐다. 이 신뢰 방정식의 기원을 이해하려면 먼저 우리는 드무아브르가 그 방정식에 대한 생각을 처음 했던 곳, 즉 그늘진 도박의 세계로 들어가야 한다.

* * *

요즘에는 온라인 카지노에서 베팅 계좌를 여는 데 약 2분밖에 걸리지 않는다. 이름, 주소 그리고 가장 중요한 신용카드 정보를 입력하면 모든 준비가 끝난다. 게임은 다양하다. 온라인 포커에서는 다른 플레이어와 대결하며, 하우스가 수수료를 받는다. 슬롯머신은 예전 술집에서 흔히 보던 것과 비슷하며, 클레오파트라의 무덤, 과일 대 사탕, 신들의 시대와 같은 이름이 붙어 있다. 배트맨 대 슈퍼맨, 탑 트럼프 축구 스타 같은 이름이 붙은 것들도 있다. 버튼을 누르고 휠을 돌려 신들이 정렬되거나 배트맨이 연속으로 등장하면 승리한다. 마지막으로, 블랙잭과 룰렛과 같은 전통적인 카지노 게임이 있으며, 이를 위해 깔끔한 복장을 한 젊은 남성들이 카드 게임을 진행하고, 이브닝드레스를 입은 여성들이 룰렛 휠을 돌리는 실시간 비디오가 스트리밍된다.

나는 유명한 온라인 도박 사이트에 계좌를 열었다. 10파운드를 입금하고, 신규 계좌 개설 보너스로 10파운드를 받아 시작 자본이 20파운드가 됐다. 나는 신들의 시대에서 시작하기로 했다. 이 게임은 다른 게임들보다 더 적은 베팅이 가능했기 때문이다. 스핀당 10펜스를 베팅하면 더 많은 스핀을 보장받을 수 있었다. 20스핀 후, 나는 70펜스 손실을 보았고, 별다른 일이 일어나지 않는 것 같았다. 그 뒤로 나는 신들의 시대에 대한 흥미가 떨어져서 탑 트럼프에서 호날두, 메시, 네이마르를 스핀하기 시작했다. 이 게임은 더 비쌌고, 스핀당 20펜스를 베팅했지만, 6스핀 후 나는 1.5파운드를 땄다. 그 정도면 큰돈이었다. 나는 원래의 시작 자본을 거의 회복했고, 배트맨 대 슈퍼맨과 몇 가지 다른 게임도 시도했다. 그러다가 버튼을 계속 누르지 않고 반복적으로 스핀을 할 수 있는 자동 스핀 설정을 발견했다. 하지만 이는 좋지 않은 선택이었다. 200스핀 후, 내 자본은 13파운드로 줄어들었기 때문이다.

슬롯머신은 가성비가 좋지 않다고 느껴져서, 대신 라이브 카지노를 시도하기로 했다. 검은 드레스를 입은 20대 여성인 케리가 테이블을 운영하고 있었다. 그녀는 룸에 들어온 나를 환영해주었고, 다른 고객과 이미 대화를 나누고 있었다. 매우 기묘한 경험이었다. 내가 그녀에게 메시지를 입력하면 그녀가 답을 했다.

"거기는 날씨가 어때요?"

내가 물었다.

"좋아요. 봄이 오는 것 같아요. 마지막 베팅입니다. 행운을 빌어요."

그녀가 대답했다. 그녀는 라트비아에 있었고, 스웨덴에 네 번 가본 적이 있다고 솔직하게 이야기했다. 약간의 잡담을 한 뒤 나는 오늘 누가 크게 딴 적이 있는지 물었다.

"우리는 고객이 얼마나 베팅을 하는지 몰라요."

그녀가 대답했다. 조금 쑥스러웠다. 내가 스핀당 1파운드를 베팅하는 것이 좀 신경 쓰였기 때문이었다.

나는 케리가 마음에 들었지만, 다른 곳을 조금 더 둘러봐야 할 것 같았다. 확실하지는 않지만, 케리와 대부분의 남성 동료들이 저배당 룸에 있는 데는 이유가 있어 보였다. 케리는 몸에 꼭 맞는 드레스 때문에 약간 어색하고 불편해 보였고, 별로 섹시하지 않았다.

고배당 룸은 달랐다. 여성 딜러들의 드레스는 더 깊게 파여 있었고, 그들의 미소는 더 매력적이었다. 고배당 룸에 있는 루시는 스핀을 하기 전에, 다 안다는 표정으로 카메라를 바라보면서 내가 한 선택이 좋은 선택이라고 말하는 것 같았다. 나는 그녀가 나만 바라보는 게 아니라 전 세계 163명의 도박꾼을 보고 있다는 것을 잊지 않으려고 애썼다.

그녀는 고객들이 던지는 질문에 대답했다. 그녀는 한 고객의 질문에 "네, 사귀는 사람이 있어요. 좀 복잡하긴 하지만요"라고 답했다.

그녀는 다른 고객에게는 "여행을 정말 좋아해요. 파리, 마드리드, 런던에 가고 싶어요"라고 말했다. 이때 카메라가 위에서 내려다보는 시점으로 전환되면서 그녀의 다리가 잠깐 보였다.

나는 매우 불편한 기분이 들기 시작했고, 애초에 내가 왜 여기에 왔는지 생각했다. 그래서 나는 다시 저배당 룸으로 돌아가, 통계적 조언을 해주는 공손한 젊은 남성 맥스와 함께 하기로 했다. 그의 휠에서는 높은 숫자가 잘 나왔던 것 같다.

내 계좌 잔액을 살펴보았다. 나는 무심코 빨간색과 검은색을 무작위로 베팅하고 있었고, 카지노에서 몇 시간 동안 플레이한 결과 자본이 28파운드가 됐다는 사실에 놀랐다. 저녁 시간 동안 8파운드가 늘어난 것이었다. 상황이 잘 풀리고 있는 것 같았다.

우리가 이기는 이유가 우리의 기술 때문인지 아니면 단순히 운 때문인지 어떻게 알 수 있을까? 온라인 카지노에서 나는 몇 시간 동안 게임을 한 후 내 잔액이 시작했을 때보다 더 많아졌지만, 그럼에도 불구하고 내게 불리한 확률이 적용되고 있음을 알게 됐다.

다른 게임의 경우, 내가 에지를 가졌는지 아닌지 확신할 수 없었다. 친구들과 포커를 할 때, 내 칩 더미가 오르내리는 것을 보지만, 언제까지 내가 더 나은 플레이어라고 안전하게 말할 수 있을까? 내가 월드컵을 위해 세운 스포츠 베팅 전략이 효과를 보고 있는지 언제 알 수 있을까?

이러한 질문들은 게임과 도박에 국한되지 않고 정치적인 측면에서도 적용된다. 미국 대통령 선거에서 누가 승리할지 정확하게 추정하기 위해 몇 명의 유권자를 조사해야 할까? 이는 우리 사회에 관한 질문이기도 하다. 회사가 사람을 채용할 때 인종차별이 있는지 어떻게 알 수 있을까? 개인적인 측면에서는, 직장이나 관계에 변화를 주기 전에 얼마나 오랫동안 기다려야 할까?

놀랍게도 이 모든 질문에 대한 답을 제공하는 방정식이 있다. 바로 다음과 같은 신뢰 방정식이다.

$$b \cdot n \pm 1.96 \cdot \sigma \cdot \sqrt{n}$$

(방정식 3)

신뢰의 개념은 방정식의 중심 기호인 ±로 표현된다. 예를 들어 내가 하루에 커피 몇 잔을 마시는지 누군가가 물어보면, 나는 정확히 알 수 없기 때문에 "4잔 플러스마이너스 2잔", 즉 4±2라고 말할 수 있다. 이는 신뢰구간$^{confidence\ interval}$을 나타내며, 평균과 그 평균 주변의 변동성을 나타내는 편리한 약어다. 또한 이는 내가 일주일에 일곱 잔을 마시거나 한 잔만 마시지 않는다는 것을 의미하지 않지만, 대체로 대부분의 날에 두 잔에서 여섯 잔 사이를 마신다고 상당히 확신할 수 있음을 뜻한다.

방정식 3은 우리의 신뢰에 대한 더 정확한 진술을 가능하게 한다. 이 책의 독자들에게 룰렛 바퀴를 $n=400$회 플레이하면서 각 스핀에 1파운드를 걸도록 요청한다고 가정해보자. 룰렛 바퀴에는 1부터 36까지의 숫자가 있고, 이 숫자들은 빨강과 검정으로 교대로 배열돼 있으며, 특별한 초록 숫자 0이 있다. 이는 카지노 소유자에게 유리한 바이어스^{bias}를 제공한다(초록 숫자에 걸린 베팅은 대부분 카지노 측으로 귀속된다. 즉, 초록 숫자가 나오면 플레이어들은 대부분의 경우 돈을 잃는다. 이는 카지노가 장기적으로 수익을 올리게 하는 중요한 요소다 – 옮긴이). 예를 들어 도박꾼이 빨강에 베팅하면 공이 빨강에 떨어질 확률은 18/37이다. 그가 돈을 잃을 확률은 19/37이다. 도박꾼의 기대 평균 이익/손실은 $1 \cdot 18/37 - 1 \cdot 19/37 = -1/37$, 즉 스핀당 평균적으로 약 2.7펜스 손실이다. 방정식 3에서 평균 손실은 b로 표시되며 이 경우 $b = -0.027$이다. 400회의 스핀에서 플레이어는 평균적으로 $b \cdot n = -0.027 \cdot 400 = 10.8$파운드를 잃을 것으로 예상할 수 있다.

다음 단계는 평균 손실 주위의 변동 수준을 계산하는 것이다. 모든 플레이어가 동일한 금액을 잃거나 따지는 않을 것이다. 복잡한 계산을 하지 않고도 각 룰렛 스핀의 가능한 결과에서 큰 변동성이 있음을 알 수 있다. 만약 내가 1파운드를 베팅하면, 베팅 후 나는 돈을 두 배로 늘리거나 잃게 된다. 단일 스핀에 대한 변동성은 투자와 비슷한 크기를 가지며 평균 손실인 2.7펜스보다 훨씬 크다.

이 변동성을 정량화하기 위해 우리는 각 스핀의 결과와 스핀당 평균 손실 간의 거리를 제곱해 구할 수 있다. 1파운드의 승리 결과와 0.027파운드의 평균 손실 간의 거리는 $(1-(-0.027))^2=1.0547$이고, 1파운드의 손실 결과와 평균 손실 간의 거리는 $(-1-(-0.027))^2=0.9467$이다. 승리 결과는 37회 중 18번 발생하고, 손실 결과는 19번 발생하므로, 룰렛 바퀴의 단일 스핀에 대한 평균 제곱 거리 σ^2는 다음과 같다.

$$\sigma^2 = \frac{18}{37} \cdot 1.0547 + \frac{19}{37} \cdot 0.9467 = 0.9993$$

이 평균 제곱 거리인 σ^2는 분산 variance이라는 이름으로 알려져 있다. 룰렛의 분산은 1에 매우 가깝지만 정확히 1은 아니다. 만약 룰렛 바퀴가 공정하게 구성됐다면, 즉 36개의 숫자가 반은 빨강이고 반은 검정이었다면, 분산은 정확히 1이었을 것이다.

분산은 우리가 스핀하는 횟수에 비례해 증가한다. 만약 내가 룰렛 바퀴를 두 번 스핀하면 분산이 두 배로 증가하고, 세 번 스핀하면 분산이 세 배로 증가하는 식이다. 따라서 n번 스핀한 경우의 분산은 $n \cdot \sigma^2$이 된다.

우리가 결과와 평균 간의 거리를 제곱했기 때문에 변동의 단위는 파운드가 아닌 파운드 제곱이 된다. 다시 파운드 단위로 돌아가기 위해, 우리는 분산의 제곱근을 취해 표준편차(σ) standard deviation로 표현한다. 이 예시에서 표준편차는 0.9996이다. n의 제곱근은 $\sqrt{n}$ 으로 표

기된다. 따라서 400회의 룰렛 스핀에서 이기거나 잃은 돈의 평균 ±
표준편차는 다음과 같다.

$$\sigma \cdot \sqrt{n} = 0.9996 \cdot \sqrt{400} = 0.9996 \cdot 20 = 19.99$$

이제 우리는 신뢰 방정식의 대부분의 구성 요소를 갖추었다. 방정식 3에서 아직 설명하지 않은 부분은 숫자 1.96이다. 이 숫자는 오늘날 우리가 정규곡선^{normal curve}이라고 부르는 수학 공식을 통해 도출된 것으로, 일반적으로 우리 키와 아이큐의 분포를 설명하는 데 사용되는 종 모양의 곡선이다.

정규분포를 시각적으로 생각하면, 평균값에서 정점에 도달하는 종 모양을 상상할 수 있다(예를 들어 400회의 룰렛 스핀에서 -10.8 또는 영국 남성의 평균 신장 175센티미터).[1] 이 정규곡선은 룰렛 바퀴에서 빨간색 또는 검은색에 대한 1파운드 베팅을 위해 400회 스핀한 경우를 나타낸다. 이제 95%의 종 모양을 포함하도록 간격을 설정한다고 가정해보자. 400회의 룰렛 스핀의 경우, 이는 플레이어의 수익 또는 손실의 95%가 발생하는 구간을 의미한다. 1.96의 값은 이 구간에서 유래된 것이다. 95%의 관측치를 포함하려면, 우리는 표준편차의 1.96배만큼 간격을 늘려야 한다. 즉, 400회의 룰렛 스핀 후 수익에 대한 95% 신뢰구간은 방정식 3으로 표현된다.

$$b \cdot n \pm 1.96 \cdot \sigma \cdot \sqrt{n} = -0.027 \cdot 400 \pm 1.96 \cdot 0.9996 \cdot 20 = -10.8 \pm 39.2$$

안타깝지만, 평균적으로 플레이어는 400회의 룰렛 스핀에서 10.8파운드를 잃게 될 것이다. 반면에 ±39.2는 넓은 신뢰구간이므로, 일부 플레이어들은 꽤 잘했을 가능성이 있다. 이익을 얻은 도박꾼들은 400회를 스핀하는 사람들 중 매우 큰 비율인 31.2%를 차지한다. 나는 친구들 몇몇과 함께 카지노를 방문하거나 경마장에 갔을 때 이 현상을 자주 목격했다. 한 사람이 결국 승자가 되는 경우가 많다. 그 사람이 다른 사람들에게 음료를 사줄 때면 모든 사람이 자기가 이긴 것 같은 느낌을 받게 된다.

이것이 바로 신뢰 방정식에서 얻는 첫 번째 중요한 교훈이다. 승자는 자신이 똑똑하게 전략을 세웠다고 느낄 수 있지만, 실제로 돈을 딴 채로 카지노를 떠나는 사람은 3분의 1 정도에 불과하다. 승자들은 우연에 의한 승리에 속지 말아야 한다. 그들은 운이 좋았을 뿐이다. 실력이 좋아서 돈을 딴 것이 아니다.

*　*　*

앞에서 나는 도박 결과의 분포가 정규곡선을 따른다고 했지만, 그 이유는 설명하지 않았다. 그 설명은 아브라함 드무아브르가 1733년에 런던의 한 모임에서 한 발표로 거슬러 올라간다.

드무아브르의 첫 번째 도박 관련 책인《우연의 교리The Doctrine of Chances》는 1718년에 출판됐으며[2], 이 책에서 그는 카드 게임에서 특정 핸드hand(카드 게임에서 플레이어가 받는 카드들 - 옮긴이)를 얻을 확률과 주사위를 던져 이기는 결과를 얻을 확률을 계산했다. 예를 들어 다섯 장의 카드 중 두 개의 에이스를 가질 확률이나 주사위를 두 개 던져 두 개의 6이 나올 확률이 그것이다.[3] 그는 독자가 쉽게 이

그림 3 정규분포

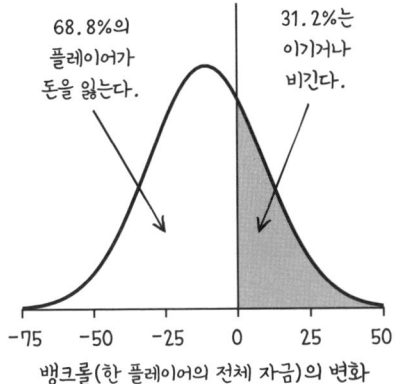

1파운드를 걸고 400회 룰렛을 스핀한 플레이어의 결과.
히스토그램은 종 모양의 정규분포곡선을 따라 분포한다.

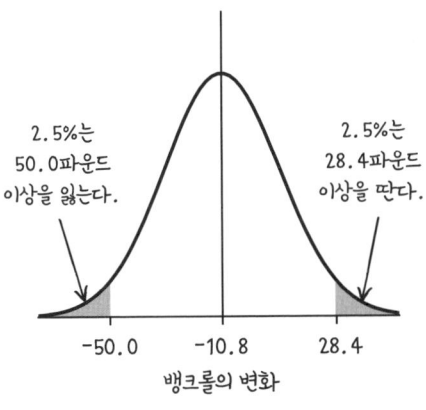

신뢰구간.
95%의 도박꾼은 50.0파운드보다 적게 잃고 28.4파운드 이상은 따지 못한다.

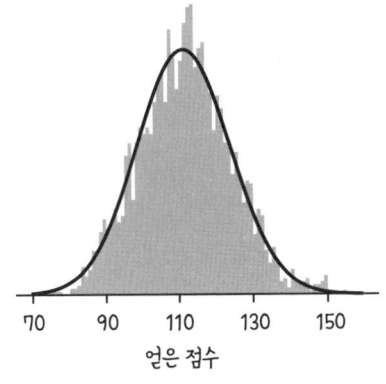

NBA 2018~2019 시즌의 모든 정규 경기에서 각 팀이 득점한 점수의 히스토그램(회색)과 정규분포 곡선(실선 검정색)을 비교한 그래프.

해할 수 있도록 계산 과정을 안내하고 중간에 연습 문제를 제공했다. 또한 이와 같은 유형의 조언을 구하기 위해 도박꾼들은 그를 찾았다.

1733년 발표에서 드무아브르는 청중에게 정상적인 동전을 3,600번 던졌을 때의 결과를 계산하는 방법을 고려해보라고 했다. 두 번의 동전 던지기에서 연속으로 두 개의 앞면이 나올 확률은 두 분수를 곱하는 간단한 방법으로 구할 수 있다. 즉, $(\frac{1}{2} \cdot \frac{1}{2} = \frac{1}{4})$이다.

다섯 번 동전을 던질 때 세 개의 앞면이 나올 확률은 모든 가능한 경우를 먼저 작성함으로써 구할 수 있다. 다양한 가능성을 제공하는 10가지다.

HHHTT, HHTHT, HHTTH, HTHTH, HTHHT,
HTTHH, THTHH, THHTH, THHHT, TTHHH

1653년에 블레즈 파스칼$^{Blaise\ Pascal}$은 n(동전 던지기 횟수)에서 k(앞면이 나오는 횟수)를 나열하는 방법의 수를 다음과 같은 식으로 보여주었다.

$$\frac{n!}{(n-k)!k!}$$

$k!$라는 표현에서 !은 팩토리얼^{factorial}이라고 부르며, 여기서 $k!$은 k에 $k-1, k-2$를 곱하여 1까지 계속 곱한 것을 간단하게 나타낸 것이다. $k!=k \cdot (k-1) \cdot (k-2) \cdots 2 \cdot 1$이다. 따라서 위의 예에서 $n=5$이고 $k=3$일 때 식의 값은 다음과 같다.

$$\frac{5!}{(5-3)!3!} = \frac{5 \cdot 4 \cdot 3 \cdot 2 \cdot 1}{2 \cdot 1 \cdot 3 \cdot 2 \cdot 1} = 10$$

동전의 앞면이 나올 확률과 뒷면이 나올 확률은 각각 1/2로 같기 때문에, n번의 동전 던지기에서 앞면이 k번 나올 확률은 다음과 같다.

$$\frac{n!}{(n-k)!k!} \cdot \left(\frac{1}{2}\right)^n$$

$n=5$이고 $k=3$인 경우는 다음과 같은 값이 나온다.

$$\frac{5!}{(5-3)!3!} \cdot \left(\frac{1}{2}\right)^5 = 10 \cdot \left(\frac{1}{2 \cdot 2 \cdot 2 \cdot 2 \cdot 2}\right) = \frac{10}{32} = 0.3125$$

동전을 5회 던졌을 때 앞면이 3회 나올 확률은 31.25%다. 드무아브르는 현재 이항분포binomial distribution라고 불리는 이 방정식을 잘 알고 있었지만, n이 클 때는 이 방정식이 실용적이지 않다는 사실도 알았다. $n=3,600$인 동전 던지기 문제를 해결하려면 2를 3,600번 곱하고 $3,600 \cdot 3,599 \cdots 2 \cdot 1$을 계산해야 했기 때문이다. 여러분도 한번 시도해본다면, 손으로는 계산하기가 아예 불가능하고, 컴퓨터로도 어려움을 알게 될 것이다.

드무아브르가 사용한 요령은 곱셈 자체를 무시하고 이항분포의 수학적 형태를 연구하는 것이었다. 그의 친구인 스코틀랜드 학자 제임스 스털링James Sterling은 그로부터 얼마 전에 큰 팩토리얼 값에 근사하는 새로운 공식을 만들어낸 상태였다. 드무아브르는 스털링의 이 공식을 사용해 n이 커질 때 위의 방정식이 다음과 같은 방정식과 대략적으로 같음을 증명할 수 있었다.

$$\frac{1}{\sqrt{2\pi}\sqrt{n/4}} \cdot \exp\left(\frac{(k-n/2)^2}{n/2}\right)$$

처음에는 이 방정식이 이항분포 방정식보다 훨씬 더 복잡해 보일 수 있다. 제곱근, 상수 π(3.141…) 및 지수함수가 포함돼 있기 때문이다. 하지만 드무아브르의 결과에서 가장 중요한 점은 이 방정식이 팩토리얼에서 발견되는 반복적인 곱셈을 포함하지 않는다는 사실이다. 우리는 k와 n의 값을 방정식에 넣기만 하면 3,600번 또는 100만 번의 동전 던지기 값을 쉽게 계산할 수 있다. 드무아브르는 로그표나 계산자 slide rule(아날로그 방식 계산기의 일종으로 로그의 원리를 이용해 곱셈과 나눗셈, 제곱근, 로그, 삼각함수 등의 근사값을 계산할 수 있는 도구 - 옮긴이)를 사용해 문제를 해결할 수 있었다. 18세기 기술로도 100만 번의 동전 던지기 값을 계산할 수 있었다.

드무아브르는 그날 저녁에 최초의 신뢰구간을 구축했다. 그는 1,740회 이하로 앞면이 나오거나 1,860회 이상으로 앞면이 나올 확률이 약 21 대 1로, 즉 신뢰구간이 95.4%임을 보여주었다.[4]

위의 방정식은 오늘날 우리가 정상분포라고 부르는 것이며, 현대 통계학에서 가장 중요한 방정식 중 하나다. 드무아브르는 이 방정식이 처음에는 얼마나 중요한지 깨닫지 못한 것으로 보인다. 이 방정식은 1810년이 돼서야 피에르시몽 드 라플라스 Pierre-Simon de Laplace 후 작이 그 잠재력을 완전히 인식했다.

라플라스는 모멘트 생성 함수 moment-generating functions라는 수학적 방법을 개발해 모든 분포를 평균(첫 번째 모멘트), 분산(평균에 대한 두 번째 모멘트) 및 분포의 비대칭과 울퉁불퉁함을 측정하는 일련의 고차 모멘트로 고유하게 지정했다. 라플라스의 모멘트 생성 함수는 무작위 결과(예: 룰렛 휠의 회전 및 주사위 던지기)가 함께 추가될 때 분포의 형태가 어떻게 변화하는지를 연구하는 데도 도움이 됐다. 라플라스는 진정으로 놀라운 사실, 즉 무엇을 더하든지 간에, 우리가 더하는 결과의 수가 증가함에 따라 모멘트는 항상 정상분포의 모멘트에 점점 더 가까워짐을 입증했다.

라플라스의 결과에서 몇 가지 복잡한 예외를 정리하는 데 몇 년이 걸렸지만(그중 일부는 6장에서 다시 다룰 것이다), 20세기 초에는 러시아의 알렉산드르 리야푸노프 Aleksandr Lyapunov와 핀란드의 야를 발데르마르 린덴베르그 Jarl Waldermar Lindenberg가 라플라스의 초기 주장에서 남은 문제를 해결했다. 린덴베르그가 1920년에 최종적으로 증명한 결과는 오늘날 중심극한정리 Central Limit Theorem, CLT로 알려져 있다.[5] 이 정리는 독립적인 무작위 측정을 수없이 많이 합산할 때마다 각 측정의 평균이 b이고 표준편차가 σ일 경우, 그 측정의 합은 평균이 $b \cdot n$이고 표준편차가 $\sigma = \sqrt{n}$인 종 모양의 정규분포를 따른다는 내용이다.[6]

이 결과를 폭넓게 이해하기 위해 몇 가지 예를 들어보자. 100번의 주사위 던지기 결과를 합산하면, 그것은 정규분포를 이룬다. 주사위, 카드, 룰렛 휠 또는 온라인 카지노의 반복된 결과를 합산해도 정규분포를 따른다. NBA 농구 경기의 총 점수도 정규분포를 따른다(그림 3의 하단 패널에 설명돼 있음).[7] 농작물 수확량도 정규분포를 이룬다.[8] 고속도로의 교통 속도도 정규분포를 따른다. 우리의 키, 아이큐, 그리고 성격 테스트의 결과도 정규분포를 이룬다.

결국 다양한 무작위 요인이 최종 결과를 도출하기 위해 합산될 때마다 정규분포를 찾을 수 있다. 따라서 방정식 3은 동일한 유형의 행동을 반복하거나 동일한 유형의 관찰을 계속하는 활동에서 신뢰를 구축하는 데 사용할 수 있다.

* * *

1장에서 나는 3%의 에지를 가진 도박사가 1,000파운드의 초기 자금을 단 1년 만에 5,700만 파운드로 늘릴 수 있는 방법을 보여주었다. 베팅하고 재투자함으로써 자금은 기하급수적으로 증가했다. 이제 가상의 도박사인 리사에게 불가피한 문제가 다가왔다. 리사는 자신이 3%의 에지를 가진다는 것을 어떻게 알 수 있을까?

정치 및 스포츠 예측 사이트 파이브서티에이트^{FiveThirtyEight}의 창립자이자 편집자인 네이트 실버는 이러한 상황을 설명하기 위해 '신호^{signal}'와 '잡음^{noise}'이라는 용어를 사용한다.[9] 스포츠 베팅에서 한 베팅의 평균 이익(또는 손실)인 b는 신호다. 만약 리사가 3%의 에지를 가졌다면, 평균적으로 각 1파운드의 베팅으로 3펜스를 딸 것이다. 각 베팅의 잡음은 표준편차 σ로 측정된다. 룰렛의 잡음과 마찬가지로 스포츠 베팅에서의 잡음은 베팅한 금액보다 훨씬 크다. 예를 들어 리사가 1/2의 배당률로 팀에 1파운드를 베팅한다고 가정하면 그녀는 1파운드를 잃거나 50펜스를 딸 수 있다. 이 베팅에 대한 표준편차를 계산하면 0.71파운드임을 알 수 있다.[10] 이 경우 단일 베팅의 잡음($\sigma = 0.71$)은 신호($b = 0.03$)보다 거의 17배 더 크다. 이 경우 신호 대 잡음 비율은 $b/\sigma = 0.03/0.71 \approx 1/24$라고 할 수 있다.

카지노는 룰렛 휠을 설치해 1/37의 신호 대 잡음 비율로 자신이 에지를 가졌음을 알고 있다. 리사는 자신이 우위를 가졌는지를 알기 위해 과거의 성과에 의존해야 한다. 이것이 프로 도박에서 신뢰 방정식이 가장 중요한 이유다. 만약 리사가 베팅당 b파운드의 이익을 올렸고, 베팅당 표준편차가 σ라면, 그녀의 우위 b의 추정치에 대한 95% 신뢰구간은 방정식 3을 n으로 나누어 다음과 같이 구할 수 있다.

$$b \pm \frac{1.96 \cdot \sigma}{\sqrt{n}}$$

예를 들어 리사가 $n=100$번의 베팅을 했고, 베팅당 평균 3펜스를 땄다면 이 신뢰구간은 다음과 같다.

$$0.03 \pm \frac{1.96 \cdot 0.71}{\sqrt{100}} = 0.03 \pm 0.14$$

리사의 에지는 최대 17p(0.03+0.14=0.17)일 수 있으며, 또는 그녀가 주장하는 '에지'가 실제로는 평균적으로 베팅당 11펜스를 잃게 만들 수도 있다. −0.11과 +0.17 사이의 모든 에지는 95% 구간에 포함된다. 이는 리사가 한 100번의 베팅이 그녀의 전략이 효과가 있는지에 대해 거의 아무것도 알려주지 않는다는 뜻이다.

신뢰구간에 0이 포함됐을 때, 리사는 자신의 신호 b가 긍정적이고 자신의 도박 전략이 효과적임을 확신할 수 없다. 그녀가 신뢰할 수 있는 신호를 감지하기 위해 필요한 관측치 수를 설정하는 간단한 경험 법칙이 있다. 먼저, 값 1.96을 2로 대체한다. 2와 1.96 사이의 차이는 경험 법칙을 만들 때 매우 작다. 이제 신뢰구간이 0을 포함하지

않는 조건을 찾기 위해 신뢰 방정식을 다음과 같이 재배열해보자.[11]

$$\frac{b}{\sigma} > \frac{2}{\sqrt{n}}$$

관측치 n개를 취하면 신호 대 잡음 비율이 $2/\sqrt{n}$보다 큰 것을 알 수 있다. 아래는 이 규칙이 어떻게 작동하는지 감을 잡기 위해 몇 가지 값을 표로 나타낸 것이다.

관측치 수(n):　　　　　　16　36　64　100　400　1,600　10,000
감지된 신호 대 잡음 비율($2/\sqrt{n}$): 1/2　1/3　1/4　1/5　1/10　1/20　1/50

베팅과 금융 에지는 신호 대 잡음 비율이 1/20 또는 1/50에 가까운 경우가 많아, 이를 감지하기 위해 수천 또는 수만 개의 관측치가 필요하다. 리사의 스포츠 도박에서 신호 대 잡음 비율이 $b/\sigma=1/24$인 경우, 그녀는 2,304개 이상의 관측치가 필요하다. 2,000개 이상의 관측치는 상당히 많은 축구 경기 수에 해당한다. 리사가 프리미어리그 베팅 시장에서 3%의 에지를 가졌다고 생각한다면, 그녀는 그 에지가 확실함을 증명하기 위해 여섯 시즌의 결과가 필요하다.

이 6년 동안 다른 도박꾼들도 그녀의 에지를 발견하고, 그녀를 따라 베팅을 할 수 있을 것이다. 매튜 베넘과 토니 블룸의 방대한 베팅 사업은 항상 기회를 엿본다. 이 두 대형 베팅업체가 시장에 들어서면, 북메이커들은 배당률을 조정하고 에지를 잃는다. 리사에게 위험한 점은 그녀의 에지가 사라졌다는 사실을 인식하지 못할 수 있다는 것이다. 에지가 존재한다는 자신감을 얻기 위해서는 1,000경기 이상의 경기가 필요하지만, 에지가 사라졌음을 깨닫기 위해서도 비슷한 수의 값비싼 손실을 감수해야 할 수도 있다. 한때 기하급수적으로 증가하던 수익이 한순간에 기하급수적으로 감소할 수도 있다.

대부분의 아마추어 투자자들은 신호를 잡음에서 분리해야 한다는 사실을 대략적으로 알고 있지만, 신뢰 방정식에서 발생하는 n의 제곱근 규칙의 중요성을 이해하는 사람은 매우 적다. 예를 들어 신호가 절반으로 약해지면 4배의 관측치가 필요하고, 관측치를 400에서 1,600으로 늘리면 에지는 절반으로 줄어든다. 시장에서 미세한 에지를 찾기 위해 필요한 데이터의 양을 과소평가하면 안 된다.

$$* * *$$

나는 베를린에 있는 얀에게 전화를 걸어 그와 마리우스의 상황이 어떤지 물었다. 그들은 정말 잘되고 있었다. 얀은 마리우스가 내게 말하지 말라고 했지만, 결국 자신들의 성과를 구체적인 숫자로 말할 테니 마리우스에게는 비밀로 해달라고 내게 부탁했다. 얀은 "우리는 지난달에 5만 번에 걸쳐 7,000만 파운드를 베팅했어요. 평균 에지는 1.5%에서 2% 사이였어요."라고 말했다.

우리가 월드컵 동안 했던 50파운드 베팅은 이에 비하면 비교할 수 없을 만큼 작았다. 내가 신뢰구간에 대해 글을 쓰고 있다고 얀에게 말하자, 그는 우리가 함께 만든 도박 모델을 다시 언급했다.

"그걸로 돈을 벌기는 했지만, 솔직히 말하면 앞으로는 그 모델에 의존하면 안 될 것 같아요."

얀의 말은 옳았다. 우리가 만든 월드컵 베팅 모델은 이전 토너먼트에서 수집한 283개의 관측치로 구축됐지만, 얀은 지난 9년 동안의 다양한 스포츠에 대한 150억 개의 베팅 위치 데이터베이스를 구축했기 때문이다.

"1만 개 이상의 뒷받침 관측치를 이용하는 전략에 집중하고 있어요."

얀이 말했다. 그들은 이 정도의 대규모 관측치로 자신들이 장기적인 에지를 가졌다는 자신감을 갖게 된 것이었다. 얀과 마리우스의 가장 수익성 있는 에지는 국가적 차이에 기반했다. 예를 들어 브라질 사람들은 경기에서 더 많은 골을 기대하는 반면, 독일 사람들은 반대의 경우로, 항상 지루한 0-0 무승부를 기대한다.

"노르웨이 사람들은 항상 정확한 걸 좋아해요."

얀이 웃으며 말했다.

"그 사람들은 완벽하게 합리적인 스칸디나비아 사람들이지요."

나는 월드컵 기간 동안 마리우스와 나눈 대화를 떠올렸다. 그는 합리적인 노르웨이인이었고, 도박꾼의 마음을 이해하는 것이 중요하다고 생각하는 사람이었다. 이제 그는 나라마다 다른 고정관념이 작용한다는 것을 잘 알고 있었다.

* * *

당신이 트립어드바이저TripAdvisor에서 호텔을 찾고 있다고 상상해 보자. 당신은 평점이 별 4개 이상인 호텔에 머물길 원하며 3.5개 이하의 호텔에 대해서는 부정적인 생각을 가지고 있다. 여기서 당신이 찾고 있는 신호는 별 반 개 차이다. 트립어드바이저의 별 평점은 약간의 변동성이 있다. 항상 몇몇 열성팬은 직관적으로 별 5개를 주고, 몇몇 불만족한 사람들은 별 1개를 주는 경우가 있기 때문이다. 하지만 전반적으로 리뷰의 잡음은 1점 정도다. 대부분의 리뷰는 별이 3~4개 또는 5개이며 평균은 4점을 약간 넘는다.[12]

별 반 개 차이(1/2)의 신호 대 잡음 비율을 신뢰할 수 있게 감지하려면 얼마나 많은 리뷰를 읽어야 하는지에 대한 질문을 해결해보자. 이 질문에 대한 답은 110쪽의 표를 사용하거나 $2/\sqrt{n} = 1/2$이라는 방정식을 이용해 얻을 수 있다. 여기서 1/2은 신호 대 잡음의 비율이다. 이 방정식에서 $\sqrt{n}$의 값은 4이므로, n의 값은 16이 된다. 이는 우리가 적어도 16개의 리뷰를 읽어야 한다는 뜻이다. 수년 간 작성된 수백 개 리뷰의 평균을 보는 대신, 최신 16개의 리뷰를 뽑아내고 그 평균을 취하면 된다. 이렇게 하면 신뢰할 만한 최신 정보를 얻을 수 있다.

호텔만 별점으로 평가할 수 있는 것은 아니다. 제스는 자신의 진로 선택에 대해 확신이 없다. 그녀는 인권 단체에서 일하고 있지만, 상사는 끔찍하다. 상사는 아무 때고 제스에게 전화해 불합리한 요구를 한다. 제스의 친구 스티브는 케니와 6개월째 사귀고 있다. 스티브와 제니의 관계는 불안정하다. 한순간은 뜨겁지만 다음 순간은 차가워지곤 한다. 그들은 다툴 때는 끔찍하지만, 잘 지낼 때는 환상적이다.

신뢰 방정식은 제스에게 자신의 직장에 얼마나 오랫동안 머물러야 할지, 그리고 스티브가 케니와의 관계를 포기하기 전에 얼마나 오랫동안 기다려야 하는지에 대한 지침을 제공한다. 그들이 먼저 해야 할 일은 관련된 시간 간격을 식별하는 것이다. 스티브와 제스는 매일 0에서 5점까지 자신들의 관계를 평가하기로 결정했다. 그들은 정기적으로 만나서 각자의 상황을 평가하기로 계획했다.

첫 주 금요일 밤, 스티브는 케니와 큰 싸움을 했다. 케니가 스티브의 친구들과 만나는 것을 거부했기 때문이다. 스티브는 제스에게 전화를 걸어 울음을 터뜨렸다. 그는 일주일 동안 1점을 준 날이 3일이었다. 제스는 그들이 너무 빨리 결론을 내리지 않기로 합의했음을 상기시켰다. 결국, $n=7$이므로 그들은 아직 잡음 속에서 신호를 찾을 수 없었다. 제스는 그녀의 귀찮은 상사가 출장 중이라서 그럭저럭 괜찮은 주를 보냈다. 그녀는 그랬던 날들에 3점 또는 4점을 주었다.

한 달 후, $n=30$이 됐고, 그들은 점심을 함께 하기 위해 만났다. 그들은 상황이 어떻게 돌아가고 있는지에 대해 더 잘 파악하기 시작했다. 스티브는 케니와의 몇 주가 좋았다. 지난 주말 이 커플은 브라이턴으로 주말여행을 갔고, 몇 번의 멋진 저녁 식사를 포함해 환상적인 시간을 보냈다. 스티브는 5점 만점의 날들을 여러 번 보냈다. 반면 제스는 정반대였다. 그녀의 상사가 돌아온 후 항상 화가 나 있었고, 사소한 실수에 대해 소리를 지르고 인내심을 잃었다. 제스의 날들은 2점, 1점, 그리고 몇 번의 0점으로 변하고 있었다.

약 두 달 반 후, $n=64$가 되고 $2/\sqrt{64}=1/4$이 됐다. 그들의 신뢰 수준은 첫 주보다 이제 세 배 높아졌다. 스티브에게는 좋은 날이 나쁜 날보다 많았지만, 여전히 작은 다툼이 가끔 있었다. 3점과 4점의 주들이었다. 제스의 상사는 정말 문제이지만, 제스는 항상 집중하고 싶었던 의미 있는 프로젝트에 착수하고 있었다. 제스의 날들은 몇 번의 3점과 4점을 기록했지만, 그 외에는 대체로 1점과 2점이었다.

주가 지날 때마다 관찰 수치가 늘어났지만, n의 제곱근 법칙에 따르면 제스와 스티브는 처음 만났을 때처럼 빠르게 정보를 얻고 있지는 않았다. 관찰에서 얻는 이익이 줄어들고 있었다. 그들은 매주 평가 마감일을 정하기로 결정했다. 100일이 지나기 전에 그들은 미래를 결정할 만큼 충분한 확신을 가져야 했다.

드디어 결정의 날이 왔다. $n=100$이고 $2/\sqrt{n}=1/5$이 됐다. 스티브와 제스는 지난 몇 주 동안의 일뿐만 아니라 그동안의 모든 일들을 되돌아보았다. 스티브와 케니의 싸움 횟수는 줄어들었다. 그들은 함께 요리 수업을 듣기 시작했고, 자주 친구들을 초대해 집에서 요리를 하며 즐거운 시간을 보내게 됐다. 삶이 다시 즐거워졌다. 스티브는 신뢰구간을 계산했다. 그의 평균 별점은 $b=4.3$이었다. 그는 자신의 별점 표준편차가 $\sigma=1.0$임을 계산했다. 그의 관계에 대한 신뢰구간은 4.3 ± 0.2로, 이 정도면 확실하게 4점 이상인 견고한 평균이었다. 스티브는 케니에게 불평하지 않기로 결심했다. 그는 인생의 동반자를 찾았다는 확신을 얻었다.

제스의 상황은 그리 좋지 않았다. 그녀의 평균 별점은 $b=2.1$이었다. 정말 좋은 날이 거의 없었고, 그녀의 표준편차는 스티브보다 낮은 $\sigma=0.5$였다. 그녀의 신뢰구간은 2.1 ± 0.1이었다. 기본적으로 제스는 별점 2점짜리 직장에 다니고 있었다. 그녀는 이미 새로운 직장을 찾기 시작했으며, 월요일에는 사직서를 제출할 예정이다.

* * *

1964년, 맬컴 엑스는 "백인들이 나를 얼마나 많이 존중하고 인정하든, 모든 흑인을 그렇게 존중하고 인정하지 않는 한, 내게는 그런 존중과 인정이 의미가 없다"라고 말했다.

이 말에서 표현된 아이디어는 수학에서 유래한다. 맬컴 엑스의 경험이든 다른 누군가의 경험이든 단 한 사람의 경험은 우리에게 거의 아무런 정보도 제공하지 않는다. 한 사람의 경험은 슬롯머신 핸들을 한 번 당기는 것과 같다. 제스가 직장에서 좋은 하루를 보냈다는 사실은 그녀의 경력에 대한 장기적인 통찰력을 제공하지 않는다. 사람들이 맬컴 엑스의 이야기를 듣기 시작했을 때, 그 자체로는 큰 의미가 없었다. 하지만 미국 내 아프리카계 미국인 집단 전체의 목소리가 들리기 시작했을 때는 달랐다. 맬컴 엑스, 마틴 루서 킹 등 여러 사람을 통해 전해진 인종차별에 대한 투쟁 이야기가 수천만 명에 이르는 미국 내 유색인종의 집단적인 투쟁 이야기가 된 것이었다.

조앤은 자신의 직장에서 구인 공고에 대해 듣게 된다. 그날 저녁, 그녀는 파티에서 제임스를 만나 그 일자리에 대해 이야기한다. 제임스는 흥분하며 그 직장이 그가 꿈꾸던 직장이라고 말하고, 월요일에 지원하기로 결심한다. 몇 주 후, 제임스는 새로운 직장에 입사했고, 조앤은 베이글 가게 앞에서 자말을 만난다. 자말은 조앤에게 직장이 어떻게 돼가고 있는지 묻고, 조앤은 제임스가 얼마 전에 입사했다고 말한다. 자말은 흥분하며 그 직장이 자신이 꿈꾸던 직장이라고 말하면서 조앤에게 또 다른 채용 계획이 있는지 물어본다.

조앤은 백인이다. 제임스도 백인이다. 자말은 백인이 아니다. 그렇다면 조앤은 인종차별주의자인가? 아니다. 그녀는 자말을 먼저 만났더라도 똑같이 행동했을 것이다. 그녀가 제임스를 먼저 만났을 뿐이다.

하지만 제임스를 먼저 만난 사실에 대해 의문을 제기할 수는 있다. 제임스와 조앤은 같은 사회적 집단에 속하기 때문에 더 자주 만나 기회에 대한 정보를 더 많이 공유한다. 그들의 상호 지원은 간접적으로 자말에게 불리하게 작용할 수 있다. 자말은 제임스와 조앤이 가진 사회적 기회에 접근할 수 없다.

여기서 주의해야 할 점이 있다. 우리는 조앤의 이야기만 듣고 이런 결론을 내릴 수는 없다. 그녀와 제임스, 자말 간의 상호작용에 대한 단 한 번의 관찰, 즉 단일 일화가 있었을 뿐이기 때문이다. 단 한 번의 사건은 신뢰구간을 구축하기에 충분하지 않다. 인종차별을 감지하기가 어려운 이유가 바로 여기에 있다. 각 개인의 이야기는 단지 하나의 관찰 결과에 불과하며, 우리는 그로부터 아주 적은 양의 정보밖에 얻지 못한다. 사회에서 인종의 역할을 이해하기 위해서는 많은 관찰 결과를 살펴보고 신뢰구간을 구축해야 한다.

모아 부르셀Moa Bursell은 스웨덴 스톡홀름대학교 사회학과의 연구원 겸 강사로, 스웨덴에서 2년 동안 이력서를 제출하면서 새로운 직장에 지원해왔다. 그녀는 총 2,000개 이상의 다양한 직무에 지원했으며, 이 직무에는 컴퓨터 관련 직업, 회계, 교육, 운전사 및 간호사 등이 포함돼 있었다. 하지만 사실 그녀는 실제로 구직 활동 중이 아니었다. 그녀는 고용주들이 가진 편견을 테스트하고 있었다.

각 지원서마다 모아는 두 개의 별도의 이력서와 자기소개서를 첨부했다. 두 문서는 유사한 업무 경험과 자격을 상세히 설명한 것이었다. 지원서 작성을 마친 후, 그녀는 각 이력서에 무작위로 이름을 할당했다. 첫 번째 이름은 요나스 쇠데르스트룀Jonas Söderström이나 사라 안데르손Sara Andersson처럼 스웨덴어처럼 들리는 이름이었고,

두 번째 이름은 무슬림 아랍 배경을 나타내기 위해 카말 아흐마디 Kamal Ahmadi나 파티마 아흐메드 Fatima Ahmed 같은 비스웨덴어 이름이었다. 또한, 비무슬림 아프리카 배경을 나타내기 위해 무투푸 한둘레 Mtupu Handule나 와실라 발라그웨 Wasila Balagwe와 같은 이름을 사용하기도 했다. 모아의 실험 설계는 동전 던지기를 기반으로 했다. 만약 고용주들이 편견이 없다면 스웨덴 이름을 가진 사람과 외국 이름을 가진 사람이 동일한 확률로 회신을 받을 가능성이 있어야 했다.

그러나 결과는 그렇지 않았다. 예를 들어 $n=187$, 즉 187개의 지원서에 스웨덴 남자 이름과 아랍 남자 이름을 표기한 결과, 아랍 이름을 가진 남성들은 스웨덴 이름을 가진 남성들에 비해 절반 정도 수준의 회신을 받았다.[13] 이는 단순한 우연으로 설명할 수 없다. 우리는 신뢰구간을 구축해 이를 확인할 수 있다. 아랍 이름을 가진 남성들은 43회의 회신을 받았으므로, 회신 확률(신호)은 $b=43/187=23\%$이다. 분산을 추정하기 위해, 회신을 받은 경우를 1로, 회신을 받지 않은 경우를 0으로 나타내는 값을 사용해보자. 그런 다음 룰렛 휠의 회전과 동일한 방법으로 이러한 값과 b 간의 평균 제곱 거리를 계산하고, 스웨덴 이름을 가진 남성에 대한 회신의 평균 제곱 거리를 계산해 $\sigma=0.649$를 얻는다.[14] 이 값을 방정식 3에 대입하면 아랍 이름을 가진 남성에 대한 회신의 95% 신뢰구간은 43 ± 17.3이 되며, 이는 스웨덴 이름을 가진 남성이 받은 79회의 회신보다 훨씬 낮은 수치다.

상황은 예상보다 훨씬 나빴다. 모아는 아랍 이름을 가진 남성의 이력서를 고쳐, 그들이 스웨덴 이름을 가진 지원자들에 비해 관련 업무 경험을 1~3년 더 갖고 있는 것으로 표기했다. 그럼에도 불구하고 이런 작업이 그들이 직업을 얻는 데는 전혀 도움이 되지 않았다. 더 경험이 많은 아랍 이름을 가진 후보자는 단 26번만 회신을 받았고, 자격 요건이 비교적 부족한 스웨덴 이름을 가진 후보자는 69번 회신을 받았다. 다시 말해, 이는 26±15.9의 신뢰구간을 훨씬 벗어나는 수치라고 할 수 있다.

"내 연구 결과의 가장 큰 강점은 이해하기 쉽다는 것입니다. 숫자는 항상 확실한 것을 말해주니까요"라고 모아는 말했다. 모아는 스톡홀름대학교에서 이 주제로 강의하면서 학생들의 표정을 관찰했다. 그녀는 "푸른 눈과 금발의 학생들은 내 강의에 집중하면서 이런 일이 공평하지 않다고 생각하지만 자신들과는 상관없는 일이라고 생각하는 것 같아요"라고 말했다.

"하지만 갈색 눈과 검은 머리 그리고 어두운색 피부를 가진 학생들은 다른 반응을 보입니다. 그들과 그들의 친구, 형제자매에 관한 이야기이기 때문이겠지요."

그녀는 이어서 말했다.

"일부 학생들은 내 강의를 들으면서 드디어 자신들의 입장이 알려진다고 생각하는 것으로 보입니다. 그러면서 안도감을 느끼기도 하는 것 같아요. 그들은 자기들이 이상한 사람이 아니라는 생각을 하는 듯합니다. 자신들의 현실 인식이 옳음을 확인하게 되는 거지요."

이 학생들은 대부분 자신의 경험에 대해 강의 시간에 이야기했지만, 다른 학생들은 침묵을 지켰다. 하지만 그녀는 "내 연구에 대한 이야기를 듣는 것은 그들에게 트라우마가 될 수도 있습니다"라고 말했다.

"나는 그들이 불안해하는 것을 볼 수 있습니다. 그들은 자신이 가치가 적다는 말을 들은 것 같은 기분이 들고, 소속되지 못하는 것 같은 느낌을 받을 수 있어요."

모아는 자신의 연구가 이런 학생들이 직업을 구하는 것이 불가능함을 의미하지 않는다고 조심스럽게 강조했다. 그녀는 자신이 한 이 연구의 목적은 불의의 규모를 드러내는 것이지, 모든 스웨덴 사람이 인종차별주의자임을 드러내기 위한 것은 아니라고 말했다. 요컨대, 이 연구는 카말 아흐마디와 요나스 쇠데르스트룀이 구직에 성공하기 위해 노력해야 하는 시간의 양이 서로 다름을 보여준다고 할 수 있다.

카말 아흐마디라는 사람이 실제로 있다고 해도, 그가 스웨덴에서 구직 활동을 할 때 어떻게 차별을 받았는지 파악하기는 힘들다. 그가 지원서를 냈는데 면접 기회를 받지 못했다고 해서, 차별이라고 주장할 수는 없다. 또한 실제로 요나스 쇠데르스트룀이라는 사람이 있다고 해도, 그는 자신이 누리는 특권을 인지하지 못할 것이다. 그는 자신이 직무에 적합하기 때문에 면접을 볼 수 있었다고 생각할 것이다. 그는 자신이 면접을 보게 된 것이 전혀 문제가 되지 않는다고 생각할 것이다.

나는 카말과 요나스에 대해 이런 주장을 했고, 모아는 "그건 맞지만, 일부 사람들은 스스로 실험을 하기도 해요. 외국에서 이주한 사람들이 동네 슈퍼마켓에 구직 문의를 하자 이미 자리가 찼다는 대답을 들었는데, 그들이 스웨덴 친구에게 전화해서 그 자리가 아직 비어 있는지 물어봐달라고 하면, 면접을 보러 와도 좋다는 답변을 받는 경우가 있어요"라고 말했다.

또한 모아와 그녀의 동료들은 스웨덴 노동시장에 대한 다양한 가설을 검증하기 위해 1만 개 이상의 이력서를 기업에 보내 반응을 관찰했다. 그 결과 중 일부는 매우 실망스러웠다. 아랍 남성에 대한 차별은 저숙련 직업에서 가장 강하게 나타났다. 반면 아랍 여성에 대한 차별은 그보다는 덜 두드러졌으며, 직무 경험이 더 많은 여성일수록 차별에서 자유로웠다.

모아의 연구와 유사한 결과를 제시하는 연구들이 전 세계에서 계속 발표되고 있다.[15] 모아의 연구는 구조적 인종차별을 보여주는 한 예로, 이는 개인적 수준에서 발견하기 어려운 차별이지만, 신뢰구간의 통계를 통해서는 쉽게 드러난다. 세계 최고의 의학 저널인 《랜싯 The Lancet》에 발표된 최근 연구에서는 미국의 사회 불평등을 측정하기 위한 신뢰구간이 구축됐다. 이는 빈곤, 실업, 교도소 수감에서부터 당뇨병 및 심장병 발생까지 다양한 분야를 아우른다.[16] 아프리카계 미국인은 모든 측면에서 백인과 통계적으로 다르다. 독성 폐기물 처리장이 인종적으로 분리된 지역 근처에 세워지고, 정부는 납이 음용수로 스며드는 것을 방지하지 못하며, 사소한 인종적 비방과 (흑인 변호사에 대한 거부 같은) 무의식적 편견, 동일 노동에 대한 상대적인 저임금, 담배와 당분이 많은 제품에 대한 흑인 타깃 마케팅, 강제 도시 재개발 및 이주, 투표권 제한, 암묵적 또는 명시적 편견으로 인한 낮은 수준의 건강관리, 취업에 도움을 줄 수 있는 사회적 네트워크에서의 배제 등이 그 예라고 할 수 있다. 이런 문제들은 지속적으로 발생하고 있다. 아프리카계 미국인과 아메리카 인디언계 미국인의 개인적인 심리적·신체적 건강은 매일매일 두드러지지는 않지만 미세한 차별에 의해 영향을 받고 있다.

조앤의 이야기로 돌아가보자. 조앤은 제임스보다 자말을 더 많이 만날까? 조앤은 신뢰 방정식을 사용해 이를 알아보기로 결정한다. 그녀는 자신이 일하는 출판사에 지원하고자 하는 능력 있는 사람들, 자신의 친구들, 즉 자주 자신이 어울리는 사람들에 대해 생각한다.[17] 그녀의 친구 100명 중 93명이 백인이다. 백인은 미국 인구의 72%를 차지한다. 따라서 93-72=21이 된다. 이는 그녀의 우정이 인종적으로 편향돼 있다는 뜻이다. 조앤은 자신이 가진 특권에 대해서도 생각한다. 그 결과, 그녀는 현실을 직시하게 돼, 자신이 아는 사람들이 전체 인구를 대표하지 않으며, 이들이 미디어에서 구직 정보를 공유하는 특권 계층에 속한다는 것을 알게 됐다. 조앤이 이런 상황에서 어떤 행동을 해야 하는지는 쉽지 않은 질문이다.

내 생각은 이렇다. 수학적인 답변은 아니고, 그냥 내 생각이다. 조앤이 친구를 바꿀 필요는 없다. 그녀는 원하는 사람과 친구가 돼야 한다. 하지만 그녀는 이 상황에 대해 무엇을 할 수 있을지를 고민해야 한다. 매우 간단하다. 그녀는 일자리 기회에 대해 들으면 자말이나 다른 소수 집단 친구들에게 메시지를 보내거나 만나서 그 이야기를 해줄 수 있을 것이다. 자말은 조앤보다도 더 인종적으로 편향된 친구 그룹을 가졌다. 그의 친구 100명 중 85명이 흑인이며, 이는 미국 전체 인구의 12.6%가 흑인이고 뉴욕시 인구의 25%가 흑인이라는 사실과 비교된다. 조앤이 단 한 번의 메시지를 보내는 것으로, 일자리 기회를 아는 사람들의 인구 통계를 완전히 바꿀 수 있다.

나의 이런 생각은 정치적 올바름이라는 말로 부르기도 한다. 하지만 나는 그 말보다는 통계적 올바름이라는 말을 선호한다. 이런 나의 생각은 우리가 개인적으로 경험하는 것이 전 세계적인 추세를 반영한 것이 아니라는 통계적 인식에 기초한다. 자신의 삶이 얼마나 통계적으로 올바른지 파악하고, 이에 대해 무엇을 해야 할지를 결정하는 것은 우리 각자의 몫이다.

* * *

신뢰 방정식은 도박을 위해 만들어졌을지도 모르지만, 결국 자연과학과 사회과학에 큰 변화를 가져왔다. TEN의 최초 회원들 중에서 정규분포의 진정한 과학적 힘을 인식한 사람은 카를 프리드리히 가우스Carl Friedrich Gauss였다. 그는 1809년에 왜행성 케레스Ceres의 위치 추정 오차를 설명하기 위해 이 곡선을 사용했다. 오늘날 정규분포는 가우스 곡선이라고 불리지만, 이는 공정하지 않은 명명이다. 이 방정식은 확률론의 아버지인 아브라함 드무아브르가 《우연의 교리》 제2판(1738년)에서 명확하게 설명한 것이기 때문이다.[18]

통계학은 19세기와 20세기 초에 비약적으로 발전하면서 과학에 완전히 통합됐다. 제2차 세계 대전 이후에는 과학 논문의 필수 요소로서 신뢰구간은 연구자들이 내린 결론이 우연의 결과가 아니라는 것을 보여주는 데 큰 역할을 했다. 내가 최근에 발표한 과학 논문에도 50개 이상의 신뢰구간 계산이 포함돼 있다. 힉스 보손Higgs boson(입자물리학의 표준 모형이 제시하는 기본 입자 중 하나-옮긴이)의 존재는 관련 통계가 5시그마 신뢰 수준에 도달하고 나서야 확인됐다. 이 수준에 이르렀다는 것은 힉스 보손이 존재하지 않음에도 불구하고 실험 결과가 힉스 보손의 존재를 나타낼 확률이 350만 분의 1에 불과하다는 뜻이다(5시그마 신뢰 수준에 도달했다는 것은 정규분포에서 평균으로부터 표준편차의 5배 이상 떨어져 있을 확률에 해당하는 사건이 일어났다는 의

미다 – 옮긴이).

사회과학 분야에서의 TEN의 발전은 자연과학 분야에서보다 처음에는 느렸다. 최근까지만 해도 사회학과 교수들은 낡은 옷을 입고 죽은 독일 철학자들을 숭배하는 남성들과 1970년대에 후기 구조주의적 아이디어로 학계를 뒤흔든 자주색 머리를 한 여성들로 구성돼 있다고 희화화되곤 했다. 실제로 사회학 연구자들이 논쟁과 토론을 계속했지만 결코 합의에 이르지 못했다. 그들은 정의를 내리고 사고의 틀을 만들면서 계속 논쟁을 이어나갔다. 하지만 외부인들은 그들이 무슨 말을 하고 있는지 전혀 이해하지 못했다.

2000년대 초반까지도 이런 이미지에는 상당히 많은 진실이 담겨 있었다. 사회학 분야에서도 통계와 정량적인 접근 방법이 어느 정도 사용되긴 했지만, 여전히 이 분야에서는 이론과 이데올로기에 대한 논의가 핵심적인 위치를 차지했다. 하지만 불과 몇 년 만에 TEN은 이 오래된 세계를 날려버렸다. 어느 날 갑자기 연구자들은 사람들의 사회적 연결 상태를 페이스북과 인스타그램을 통해 측정할 수 있게 됐다. 그들은 이런 소셜 미디어에 게시된 모든 의견을 다운로드해 사람들의 의사소통 방식을 이해할 수 있게 됐다. 또한 그들은 정부 데이터베이스를 사용해, 사람들이 직장을 바꾸고 다른 곳으로 이사하게 만드는 요인들을 파악할 수 있게 됐다. 새로운 데이터를 사용할 수 있게 되고 통계적인 검증이 가능해지면서 우리 사회의 구조를 쉽게 분석할 수 있게 됐고, 연구자들은 모든 연구 결과에 대한 신뢰 수준을 확립할 수 있게 됐다.

이데올로기에 대한 논의와 이론적 담론은 이제 사회과학의 외곽으로 밀려난 상태다. 이제 데이터가 뒷받침되지 않는 이론은 가치가 없는 이론이 됐다. 전통적인 사회학 연구 방법을 고수하던 연구자들 중 일부는 이런 데이터 혁명에 동참했지만, 일부는 뒤처졌다. 현재 대학에서 연구하는 사람이라면 누구도 사회과학이 영구적으로 변화했다는 사실을 부정하지 못할 것이다.

* * *

하지만 데이터 사용으로 사회과학이 변화하고 있다는 사실을 모든 사람이 아는 것은 아니다. 나는 가끔 〈퀼레트Quillette〉라는 온라인 잡지를 읽는다. 이 잡지는 1980~1990년대에 리처드 도킨스Richard Dawkins가 활발하게 벌였던 과학 대중화의 전통을 이어가고 있다는 사실에 자부심을 가졌다. 이 잡지는 자유로운 사고와 위험할 수도 있는 아이디어에 대한 토론이 이루어지는 플랫폼을 제공한다는 분명한 목표를 가지고 있다. 이런 토론에는 성별, 인종, 아이큐에 대한 견해를 밝히는 것이 포함되며, 이런 토론은 '정치적인 올바름'이라는 개념에 얽매이지 않는다.

〈퀼레트〉에 실리는 글들은 주로 사회과학 연구 결과들을 공격한다. 이런 공격이 가장 선호하는 표적 중 하나는 '정체성 정치identity politics'다(정체성 정치란 종교, 민족, 인종, 성, 계급, 생물 다양성 등의 정파적 정체성을 바탕으로 정치 세력을 구성하고, 해당 정체성을 가진 이들의 이익과 관점을 집중적으로 대변하는 움직임을 뜻한다 – 옮긴이). 최근에 나는 퇴직한 한 심리학 교수가 쓴 글을 읽었는데, 그는 사회과학이 '모순과 난센스'로 악화하고 있다고 주장했다. 그는 투쿠푸 주베리Tukufu Zuberi와 에두아르도 보닐라-실바Eduardo Bonilla-Silva가 편집한 책인 《백인의 논리, 백인의 방법: 사회과학의 인종주의와 방법론White Logic, White Methods: Racism and Methodology in the Social Sciences》에 이의를 제기했다.[19] 이 책은 사회과학자들이 사용하는 방법이 '백인' 문화에 의해 얼마나 많이 결정되는지 살펴본 책이다. 이 퇴직 교수는 '백인의 방법'을 다룬 이 책의 주장에 품은 의구심을 바탕으로, 사회에서 체계적 인종차별의 증거를 찾을 수 없다고 반박했다. 그러면서 그는 '아프리카계 미국인의 능력과 관심'이 우리가 관찰하는 인종차별에 대한 더 나은 설명을 제공할 수 있다고 주장했다.[20]

〈퀼레트〉에 실린 글들의 저자 대부분은 데이터를 검토하기보다는 학계 사회학자들과 좌파 활동가들 간의 논쟁을 불러일으키려는 경향이 있다. 이런 글들은 숫자에는 별로 관심을 두지 않으면서 아이디어를 주제로 하는 문화 전쟁에 집중한다. 7장에서 설명하겠지만, 생물학적인 인종 간에는 본질적인 차이가 거의 없으며(생물학적 인종 같은 것은 존재하지 않는다), 앞에서 언급한 《랜싯》게재 논문이 지적했듯이, 미국에서 이루어지는 인종차별은 사회구조에 의한 것이라는 상당한 증거가 있다.

나는 이 퇴직 교수에게 《랜싯》에 실린 논문 파일을 이메일로 보내면서 그 내용을 검토해보라고 제안했다. 우리는 몇 차례 예의 바르게 이메일을 주고받았다. 그 과정에서 우리는 동물 행동 연구에 관해서는 꽤 많이 연구 관심사가 일치한다는 사실을 알게 됐다.

그렇게 몇 주가 지난 뒤, 그 퇴직 교수는 구조적 인종차별의 개념에 대한 공격으로 그의 새로운 주장을 담은 이메일을 내게 보냈다. 그는 인종차별을 증명하는 일은 지금까지 한 번도 가능하지 않았으며, 그러려면 수많은 다른 요인을 배제해야 한다고 주장했다. 이 퇴직 교수는 통계학의 핵심이 무엇인지 전혀 모르는 것 같았다. 통계에서 가장 중요한 것은 반복적인 관찰을 통해 차별 패턴을 감지하는 일이다. 그 교수는 자신의 주장을 펼치면서 인종 생물학에 기초한 그의 견해를 반복해 주장했다.

아프리카계 미국인 이름을 가진 사람들의 구직 활동에 대한 연구, 즉 모아 부르셀의 이력서 연구의 미국 버전인 아프리카계 미국인 이름을 가진 사람들의 이력서 제출에 대한 기업의 반응을 연구한 결과를 두고 그 교수는 이렇게 썼다.

"그런 사례들을 인종차별 사례로 볼 수 있을까요? 우리는 기업들이 이전에 했던 경험에 대해 아는 것이 없습니다. 그 미국 기업들은 과거에 흑인을 고용한 결과로 좋지 않은 경험을 했을 수도 있으니 말입니다."

그 교수는 이런 차별이 인종에 기초한 차별이 아니라 사회구조에 의한 차별이라고 생각하고 있었다. 그에게 신뢰 구간이라는 개념은 의미가 없는 것 같았다. 그리고 놀랍게도 몇 달 후 〈퀼레트〉는 그의 이런 잘못된 생각이 담긴 글을 게재했다. 다행히도 '흑인을 고용한 결과로 좋지 않은 경험을 했을 수도 있다'라는 문구는 이 글에 등장하지 않았지만, 이 글은 여전히 같은 톤을 유지하면서 《랜싯》에 실린 논문의 기본 사실들을 근거 없이 부정했다.

사회과학에 대해 이런 접근 방식을 취하는 매체는 〈퀼레트〉 말고도 수없이 많다. 영국의 〈스파이크트 Spiked〉라는 온라인 잡지는 1990년대에 발행됐던 종이 잡지 《리빙 마르크시즘 Living Marxism》의 기조를 이은 매체로, 젠더 정치학 gender politics(젠더 정치는 남성과 여성 그리고 다양한 성 정체성을 가진 사람들이 사회에서 어떤 위치를 차지하고, 어떤 권리를 누리고, 어떤 차별을 받는지에 대한 문제를 다루는 정치학 분야다 – 옮긴이)을 공격하고 구조적 인종차별이 존재한다는 생각을 반박한다. 소셜 미디어 사이트 '레딧Reddit'의 '문화 전쟁' 스레드는 누구나 이 논쟁에 참여할 수 있게 한다. 또한, 이런 매체들과 결을 같이 하는 '인텔렉추얼 다크 웹Intellectual Dark Web'은 유튜브와 팟캐스트를 통해 소위 '사고의 자유' 운동을 벌이면서 사람들에게는 어떤 생각이든 표출할 권리가 있다는 주장을 펼치는 중이다. 현재 인텔렉추얼 다크 웹의 구성원들은 성과 인종에 관한 글을 대놓고 쓰지는 않는다. 그들은 주로 정치적 올바름에 도전하는 일에 집중한다. 하지만 머지않아 성과 인종이라는 두 '금기'에 대한 논의를 자연스럽게 시작할 것으로 보인다. 결국 그들의 관심사는 이 두 주제이기 때문이다.

인텔렉추얼 다크 웹의 지도자는 조던 피터슨Jordan Peterson이다. 〈퀼레트〉처럼 피터슨도 사회과학을 장악한 정치적 올바름 개념에 맞서 전쟁을 벌이고 있다. 그는 좌파 이데올로기가 학자들을 성과 인종 정체성 문제에 집중하도록 만들었다고 믿는다. 그는 대학이 잘못된 생각을 표출할 우려가 큰 곳이라고 본다. 그는 이런 좌파 이데올로기와 대학이 사회 전반에 부정적인 영향을 미친다고 주장한다. 그는 백인들이 특권을 누린다는 이유로 부당하게 공격을 받고 있으며, 여성들은 채용 과정에서 부당하게 이점을 가진다고 주장한다.

내가 최근에 비즈니스 클래스를 탔을 때(가끔 그렇게 할 수밖에 없는데), 내 뒤에 앉은 두 명의 기술자들이 피터슨이 얼마나 잘 차려입었고, 그가 논쟁을 어떻게 잘 처리했는지에 대해 비행 내내 이야기하는 것이 들렸다. 나는 고개를 돌려 그 이야기를 반박하고 싶었다. 하지만 나는 그들이 말하는 내용 중에서 어떤 것이 정확하게 문제가 되는지 파악할 수 없었다. 피터슨이 잘 차려입고, 논쟁도 잘하며, 인터뷰를 할 때는 적절한 순간에 눈물도 흘리는 사람이라는 것은 맞는 말이었기 때문이다.

피터슨이 쓴《12가지 인생의 법칙: 혼돈의 해독제》라는 책을 읽은 적이 있다.[21] 재미있는 책이었다. 그 책에는 그가 살면서 겪은 재미있는 일들에 대한 이야기가 가득하며, 남자로서 어떻게 살아야 하는지에 대한 좋은 팁도 포함돼 있다. 제목도 좋았다. 하지만 그 책은 현대의 사회과학과는 거리가 멀다. 그 책은 특권을 가진 백인이 자신만의 카지노에서 도박을 즐기면서 자신이 얼마나 운이 좋은지 말하고 있을 뿐이다.

오늘날의 학자들은 피터슨이 묘사하는 것과는 매우 다른 사람들이다. 나는 많은 사회과학자와 함께 일하고 있으며, 그들 중에서 자신이 생각하는 바를 말하기를 두려워하는 사람을 나는 한 번도 만나 본 적이 없다. 오히려 그들은 자신의 생각을 자유롭게 밝힌다. 논란을 촉발할 수 있는 아이디어에 대해 다양한 모델을 적용하면서 생각하는 것이야말로 우리가 해야 할 중요한 일이다.

현대의 과학자들도 마찬가지다. 그들은 자신이 말하고 싶은 내용이 아니라 신뢰 방정식에 의해 제약을 받는다. 어떤 모델을 테스트하고 싶다면, 데이터를 수집하기 위해 열심히 노력해야 한다. 이제 사회과학의 중심은 사례 연구나 추상적인 이론 연구가 아니다. 이제 사회과학자들의 일은 수천 개의 이력서를 작성해 배포하거나, 구조적 인종차별의 경로를 식별하기 위해 문헌을 면밀히 검토하는 것이다. 이는 힘든 작업이며, 멋진 정장을 입거나 질문에 답하기 전에 깊이 생각하는 것만으로는 사회과학 연구를 할 수 없다.

모아 부르셸은 10대 초반부터 정치적 관점이 좌파 쪽이었다. "1990년대 초반에 나와 가장 친한 친구들 대부분은 이민 가정 출신이었어요. 그 친구들은 저녁에 밖으로 놀러 나가는 것을 꺼려했어요. 네오나치들이 그들을 괴롭혔기 때문이에요. 그럴 때면 나와 그 친구들은 같이 도망쳐야 했어요. 내가 정치학을 공부하게 된 것은 이런 경험들 때문이에요"라고 그녀는 말했다.

모아는 성장기에 자신이 느꼈던 것들에 대해 매우 감정적으로 이야기했다. 그런 태도는 과학 연구 결과에 대해 이야기할 때의 냉정한 태도와는 대조적이었다. 그녀는 자신의 청소년 시절로부터 많은 세월이 흐른 후, 이민자 가정의 10대들이 그녀가 일하는 대학을 방문했을 때의 경험도 내게 이야기했다. 한 10대 평등 운동가가 모아에게 그녀의 일자리 기회 불평등 문제에 관한 이야기를 해달라고 요청했다. 모아는 그 연구 결과가 그들에게 잘못 인식될까 봐 두려워하며 주저했지만 결국 이야기를 시작했다. 그녀는 그때 논문 이야기를 하지 않았어야 했다고 내게 말했다. 모아가 자신의 연구 결과를 그들에게 설명했을 때 그들에게서 나온 반응은 분노였기 때문이다. 그 아이들은 "우리에게 미래가 없다면, 왜 학교에 가야 하지요?"라고 물었다.

모아는 이 경험에 깊이 충격을 받고 자신에게 실망했다. 그녀는 이렇게 말했다.

"나는 많은 이민 가정 아이들이 학교에 입학하는 순간부터 자신이 그 학교에서 소외되는 느낌을 받는다는 것을 잘 알고 있어요. 나는 이 아이들에게 대학을 졸업해도 직장을 구할 때 차별을 받을 것이라고 노골적으로 말해준 듯한 느낌을 받았어요."

어떤 문제의 영향을 받는 사람들에게 그 문제에 대해 설명한다고 해서 그 문제 해결에 도움이 되지는 않는다.

다른 사회과학자들처럼 모아도 이상, 꿈, 정치적 견해를 가졌다. 이것들이 바로 세상에 대한 그녀의 모델이다. 데이터 테스트를 통해 모델을 검증하는 한, 믿음과 경험에서 동기를 발견하는 과정은 비과학적일 수 없다. 모아에게 연구 경력을 어떻게 시작하게 됐는지 묻자 그녀는 "(사회학자) 막스 베버는 연구 주제는 마음으로 선택해야 하지만, 일단 선택한 후에는 그 연구 주제에 최대한 객관적으로 접근해야 한다고 했어요. 저도 같은 생각이었어요"라고 답했다.

이어서 그녀는 "이력서 제출 실험에 관심이 있었던 이유는 결과에 대한 논쟁이 불가능하기 때문이었어요. 제가 한 실험은 실험실이 아니라 실제 현장에서 실제 사람들을 대상으로 한 것이었지요. 이 실험에서는 모든 것이 통제 가능했고, 결과는 간단하고 이해하기 쉬웠어요"라고 말했다. 모아는 자신이 구축한 모델을 실제 데이터로 테스트했다. 모아는 고용주가 이력서를 평가하는 데 성차별이 없었고, 심지어는 성별 임금 격차도 없다는 사실을 발견했을 때 놀랐다고 말했다. 예를 들어 모아는 여성이 소수인 컴퓨팅 분야 같은 직종에서는 여성에게 더 많은 면접 기회가 주어졌다고 말했다. 이는 모아의 개인적인 선입견에 반하는 결과였다. 그녀는 "하지만 진짜 그랬어요. 의심의 여지가 전혀 없었지요"라고 말했다.

조던 피터슨은 특히 성별 임금 격차에 대한 토론으로 잘 알려져 있다. 그는 평균적으로 미국에서 여성이 받는 임금이 남성이 받는 임금의 77%라는 사실만으로는 성차별이 존재한다고 단정할 수 없다고 정확하게 지적했다. 그는 결과의 평등과 기회의 평등을 절묘하게 구분했다.²² 그의 논리에 따르면, 여성은 간호사처럼 일반적으로 임금이 낮은 직업에 종사하기 때문에 남성보다 적게 받는다는 것이다. 또한 그는 여성이 더 많은 임금을 받는 직업에 종사할 기회를 가질 수 있는데도 남성과는 다른 직업 경로를 선택했을 수도 있다고 주장했다. 또한 그는 임금 수준이 높은 특정 유형의 직업에 여성이 생물학적으로 남성에 비해 덜 적합할 수 있다고 주장했다. 요약하자면, 그는 임금 격차 자체를 성차별을 주장하는 데 사용할 수 없으며, 그에 앞서 여성에게 남성과 동일한 기회를 주어졌는지 확인해야 한다고 주장했다.

기회의 평등은 모아가 이력서 제출 실험을 통해 테스트한 바로 그 주제다. 무슬림이 일자리에 지원할 때, 그들은 스웨덴 원주민보다 면접 기회를 적게 제공받음으로써 기회의 차별을 겪는다. 또한 모아의 연구 결과는 스웨덴 원주민 여성들이 이력서를 제출하면 기회의 평등을 누린다는 사실도 드러냈다. 이 특정한 경우에는 성차별이 없다고 주장하는 피터슨의 말이 맞다.

그러나 결과의 평등은 하나의 숫자(예를 들어 성별 임금 격차)로 측정할 수 있는 반면, 기회의 평등은 그렇게 할 수 없다. 여성이 잠재적인 능력을 완전히 발휘하지 못하도록 만드는 방법은 매우 다양하다. 따라서 우리는 여성들이 직면하는 이런 수많은 기회 장벽들에 대해 철저하게 연구해야 할 필요가 있다.

다행히도 사회과학자들은 이런 장벽을 식별하기 위해 열심히 노력하고 있다. 2017년, 카트린 우스프루크^{Katrin Auspurg}와 그녀의 동료들은 1,600명의 독일 주민에게 가상 인물에 대한 연령, 성별, 근무 기간 및 직무에 대한 짧은 설명을 제시한 후, 특정 급여가 공정한지 질문했다.²³ 응답자들은 여성이 과대평가를 받고 남성이 과소평가를 받는다고 평가하는 경향을 보였다. 평균적으로, 남성과 여성 응답자들은 모두 이 시나리오의 여성들이 같은 일을 하는 남성이 받는 임금의 92%를 받아야 한다고 생각했다. 한편, 응답자의 대다수가 남성과 여성이 동일한 급여를 받아야 하는지에 대해 대면 질문을 받았을 때는 그래야 한다고 대답했다. 사람들이 말하는 것과 실제 행동 사이에는 이렇게 큰 차이가 있다. 이 연구에서 응답자들은 자신들이 실제로 여성이 같은 일을 하는 남성보다 덜 받아야 한다고 추천하고 있다는 사실을 인식조차 하지 못했다.

2012년의 한 연구에서는 미국의 실험실 연구 보조원 일자리에 지원한 이력서에 대해 과학자들의 평가가 여성에게 불리하다는 사실이 밝혀지기도 했다.²⁴ 또한 이 연구에서는 남성 과학자와 여성 과학자 모두 여성의 이력서 내용이 남성의 이력서 내용보다 수준이 떨어진다고 생각하고 있다는 사실도 드러났다. 또한 이 연구 결과는 남성 수학 교수들에게만 배운 여학생들은 여성 교수들과 남성 교수들 모두에게서 배운 여학생들보다 해당 과목을 계속 공부할 가능성이 낮다는 내용도 포함했다.²⁵ 고등학생을 대상으로 수행된 한 실험에서는, 전형적인 '덕후' 아이템(영화 〈스타워즈〉에 등장하는 캐릭터 피규어, 기술 잡지, 비디오게임 CD, 과학 소설 책 등)이 있는 교실에서 공부하는 여학생들은 교실에 일반적으로 배치되지 않는 물건들(자연과 예술 그림, 펜, 커피 메이커, 일반 잡지 등)이 있는 교실에서 공부하는 경우보다 해당 과목을 계속 공부하고자 하는 의지를 표현할 가능성이 훨씬 낮았다.²⁶ 캐나다의 한 고등학교에서는 여학생들이 남학생들과 같은 수준의 시험 성적을 받는데도 수학에서 남학생보다 약하다고 스스로 평가하는 경향을 보인다는 연구 결과가 발표된 적도 있다.[27] 미국 대학에서 실시된 한 협상 관련 실험에서는, 여성들이 다른 사람을 대신해 협상할 때는 남성과 동일한 성과를 냈지만, 자신의 이익을 위해 협상할 때는 그보다 성과가 적다는 결과가 나왔다. 이런 차이는 남성에 비해 여성이 논쟁에서 이길 경우 역풍을 맞을까 봐 더 두려워하기 때문에 나타나는 것이다.[28]

최근 새프너 체리안(Sapna Cheryan)과 그녀의 동료들은 성별 차이에 의해 구축되는 기회 장벽을 드러내는 수많은 연구를 검토했다. 앞에서 언급한 연구 결과들은 그중 일부에 불과하다.[29] 여성은 자유롭게 자신의 의견을 표현하는 것이 남성에 비해 어렵고, 보복에 대한 두려움을 느끼며, 남성들뿐만 아니라 다른 여성들에 의해서도 저평가되며, 자신을 과소평가하고, 특정 직업에 지원할 때 암묵적으로 차별을 받는다. 이는 우리가 매일 가는 학교와 직장을 통계적으로 올바르게 바라볼 때 내릴 수 있는 결론이다. 대부분의 사람들, 심지어는 조던 피터슨조차 기회의 평등을 추구해야 한다는 데 동의한다. 따라서 해결책은 간단하다. 우리는 우리 사회의 편견을 밝혀낸 연구 결과들을 사람들에게 널리 알려야 한다.

하지만 피터슨은 기괴하게도 이와는 정반대의 결론을 도출한다. 그는 다양성과 성별에 대한 질문을 둘러싼 학문적 연구를 공격하며, 좌파적 의도를 가진 마르크스주의자들이 이런 연구를 수행한다고 주장한다. 이 주장은 완전히 잘못됐다. 모아 부르셀, 카트린 아우스푸르크, 새프너 체리안 같은 사회학자들은 결과가 아니라 기회에 대해 연구하기 때문이다. 이 연구자들은 모두가 공정하게 경기를 하게끔 만들고자 하는 욕망에 의해 동기부여를 받을 수 있다. 하지만 공정함에 대한 그 욕망은 그들이 가졌을 수도 있고 그렇지 않을 수도 있는 정치적 견해에 의해 결코 영향을 받지 않는다. 내가 언급한 모든 연구와 더 많은 예들에서 그 목표는 기회에서 평등이 부족한 곳을 찾아내 문제를 해결하는 것이다. 이 연구자들이 이념적 편향에 기초해 연구를 수행한다는 증거는 찾을 수 없다.

피터슨은 이런 연구들을 전혀 언급하지 않는다. 대신 그는 남성과 여성 간의 심리적 차이에 초점을 맞춘다. 2018년 1월, 그는 영국의 채널 4에서 방송된 캐시 뉴먼Cathy Newman과의 인터뷰(나중에 이 인터뷰는 유튜브에서 화제가 됐다)에서 "호의적인 사람은 연민과 공손함을 지녔으며, 호의적인 사람은 같은 직장에서 그렇지 않은 사람보다 더 적은 급여를 받는다. 여성은 남성보다 더 호의적이다"라고 주장했다.[30]

이런 심리적 설명이 특정 모델에 대한 신뢰 구간 테스트보다 설득력이 떨어지는 몇 가지 이유가 있다. "이 이력서를 어떻게 평가하시겠습니까?"와 같은 직접적이고 맥락에 적합한 질문을 제기하거나 남성과 여성이 각각 협상하는 모습을 관찰함으로써, 우리는 개인의 행동을 이해하면 불평등이 어떻게 발생하는지에 대한 인과적 설명을 제공할 수 있다.[31] 반면, 호의적임은 사람들이 "다른 사람의 감정에 공감하는가"와 같은 일반적인 질문에 답하는 자가 보고self-report 성격 테스트를 통해 확인된다. 누군가를 '호의적'이라고 말하는 것은 이러한 설문지에서 얻은 답변을 요약하는 방식일 뿐이다. 호의적임이 더 많은 급여를 받는 데에 방해가 된다는 것은 직관적으로도 이해하기 힘들다. 호의적인 사람은 자신의 친절함에 대한 보상을 받을 수도 있고, 어쩌면 협상을 잘하지 못할 수도 있을 것이다. 호의적임은 직업, 관련 기술 및 관련된 사람들의 직급에 따라 다른 영향을 미칠 수 있다.

성격 테스트 결과만으로는 상냥함과 급여 수준의 연관 관계를 설명할 수 없다. 따라서 추가적인 테스트가 필요하다. 최근 대학 졸업생 59명을 대상으로 한 미국의 한 연구에서는, 사회 초년생의 경우 상냥한 사람들이 실제로 낮은 급여를 받는다는 결과가 나왔다.[32] 하지만 이 연구에서는 여성이 남성보다 상당히 적은 급여를 받는다는 사실도 발견됐다. 남성과 여성 모두에게서, 다른 모든 성격 특성, 일반적인 정신 능력, 감정 지능 및 직무에서의 성취도를 고려했을 때도 미미하긴 했지만 호의적임에 의해서만 급여 차이가 났다. 호의적이지 않은 여성은 호의적이지 않은 남성보다 여전히 더 적은 급여를 받았고, 호의적인 남성은 호의적인 여성보다 더 많은 급여를 받았다. 사실, 이 연구는 피터슨이 채널 4에서 방송된 뉴먼과의 인터뷰에서 이야기한 것과는 정반대의 현실을 보여준다. 즉, 이 연구 결과는 성별과는 관계없는 요인이 성별 간 급여 수준 차이를 전혀 설명하지 못함을 보여주었다.

성격이 급여에 미치는 영향을 명확히 설명하는 모델이 부족하기 때문에, 성격이 기회에 미치는 영향을 구체적으로 논의하기는 매우 어렵다. 호의적인 사람들이 급여 측면에서 차별받는다는 가설이 최종적으로 확립되더라도, 우리는 그것이 공정한지 여부에 대한 질문에 답해야 한다. 예를 들어 호의적인 사람들이 회사 수익에 별로 도움이 되지 않는다는 설명은 공정하다고 여겨질 수 있지만, 상사들이 호의적인 직원들의 성격을 악용해 더 적은 급여를 지급한다는 설명은 그렇지 않을 수 있다. 성격에 대한 일반적인 이야기는 실제 문제를 이해하는 데 전혀 도움이 되지 않는다.

우리는 여성이 남성보다 호의적이라는 피터슨의 말이 실제로 무엇을 의미하는지 더 자세하게 살펴보아야 한다. 여기서 우리는 신뢰 방정식을 적용할 수 있다. 심리학자들은 지금까지 수많은 사람들을 대상으로 성격 연구를 수행해오고 있다. 앞서 언급한 바와 같이, 관측이 많을수록 잡음 속에 숨겨진 신호를 더 잘 감지할 수 있다. 예를 들어 $n=400$의 성격 조사를 실시하면 신호 대 잡음 비율이 1/10일 때에도 차이를 감지할 수 있다. 많은 데이터를 통해 우리는 남성의 호의적인 성격과 여성의 호의적인 성격 간의 아주 미세한 차이를 식별할 수 있다.

성격에서 남성과 여성 간의 가장 큰 변동성을 보이는 특성인 호의적임의 신호 대 잡음 비율은 약 1/3이다. 즉, 3단위의 잡음에 대해 1단위의 신호가 존재한다. 이 신호가 얼마나 약한지를 이해하기 위해, 인구 집단에서 무작위로 남성과 여성을 각각 한 명씩 뽑는 상황을 상상해보자.

여성이 남성보다 더 호의적일 확률은 63%에 불과하다. 이 숫자가 실제로 무엇을 의미하는지 다음의 상황을 가정해 생각해보자. 당신은 닫힌 문 뒤에 서서 제인과 잭을 소개받으려 하고 있다. 이 상황에서 당신이 "제인, 당신은 여성이라 남성인 잭보다 나와 더 잘 맞을 것 같아요"라고 말한 다음 잭에게는 "당신과 나는 말싸움을 할지도 몰라요"라고 말하는 것이 합리적일까?

그렇지 않다. 통계적으로 생각할 때 이렇게 말하는 것은 합리적이지 않다. 당신이 실수를 했을 확률은 37%이기 때문이다.[33]

피터슨은 노르웨이-스웨덴 TV 토크쇼 〈스카블란^{Skavlan}〉에서 심리학자들이 "최소한 어느 정도는 최신 통계 모델을 이용해 성격 측정을 완벽하게 수행했다"라고 주장했다.[34] 그러면서 그는 수십만 명의 사람을 대상으로 한 방대한 양의 성격 조사 질문지를 언급했다. 또한 그는 남성과 여성이 서로 다르기보다는 비슷하다는 점을 올바르게 인정했다. 하지만 그는 "가장 큰 차이가 어디에 있을까요? 남성은 덜 호의적이고 (…) 여성은 부정적인 감정을 가지거나 신경증이 있을 가능성이 더 높습니다"라고 말했다.[35]

그의 이 주장은 완전히 잘못된 것은 아니지만 매우 기만적이다. 그는 과학자들이 방대한 양의 데이터를 사용해 매우 특정한 형태의 큰 성별 차이를 정확히 파악했다고 주장했다. 하지만 과학자들의 이런 연구들에 대한 올바른 해석은 연구자들이 남성과 여성이 자신을 어떻게 바라보는지에 대해 질문하기 위해 생각해낸 수백 가지 방법을 이용해 수십만 명을 조사한 결과, 이러한 연구들 중 거의 대부분이 성격에서 실제로 큰 성별 차이를 발견하지 못했다는 것이다. 실제로, 지난 30년간 이루어진 성격 연구에서 가장 주목할 만한 결과는 성별 유사성 가설gender similarity hypothesis의 도출이었다. 이 가설은 위스콘신대학교 매디슨 캠퍼스의 심리학 및 성별과 여성 연구 교수인 재닛 하이드Janet Hyde가 2005년에 《미국심리학회지American Psychologist》에 발표한 것이다. 이 가설은 남성과 여성이 동일하다는 것이 아니라, 성별에 따라 달라지는 성격 차이가 거의 없다고 주장한다. 하이드는 남녀 간 성격 차이에 대한 124개의 다양한 테스트를 검토했으며, 그중 78%는 성별 간의 미미하거나 작은 차이(신호 대 잡음 비율이 0.35 미만)를 드러냈다.[36] 이 가설은 시간이 지나도 변하지 않고 있다. 이 가설이 발표된 지 10년 후, 새로운 독립적인 검토에서는 386개의 테스트 중 단 15%만이 성별과 성격 간의 신호 대 잡음 비율이 0.35보

다 컸다는 결과가 나왔을 뿐이다.[37]

신경증, 외향성, 개방성, 긍정적 감정, 슬픔, 분노 및 기타 여러 성격 특성 측면에서 남성과 여성은 거의 차이가 없거나 아주 약간의 차이만 있다. 최근 연구에서 하이드는 수학 학습 능력, 언어 능력, 성실성, 보상 민감도, 관계적 공격성, 주저하는 말투, 자위 및 불륜에 대한 태도, 리더십 효과성, 자존감 및 학업 자기 개념에서도 성별 차이가 작다는 것을 발견했다.[38] 성별 간의 가장 큰 차이는 사물과 사람의 관계에 대한 관심, 신체적 공격성, 포르노 소비, 우발적인 성관계에 대한 태도에서만 나타났다.

결국, 몇 가지 선입견은 실제로 사실임이 드러났다. 개인의 성격은 다양하다. 남성들도 서로 다르고, 여성들도 서로 다르다. 일반적으로 남성과 여성의 성격이 매우 다르다고 말하는 것은 통계적으로 잘못됐다.

위험한 것은 성별에 관한 연구가 '좌파'와 '마르크스주의' 세력에 의해 특정한 방식으로 왜곡됐다는 조던 피터슨의 주장이다. 현실은 전혀 그렇지 않다. 수학을 전공한 재닛 하이드는 기회의 평등을 측정하는 통계 혁명의 일환으로, 심리학 및 사회과학에서 이념적 사고를 퇴출하는 데 기여하고 있다. 그녀는 연구 공로를 인정받아 미국 심리학회로부터 세 번이나 상을 받았고, 그 밖에도 다른 기관들로부터 여러 상을 수상했다. 현재 성별 차이는 세세하게 연구된 상태이며, 모든 작은 차이가 문서화됐다. 남성과 여성의 뇌 구조 및 기능 차이를 연구한 결과도 유사한 결과를 보여준다. 성별에 상관없이 개인 간의 뇌 구조와 기능의 차이는 남녀 간의 그 차이보다 훨씬 더 크다.[39] 아이러니하게도 이러한 방대하고 정교한 연구 덕분에 피터슨은 이념적으로 동기부여가 된 자신의 입장을 지지하는 결과를 선별적으로 선택할 수 있게 됐다.

　신뢰 방정식은 개인의 이야기 대신 관찰을 사용해야 한다고 우리에게 가르쳐준다. 한 사람의 이야기, 심지어 당신 자신의 이야기에도 의존하지 말아야 한다. 당신이 이기고 있을 때 승리의 연속이 당신의 능력 때문인지 신중하게 생각해야 한다. 세상에는 항상 행운이 따르는 누군가가 있으며, 이번에는 그 사람이 당신일 수도 있다. 그러니 다른 이야기들을 찾아보고 통계를 수집해보자. 더 많이 관찰할수록, 신호를 반으로 줄이기 위해서는 네 배의 관찰이 필요하다는 'n의 제곱근 법칙'에 대해 생각해보자. 만약 당신이 정말로 주변 사람들보다 '우위에' 있다고 해도, 신뢰 방정식을 사용해 당신이 누리고 있는 것이 무엇인지 정확하게 확인해야 한다. 나는 여러분이 통계적으로 올바르게 행동하길 바란다. 여러분은 인생에서 자신이 가진 장점과 단점을 이해해야 한다. 자신을 속이지 않고, 사회가 여러분의 삶을 어떻게 형성하는지를 정확히 이해해 자신감을 가져야 한다. 그러면 결국 여러분의 강점을 찾아내 에지를 가질 수 있게 될 것이다.

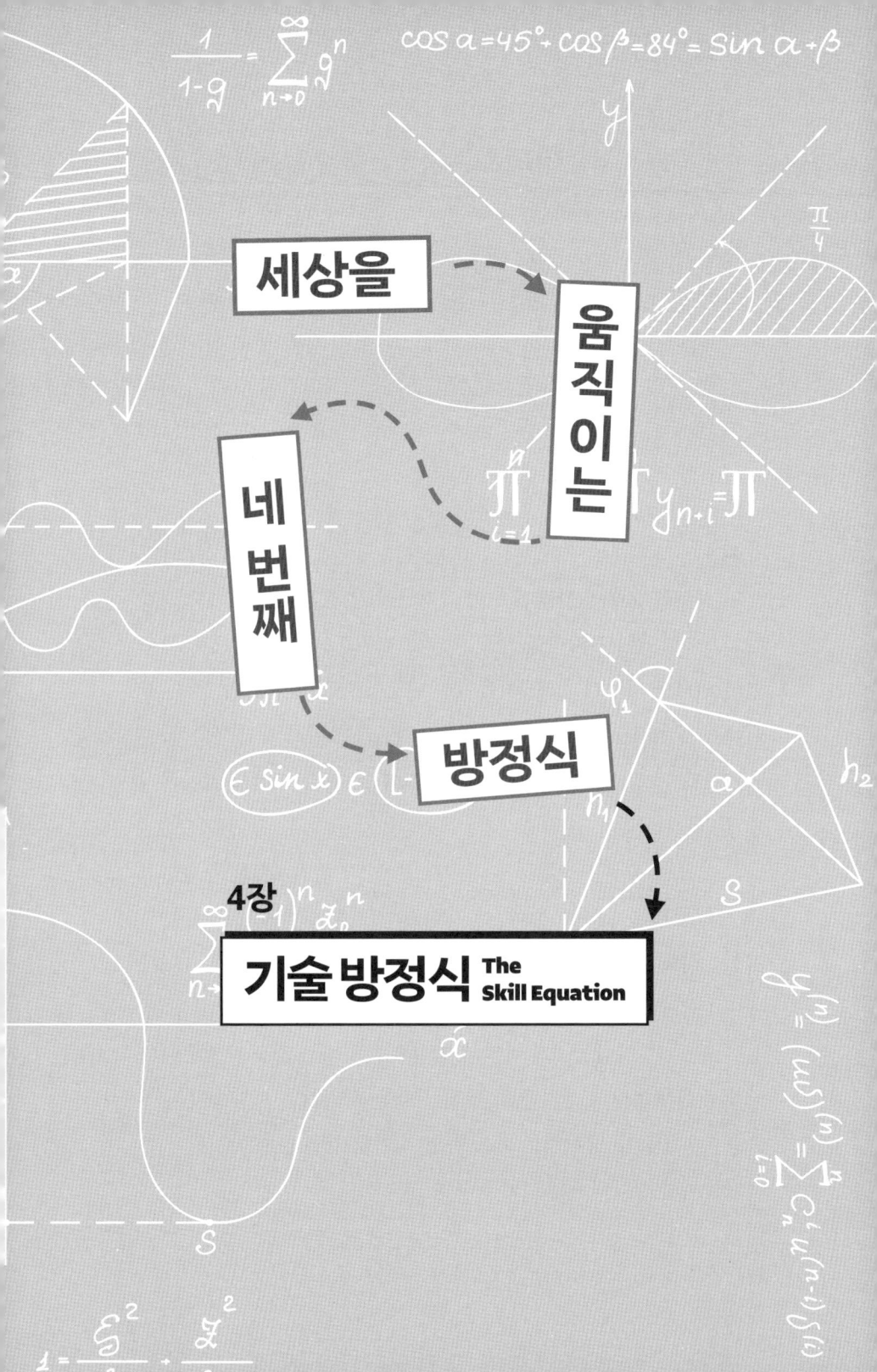

$$P(S_{t+1}|S_t) = P(S_{t+1}|S_t, S_{t-1}, S_{t-2}, \ldots, S_1)$$

나는 늦은 오후에 카페에 앉아 그가 들어오는 모습을 지켜보고 있다. 그는 웨이터와 악수를 하고, 바리스타와도 같은 방식으로 웃으면서 인사를 나눈다. 그는 처음에는 나를 알아보지 못한다. 내가 자리에서 일어나 그에게 다가가려고 할 때, 그는 내가 아닌 다른 사람을 알아보고 포옹한다. 나는 다시 자리에 앉아 그가 인사를 마치기를 기다린다.

그는 프로 축구 선수로서의 경력과 잦은 TV 출연으로도 유명하지만 사람들과 소통하는 방식, 즉 자신감, 친근함 그리고 사람들과의 자연스러운 대화로도 유명하다.

몇 분 후, 그는 나와 마주 앉아 이야기를 시작한다.

"나는 내가 사람들에게 나만의 방식으로 일하는 것을 보여준다는 점에서 특별하다고 생각해요. 나처럼 행동하지 않는 사람들이 많지요. 나는 그냥 내 방식대로 일을 하고, 있는 그대로를 이야기합니다. 사람들과의 대화에서는 그게 중요한 것 같아요."

그는 이어서 이렇게 말한다.

"나는 아는 사람이 많아요. 지금처럼 사람들과 대화하면서 관계를 이어나가는 거지요. 사람들은 나와 이야기하고 싶어 해요. 내가 독특한 시각을 가지고 있기 때문에 그럴 겁니다. 나는 나만의 독특한 배경이 있고, 당신과 대화할 때도 그런 경험에서 나오는 이야기를 하지요."

그는 선수 시절의 일화, 유명인에 대한 이야기, 그리고 재미있는 농담을 적절하게 섞어가며 이야기를 하곤 한다.

그는 미소를 지은 채 나를 똑바로 바라보면서 이야기를 한다. 그건 마치 내가 그에게 이 모든 정보를 요청한 것처럼 느끼게 만든다. 하지만 사실 나는 그런 요청을 하지 않았다. 나는 데이터 사용에 대해 이야기하고 싶었고, 그것이 미디어에서 어떻게 활용되는지, 그리고 축구 경기에서 어떻게 사용되는지에 대해 알고 싶었다. 안타깝게도 지금 나는 유용한 정보를 얻지 못하고 있다.

나는 이런 유형의 사람을 미스터 '마이 웨이 My Way'라고 부른다. '마이 웨이'는 프랭크 시나트라 Frank Sinatra의 유명한 노래 제목이다. 이 전직 운동선수는 기본적으로 조심스럽게 움직이면서도 당당한 자세를 유지하며, 맡은 일을 끝까지 해내는 사람이다. 그의 이런 모습은 매우 보기가 좋다. 방금 전에도 그는 카페에서 사람들을 만나 포옹하면서, 몇 분 동안 자신이 만난 사람들의 기분을 좋게 만들었다.

하지만 그의 이런 행동은 여러 사람을 이어서 만날 때만 효과를 낸다. 그와 마주 앉아 대화를 나누고 있는 지금, 나는 속수무책인 상태를 벗어나지 못하고 있다.

지금 나는 이 미스터 마이 웨이와 처음 몇 번 대화를 나눴을 때 순진하게 그의 이야기를 믿었던 것을 부끄럽게 느끼고 있다. 2016년에 《사커매틱스Soccermatics》를 출간한 이후 나는 세계의 주요 축구 구단들로부터 초대를 받았고, 구단주들이 나를 직접 찾아오기도 했다. 또한 나는 라디오와 TV에 출연해 전직 프로 선수들과 함께 경기에 대해 이야기해달라는 요청을 받기도 했다. 학계 사람들하고만 지내다가 전직 축구 선수, TV에 나오는 유명인, 스카우터, 프리미어리그 축구 클럽의 이사들과 어울려 대화를 나누는 일은 매우 즐거웠다. 나는 선수들과 큰 경기들에 대한 비하인드 스토리를 듣고, 훈련장에서의 삶에 대해 알아가는 것을 즐겼다. 평범한 스포츠 팬이었던 사람이 그런 비하인드 스토리를 듣게 된다는 것은, 축구 팬들 사이에서 흔히 사용되는 표현으로 말하자면, 꿈이 이루어진 셈이었다.

나는 지금도 이런 이야기들을 듣고 축구의 실제 세계를 엿보는 것을 좋아한다. 하지만 여기서 흥미로운 부분은 이런 이야기들이 미스터 '마이 웨이'들의 '영웅적인' 이야기와 함께 버무려지며, 그런 영웅담에는 거의 반드시 비열한 적수에 의해 이들이 얼마나 큰 방해를 받았는지, 그들에게 제대로 기회가 주어졌다면 얼마나 더 나은 성과를 보일 수 있었는지에 대한 이야기가 따라붙는다는 점이다.

내가 수학자이기 때문에 그들은 내게 자신의 사고 과정을 설명해야 한다고 느끼는 것 같다. 그들은 내가 그들과는 다른 방식으로 사물을 바라본다고 말하면서도, 실제로 내가 어떻게 생각하는지 물어보지는 않는다.

"나는 통계가 과거에 대한 성찰에 큰 도움이 된다고 봅니다. 하지만 나는 미래에 대한 통찰력을 제공할 수 있습니다."

그들은 이런 식으로 말하곤 한다. 그러고 나서 그들은 자신들에게 경쟁 우위를 포착하는 독특한 능력이 있다고 말한다. 그들의 자신감과 강한 성격이 그들이 좋은 결정을 내리는 데 어떻게 도움이 되는지, 또는 (그들의 생각이긴 하지만) 자신이 놓쳤다고 생각하는 데이터에서 패턴을 찾아내는 방법을 터득했다고 이야기하기도 한다. 그들은 자신들이 잘나가지 못했던 시절에 대해 이야기할 때도 많다. 그들은 "집중력을 잃자 실수하기 시작했습니다"라고 말하지만, 곧 "하지만 정신이 맑아져 집중이 가능해지면 올바른 결정을 내립니다"와 같은 말을 하기 시작한다.

축구 선수나 관계자들과 처음 어울리기 시작했을 때 나는 남자들이 자신이 특별한 존재라고 믿는 이유를 이야기하는 것을 듣는 데 얼마나 많은 시간을 할애해야 할지 전혀 알지 못했다.

하지만 그때 알았어야 했다. 왜냐하면 이런 일은 축구에서만 일어나는 것이 아니기 때문이다. 나는 산업계 사람들, 비즈니스계 사람들을 만났을 때도 같은 경험을 했다. 예를 들어 은행에서 일하는 투자 전문가들은 그들의 독특한 기술적 능력에 대해 이야기하면서 수학이 필요 없다고 말한다. 그들은 자신들이 '퀀트' 트레이더(quant trader(체계적인 트레이딩을 위해 수학 모델과 빅데이터를 활용하는 트레이더 - 옮긴이)가 결코 가질 수 없는 일종의 '감'을 가졌다고 생각하기 때문이다. 성공한 기술 기업을 이끄는 사람들은 자신들의 독특한 통찰력과 재능 덕분에 성공했다고 말한다. 심지어 학자들 중에도 그렇게 말하는 사람들이 있다. 실패한 연구자들은 자신의 아이디어가 다른 사람에게 도용됐다고 말하고, 성공했을 때는 원칙을 고수했다고 말한다. 그들 각자는 자신만의 방식으로 일을 해냈다고 생각한다.

그렇다면 여기서 답을 찾기 어려운 질문이 생겨난다. 누군가가 나에게 유용한 정보를 제공하고 있는지 아닌지를 어떻게 알 수 있을까?

지금 내 앞에 앉아 있는 사람이야말로 이런 질문을 하게 만드는 사람이다. 그는 한 시간 반 동안 자신에 대해 끊임없이 이야기하고 있다. 하지만 아마 그가 아닌 수많은 사람들도 자신에 대한 이야기가 유용한 이야기라고 생각하며 다른 사람들에게 말하고 싶을 것이다. 문제는 유용한 정보와 자기만족적인 정보를 어떻게 구분할 것인가이다.

* * *

이 질문에 대한 응용수학자들의 접근 방식은 사람들로부터 듣는 정보를 세 가지 범주로 나누는 것이다. 첫 번째와 두 번째 범주는 이전 장들에서 다룬 모델과 데이터다. 모델은 세상에 대한 우리의 가설이고, 데이터는 우리의 가설이 맞는지 아닌지 알 수 있게 해주는 경험이다. 세 번째 범주는 '난센스$^{non\text{-}sense}$'다. 지금 내가 마주 앉아 대화하고 있는 미스터 '마이 웨이'가 내게 제공하는 정보가 바로 이 범주에 속한다. 그는 자기가 겪은 성공, 실패, 감정에 대해 말하고 있지만, 자기가 어떻게 생각하는지, 뭘 아는지에 대해서는 구체적으로 말하지 않고 있다.

난센스의 영어 단어에 하이픈을 쓴 건 이 단어에 대해 좀 더 생각해보라는 뜻이다. 이 방법은 수학에 대한 나만의 시각을 형성하는 데 도움을 준 옥스퍼드대학교 철학 교수 A. J. 에이어$^{A.J.Ayer}$한테서 빌린 트릭이다. 에이어는 '난센스'라는 단어가 매우 도발적이라고 생각하면서도, 감각에서 비롯되지 않는 정보를 지칭하기 위해 그 단어를 사용했다. 미스터 '마이 웨이'가 느끼는 방식, 그가 성공과 실패를 인식하는 방식은 관찰이나 우리가 측정할 수 있는 것들에 의존하지 않기 때문에 나는 그가 제공하는 정보를 난센스라는 범주로 분류했다. 에이어는 미스터 '마이 웨이'나 다른 누가 어떤 말을 할 때 그 말이 검증 가능한지 확인해야 한다고 제안했다. 그렇다면, 감각에서 얻은 데이터를 사용해 대체적으로 어떤 말이 참인지 아닌지 검증할 수 있을까?

검증 가능한 말에는, "우리가 타고 있는 비행기가 곧 추락할 거야", "레이철은 꼴통이야", "기적은 일어난다", "얀과 마리우스는 베팅 시장에서 에지가 있어", "스웨덴 고용주들은 면접 대상자를 결정할 때 인종적으로 편향된 태도를 보여", "제스가 더 행복지려면 일을 그만두어야 해" 같은 말들이 포함된다. 이런 말들은 내가 이 책에서 모델로 제시한 것들과 똑같은 종류라고 할 수 있다. 모델과 데이터를 비교함으로써 우리는 모델이 어느 정도 참인지 검증할 수 있다.

하지만 모델의 검증 가능성을 확인하기 위해 반드시 데이터를 이용해야 하는 것은 아니다. 1936년에 에이어가 검증 가능성의 원칙을 다룬 《언어, 진리, 논리 Language, Truth and Logic》를 발표했을 때는 달의 뒤편 사진이 이 세상에 없었다. 따라서 달의 뒤편에 산이 있다는 가설이 맞는지 틀리는지 확인할 수 없었다. 그럼에도 불구하고 이 가설은 이론적으로 확인이 가능했고, 결국 소련의 루나 3호가 달의 뒤편으로 날아갔을 때 사실로 확인됐다.

하지만 미스터 '마이 웨이'가 자신에 대해 가지는 확신감이 들어 있는 말들은 이런 가설과는 다르다. 그의 이야기에는 실제로 존재하는 사람들과 실제로 일어난 사건에 대한 정보의 일부가 들어 있을 수 있지만, 그 이야기 자체가 참인지 거짓인지는 검증이 불가능하기 때문이다. 또한 우리는 그가 '자신만의 독특한 관점'을 가졌는지, '다른 사람은 가지고 있지 않은 관점'을 가졌는지, '어떤 것이 중요하고 어떤 것이 중요하지 않은지에 관한 관점'을 가졌는지 테스트할 수도 없다. 이런 테스트가 근본적으로 불가능한 것은 이런 말을 하는 사람이 그 말의 근거를 제대로 설명할 수 없기 때문이다. 게다가 이런 말을 하는 사람은 느낌과 사실을 구분하지 못하기 때문에, 우리는 그의 말을 데이터와의 비교를 통해 검증이 가능한 모델로 재구성할 수도 없다. 미스터 '마이 웨이'의 말은 개인적인 생각들이 뒤죽박죽 얽힌 것에 불과하다. 그가 하는 말은 데이터도 아니고 모델도 아니다. 그의 말은 전혀 의미가 없다.

* * *

FC 바르셀로나의 훈련 시설이자 유스 시스템인 라 마시아$^{La\ Masia}$는 축구라는 멋진 게임에 대해 가장 지적인 접근이 이루어지는 곳이다. 1979년에 전설적인 축구 스타 요한 크루이프$^{Johan\ Cruyff}$가 젊은 선수들을 위한 아카데미로 설립한 이 시설은 FC 바르셀로나의 모든 활동의 근간이 되는 철학을 발전시킨 곳이다(라 마시아는 FC 바르셀로나가 어린 선수들을 체계적으로 육성하는 시스템 자체를 가리키는 말이기도 하다 - 옮긴이).

나는 선수들이 출입하는 모습을 보려는 기대감으로 팬 몇 명이 모여 있는 이 건물의 정문을 지나 측면 출입구 쪽으로 걸어갔다. 새로 지어진 라 마시아 건물이었다. 많은 대학이 오래된 전통적인 건물에서 반짝이는 새 건물로 옮겨간 것처럼, FC 바르셀로나의 아카데미이자 스포츠 연구소인 라 마시아도 농가 분위기의 건물에서 유리창들로 덮인 현대적인 외양의 건물로 최근에 옮긴 상태였다.

그때 나는 FC 바르셀로나의 스포츠 분석 책임자로 당시 인공지능 관련 박사학위 과정을 밟고 있던 하비에르 페르난데스 데 라 로사의 초청으로 라 마시아를 방문했다. 나는 그의 부탁으로, 그때까지 연구한 내용을 바탕으로 축구 경기를 분석하는 방법에 대해 라 마시아에서 강의할 예정이었다.

새로 지어진 라 마시아 건물의 내부는 교육과 훈련 그리고 연구가 모두 이루어지는 현대적인 대학의 한 부서처럼 보였다. 1군 선수들이 훈련을 마친 바로 그때, 어린 선수들은 다른 필드에서 바쁘게 훈련 중이었다. 하비에르는 조명이 밝은 사무실에서 모니터가 여러 대 놓인 책상에 앉아 있었고, 그의 뒤에는 책들이 빼곡히 꽂혀 있었다. 내가 방문했던 다른 축구 클럽들의 시설은 훈련 공간이 주를 이룬 상태에서 분석가들은 외진 사무실에 배치돼 있었던 반면, 라 마시아에서는 선수들에게 필요한 모든 것이 갖춰져 있었고, 분석가들은 별도의 전용 공간에서 팀의 플레이 스타일을 계획하고 개선하는 작업을 하고 있었다. 라 마시아의 이런 공간 구성은 FC 바르셀로나의 축구 경기에서 선수들이 배치되는 구조, 즉 마음과 몸이 함께 조화롭게 작동할 수 있게 만드는 구조였다.

하비에르와 나는 바로 일을 시작했다. 우리는 그의 사무실에서 각자 컴퓨터를 켜고 서로의 노트를 비교하기 시작했다. 패스를 어떻게 평가하는가? 선수들의 움직임은 어떻게 추적하는가? 경기를 어떻게 다양한 게임 상태로 나눌 수 있는가? 카운터어택$^{\text{counter-attack}}$에 대해서는 어떻게 생각하는가? 필드 통제를 어떻게 모델링하는가? 우리는 이런 질문들을 서로에게 한 뒤 각자의 답을 제시했고, 다양한 데이터와 모델에 관한 토론을 계속 이어나갔다.

그러다 갑자기(내게는 그렇게 느껴졌다) 하비에르가 나에게 클럽의 다른 직원들과 세미나를 할 시간이라고 말했다. 우리는 넓은 세미나실로 이동했고, 나는 내 노트북을 대형 스크린에 연결한 뒤 감독, 코치, 스카우터, 분석가들 앞에서 발표를 시작했다. 그러자 앞줄에 있던 대여섯 명이 내 데이터, 가정, 결과에 대해 질문하기 시작했다. 또한 그들은 자신들이 발견한 사실을 내게 알려주면서 내 연구를 개선할 수 있는 방법을 제시하기도 했다.

바르셀로나 스포츠 분석 팀은 내가 연구에서 사랑하는, 바로 그 깊이 있는 탐구를 보여줬다. 모델과 데이터에 대한 깊은 탐구였다. 완벽했던 하루 동안의 연구는 저녁에 리오넬 메시와 그의 동료들이 활약하는 모습을 앞자리에서 볼 수 있는 것으로 마무리됐다. 해가 캄 노우Camp Nou(FC 바르셀로나의 홈 경기장 - 옮긴이) 위로 저물자 그날 아침 내 컴퓨터 화면의 좌표 공간에서 곡선 형태로 움직이던 점의 실제 모습을 볼 수 있었다.

＊ ＊ ＊

라 마시아에서 세미나를 할 때 나는 한 선수에 집중했다. 그때는 2018년 월드컵이 끝난 지 몇 달 정도 지난 후였고, 나는 폴 포그바Paul Pogba에 매우 관심이 많았다. 당시 언론 보도에 따르면 FC 바르셀로나도 포그바에 관심이 있었던 것 같다.

나는 오래전부터 포그바의 팬이었다. 포그바는 다른 어떤 선수보다도 자신이 뛰는 팀의 정체성을 잘 정의하는 선수였다. 리오넬 메시가 FC 바르셀로나의 상징이긴 하지만, FC 바르셀로나의 철학은 특정 개인에 집중하는 것이 아니라, 팀이 구성원들의 합 이상이 되도록 만든다는 것이다. 크리스티아누 호날두는 확실히 필드에서 존재감이 강하지만, 결국 그는 전형적인 활동형 스트라이커 중 한 명일 뿐이다. 따라서 유벤투스나 레알 마드리드의 축구 스타일은 그의 능력만으로 구축됐다고 보기 힘들다.

폴 포그바는 맨체스터 유나이티드에서 뛸 때 그 팀의 상징이 됐고, 2018년 월드컵에서는 그의 조국인 프랑스 대표팀이 우승을 하는 데 결정적인 역할을 했다. 적어도 나는 그렇게 생각한다. 하지만 이런 내 생각을 어떻게 검증할 수 있을까? 메시나 호날두와 달리, 폴 포그바는 많은 골을 넣지 않는다. 2018년 월드컵에서 그는 결승전에서 단 한 번 골을 넣었고, 그 자체로도 의미가 있지만, 그보다 더 많은 골을 넣은 선수들은 많다. 따라서 골만으로 그의 능력을 설명할 수는 없다.

내가 포그바를 평가하기 위해 사용한 수학적 아이디어는 그가 직접 넣는 골보다 팀이 골을 넣는 데 기여하는 부분에 초점을 맞추는 것이었다. 축구 팬이라면 내가 어시스트에 대해 이야기하는지 물어볼 수도 있을 것이다. 어시스트는 골로 이어지는 패스다. 퍼스트 어시스트는 골을 넣는 선수에게 패스를 한 것이고, 세컨드 어시스트는 골을 넣은 선수에게 패스를 한 선수에게 한 패스를 뜻한다. 어시스트의 수를 세는 것은 내가 취할 접근 방식의 일부이긴 하지만, 그 숫자는 내 접근 방식에서 별로 중요하지 않다. 골이나 어시스트 같은 이벤트에 특별한 의미를 부여하는 대신, 나는 필드에서 일어나는 태클, 패스, 인터셉트 등 모든 행동을 평가한다. 내 목표는 이런 각각의 행동이 팀이 골을 넣을 확률을 어떻게 높이고, 상대팀이 골을 넣을 확률을 어떻게 낮추는지를 측정하는 것이다.

이런 측정을 위해서는 먼저 축구 경기를 숫자로 어떻게 설명할지 생각해봐야 한다. 필드에서 (x_1, y_1) 위치에서 (x_2, y_2) 위치로 패스가 이루어졌다고 가정해보자. 이러한 패스 좌표를 상상하기 위해서는 축구 필드를 새의 눈으로, 즉 위에서 바라보면 된다. 여기서 x축은 터치라인을 따라 뻗어 있고, y축은 골라인을 따라 뻗어 있다고 상상할 수 있다. 좌표 $(0, 0)$은 공격팀 골라인 오른쪽의 코너 플래그다. 좌표 $(105, 68)$은 필드 반대편의 코너 플래그다(전형적인 프로 축구 필드는 길이가 105미터, 폭이 68미터다). 경기 중 모든 패스는 이렇게 설명될 수 있다. $(10, 30) \rightarrow (60, 60)$은 골키퍼가 윙으로 긴 킥을 한 것이고, $(60, 60) \rightarrow (60, 34)$는 공을 센터로 가져가는 것이고, $(60, 34) \rightarrow (90, 40)$은 상대 박스로 공을 이동시키는 것이다. 축구 경기를 선수들이 수행한 패스와 드리블로 업데이트되는 좌표의 순서로 상상해보자. 모든 플레이 시퀀스, 즉 우리가 점유율 체인^{possession chain}(축구에서 점유율이란 경기에서 해당 팀이 공을 소유하고 있던 시간이 아니라, 경기 내의 총 패스 수 대비 해당 팀의 패스 수의 비율을 말한다 – 옮긴이)이라고 부르는 것은 필드의 x 좌표와 y 좌표에서 발생하는 행동들로 분해될 수 있다.

우리가 지금 하고 싶은 것은 각 선수의 개별 행동이 이러한 점유율 체인에서 팀의 골 확률을 어떻게 높이거나 상대팀의 골 확률을 어떻게 낮추는지를 파악하는 것이다. 이를 위해 나는 수학적 가정을 할 것이다. 일반적으로 수학자가 "가정을 하겠다"라고 말한다면 그는 이제부터 거짓을 말할 테지만 일단 믿고 상상력을 동원해달라고 당신에게 요청하고 있는 것이다. 여기서 '가정'이라는 말은 우리가 일상에서 사용하는 '가정'이라는 단어와는 좀 다른 의미. 예를 들어 나는 저녁 식사에 내가 초대한 손님이 "7시쯤 올 것이라고 가정해"라고 아내에게 말할 수 있다. 또는 내가 응원하는 팀이 두 골 차이로 지고 있을 때 "또 질 거라고 가정해"라고 말할 수 있을 것이다. 이런 말들은 모두 사실일 가능성이 높지만, 수학적 가정은 아니다.

수학에서는 '가정'이라는 말을 사실이 아닐 수도 있지만 지금은 그것에 대해 걱정하고 싶지 않다는 뜻으로 사용한다. 내가 여러분에게 원하는 것은 일단은 나의 가정을 믿는 상태에서 이 가정이 우리를 어디로 데려가는지 살펴보는 것이다. 그 가정 자체에 대해서는 더 이상 논의하지 않으려 한다. 하지만 이 가정은 처음부터 명확히 제시하는 것이 중요하다. 이 가정은 우리 모델의 기초가 되고, 모델을 현실과 비교할 때 그 모델의 한계를 드러내기 때문이다.

내가 여기서 하는 가정은 축구에서 패스의 품질이 그 시작과 끝 좌표에만 의존하고, 패스 이전이나 이후의 상황, 패스가 이루어질 때 필드에 있는 선수들 같은 요소에 의존하지 않는다는 것이다. 따라서 만약 포그바가 필드 중앙에서 (60, 34) 좌표에서 페널티 지역의 (90, 40) 좌표로 패스를 할 수 있다면, 이 패스는 경기에 일어나는 다른 모든 것과 관계없이 프랑스 팀이 골을 넣을 확률에 항상 같은 영향을 미칠 것이다.

하지만 이 가정은 확실히 틀린 가정이다. 예를 들어 페루와의 월드컵 경기에서 포그바는 같은 위치에서 단 1분 안에 두 번의 패스를 페널티 지역으로 시도했다. 첫 번째 패스는 수비를 넘어 음바페에게 전달됐지만, 그의 아크로바틱한 시도가 실패하면서 골키퍼에게 막혔다. 두 번째 패스는 땅으로 굴러서 올리비에 지루에게 갔고, 그의 슈팅은 처음에 수비수에게 막혔지만, 이번에는 음바페가 골을 넣으며 프랑스의 첫 골이 됐다. 이 두 패스—하나는 기회를 놓친 것, 다른 하나는 골로 이어진 것—모두 프랑스 팀에 거의 같은 가치를 가졌다주었다는 것이 내 가정이다.

일단 불신을 보류함으로써, 즉 가정이 맞는다고 생각함으로써 우리는 축구 경기에서 일어나는 모든 일을 모델링할 수 있다. 나는 내 동료인 엠리 돌레브$^{Emri\ Dolev}$와 함께 프리미어리그, 챔피언스리그, 라리가, 월드컵 등 다양한 리그에서 시즌 동안 이루어진 모든 패스의 시작과 끝 좌표를 포함한 데이터베이스를 사용해 연구를 진행했다. 우리는 모든 패스를 살펴보며 그것이 결국 슈팅으로 이어졌는지 여부를 확인했다. 이를 통해 패스의 시작과 끝 좌표를 골이 들어갈 확률과 연결하는 통계 모델을 만들 수 있었다(그림 4 참조). 이렇게 해서 우리는 패스의 가치를 평가할 수 있었고, 그 패스 이전이나 이후의 상황과는 독립적으로 평가할 수 있었다.

엠리와 나는 모든 경기의 모든 행동에 가치를 부여한 후, 드디어 폴 포그바를 평가할 수 있게 됐다. 그는 두 가지 이유로 두드러졌다. 미드필드에서 공을 되찾는 능력과 길고 정확한 패스로 즉시 수비를 공격으로 전환하는 능력이다. 그는 월드컵 기간 동안 놀라운 패스를 여러 차례 했고, 필드 중앙 근처에서 공을 되찾아 돌아서서 상대 진영 깊숙이 있는 동료에게 전달했다. 그는 팀 내에서 다른 어떤 선수보다도 프랑스의 골 확률을 높였다.

바르셀로나에도 비슷한 역할을 하는 선수가 있다. 세르히오 부스케츠나 리오넬 메시는 바르셀로나의 스타 공격수로 모두가 아는 이름인데, 이 중 부스케츠는 미드필드에서 공격을 시작하는 팀의 엔진이다. 부스케츠와 포그바는 여러 면에서 다르지만, 미드필드에서 자신을 드러내는 능력에서는 매우 비슷하다. 부스케츠는 포그바보다 다섯 살 더 많고, 부스케츠라는 엔진은 나이가 들수록 시간이 지남에 따라 효율성이 떨어지고 있다.

엠리와 내가 개발한 모델은 모든 프로 경기를 비롯한 모든 경기에 적용할 수 있다. 이 모델은 포그바를 평가한 것과 같은 방식으로 선수들을 몇 초 안에 평가할 수 있게 해준다. 이를 통해 팀은 팀의 요구를 충족하는 선수를 정확하게 찾아낼 수 있다. 이 모델을 이용하면, 어떤 선수가 떠날 때 팀은 맞춤형으로 만들어진 대체 선수를 찾을 수 있다.

선수의 성과를 평가하는 전통적인 방법은 스카우터들이 경기를 관찰하고 스카우팅 보고서를 작성하는 것이다. 최근에 한 주요 축구 클럽의 기술 이사가 영입을 고려하고 있는 후보들의 데이터베이스를 내게 보여줬다. 그는 스웨덴 제3리그에서 뛰는 17세 선수나 브라질 유소년 리그에서 뛰는 15세 선수를 검색할 수 있었다. 이 선수들 옆에 있는 초록색 체크 표시는 스카우터가 그들의 경기를 관찰했음을 나타낸다. 이 기술 이사는 데이터베이스에서 선수 이름을 클릭하면 전 세계의 어떤 선수에 대해서도 여러 스카우트가 작성한 보고서를 읽을 수 있었다.

우리 모델은 이 접근 방식과 보완적인 관계에 있다. 이 모델은 특정 선수의 능력이 필드의 한 좌표에서 다른 좌표로 공을 이동시키는

그림 4 마르코프 가정에 기초해 축구에서 패스를 평가하는 방법

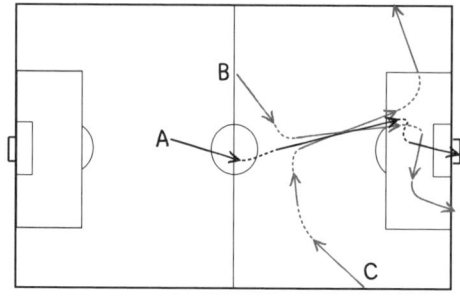

각 점유율 체인은
골로 끝나면
값 1이 부여되고,
경기가 중단되면
값 0이 부여된다.
따라서 체인 A는
값 1을 가지고,
체인 B와 C는
값 0을 가진다.

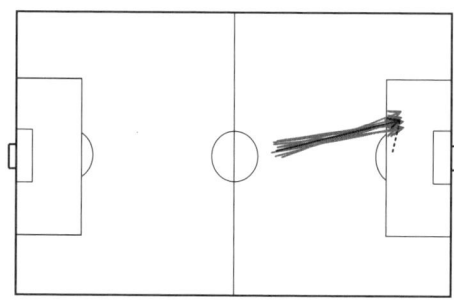

마르코프 가정에 따르면
패스의 가치는 그것이
골로 이어지는 체인에서
발생하는 비율로 표시된다.
이 경우,
열 개의 유사한 패스 중
하나가 골로 이어진다면,
패스의 가치는 0.1이다.

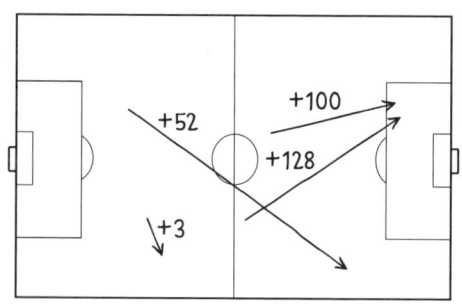

우리는 이 비율에
1,000을 곱해 포그바가
시도한 각 패스에 대해
0과 1,000 사이의
점수를 부여한다.
모든 점수의 합은
포그바의 패스 능력을
측정하는 기준이 된다.

데 초점을 맞추고 있다. 스카우터가 선수를 평가할 때, 그는 자신의 경험을 바탕으로 선수의 필드에서의 위치, 주변에 대한 인식 그리고 동료들과의 상호작용을 평가한다. 하지만 아무리 훌륭한 스카우터라도 프리미어리그에서 선수가 했던 모든 패스를 평가했다고 주장할 수는 없다. 하지만 모델은 이런 주장을 할 수 있다.

축구 스카우터나 감독과 이야기할 때, 나는 내 가정을 이렇게 설명한다. 나는 "전반적으로 포그바가 월드컵에서 최고의 미드필더였다"라고 말하는 대신 "선수가 미드필드에서 공을 얼마나 잘 전진시키는지에 관심이 있다면, 월드컵과 맨체스터 유나이티드에서 뛰었을 때 포그바는 세계에서 상위권에 드는 선수 중 하나다"라고 말한다.

가정과 결론을 다른 사람들에게 이야기할 때는 반드시 명확하게 이야기해야 한다. 이는 축구에 대한 논의에서뿐만 아니라 우리가 중요하게 여기는 모든 것에 적용되는 원칙이다. 세상을 모델, 데이터, 난센스로 나누는 것은 우리가 결론을 도출할 때 어떤 가정을 했는지 솔직하게 밝히라는 것이고, 우리 자신과 타인의 관점을 깊이 생각해 보라는 뜻이다.

* * *

대부분의 기술 측정을 위한 수학적 모델의 기초는 마르코프 가정 Markov assumption 으로 알려진 다음의 방정식이다.

$$P(S_{t+1}|S_t) = P(S_{t+1}|S_t, S_{t-1}, S_{t-2}, \ldots, S_1)$$

(방정식 4)

우리는 $P(S_{t+1}|S_t)$를 2장에서 본 방정식 2를 읽는 것과 같은 방식으로 읽는다. 여기서 P는 세상이 상태 S_{t+1}에 있을 확률을 나타내고, 기호 '|'는 '~일 때'라는 뜻이다. 이번에는 추가적인 요소로, 각 사건에 대해 $t+1, t, t-1$ 등의 아래첨자가 있다. 따라서 말로 표현하면 $P(S_{t+1}|S_t)$는 '세상이 시간 t에서 상태 S_t였을 때, 시간 $t+1$에서 세상이 상태 S_{t+1}에 있을 확률'이라는 뜻이다.

마르코프 가정의 핵심 아이디어는 미래의 상태가 바로 그 이전 상태에만 의존한다는 것이다. 방정식 4는 시간 $t+1$의 미래 상태가 현재 시간 t의 상태에만 의존한다는 것을 말하므로, 우리는 과거 상태인 $S_{t-1}, S_{t-2}, \cdots, S_1$은 중요하지 않다고 가정한다.

이 방정식을 더 구체적으로 이해하기 위해, 바쁘게 일하는 바텐더인 에드워드를 상상해보자. 에드워드는 고객에게 가능한 빨리 서비스를 제공하는 것을 목표로 한다. 고객의 수는 변동적이지만, 에드워드는 가능한 많은 주문을 받으려고 한다. 수학적으로 우리는 S_t를 시간 t에 대기 중인 사람 수로 정의할 것이다.

에드워드를 일하게 해보자. 그의 근무가 시작될 때, 대기 중인 사람 수는 $S_1=2$이다. 이 상태에서는 전혀 문제가 없다. 그는 줄 서 있는 첫 번째 남자에게 두 잔의 맥주를 따라주고, 그 뒤에 있는 여자에게 와인 한 잔을 가져다준다. 그 두 사람에게 서비스를 제공하는 동안, 세 명의 손님이 더 줄을 선다. 따라서 시간 $t=2$에서 대기 중인 사람 수는 $S_2=3$이 된다. 에드워드는 그들 모두에게 서비스하지만, 시간 $t=3$에서 더 기다리는 사람 수는 $S_3=5$라는 것을 알게 된다. 이번에는 그중 세 명에게만 서비스를 제공할 수 있고, 나머지 두 명에 네 명이 더 합세해 대기 중이 되면서 $S_4=6$이 된다.

마르코프 가정은 바텐더로서의 에드워드의 기술을 측정하기 위해 필요한 것은 그가 고객에게 얼마나 빨리 서비스하는가라고 말해준다. 즉, 우리는 S_{t+1}이 S_t에 어떻게 의존하는지만 알면 된다. 저녁 초반의 대기 인원 수($S_t, S_{t-1}, S_{t-2}, \cdots, S_1$)는 이 시점에서 그의 기술을 평가하는 데 더 이상 중요하지 않다. 바텐딩에서 이는 합리적인 가정이다. 에드워드는 1분당 약 두 명 또는 세 명에게 서비스를 제공할 수 있는데, 이는 S_{t+1}과 S_t의 차이다.

마르코프 가정에 대한 지식이 없는 점장은 바를 쳐다보면서 많은 고객이 대기하고 있는 것을 보고, 에드워드가 제대로 일하지 않고 있다고 결론지을 수 있다. 에드워드는 마르코프 가정을 설명하고, 바에 들어오는 고객 수와 그들이 서비스되는 속도 두 가지를 고려하라고 그의 상사에게 말할 수 있다. 에드워드는 후자에 대해서만 책임이 있다. 아니면 그냥 "오늘 밤은 정말 바쁩니다. 제가 얼마나 열심히 일하는지 보세요"라고 말할 수도 있다. 어쨌든 에드워드는 자신의 바텐더 기술을 측정하는 올바른 방법을 설명하기 위해 마르코프 가정을 사용하고 있다.

방정식 4는 지금까지 본 다른 방정식들과 달리, 즉각적인 답을 제공하지 않는다. 방정식 1부터 3까지 우리는 데이터를 모델에 넣고 현재 또는 가까운 미래에 대한 이해를 개선했다. 하지만 방정식 4는 가정이다. 이는 답을 얻기 위한 하나의 단계이지만, 그 자체로는 답이 아니다. 바텐딩에서 마르코프 가정은 에드워드가 고객에게 얼마나 빨리 서비스하는지를 주의 깊게 살펴보라고 말해준다. 우리는 축구 패스 모델에서도 유사한 가정을 했다. 포그바가 공을 받기 전과 받은 후에 일어난 일을 잊을 수 있다고 가정한 것이다. 이 가정을 통해 그의 특정 패스가 팀에 어떻게 도움이 되는지를 측정할 수 있었다.

모델을 만들기 전과 만든 후에 우리의 가정이 우리가 생각했던 대로 작동했는지에 대해 솔직하게 이야기하는 것이 중요하다. 이는 불행을 운이나 타인의 실수로 설명하는 사람들과의 차이점이다. 모델러의 기술은 어떤 사건을 모델에 포함해야 하는지, 어떤 사건은 안전하게 무시할 수 있는지를 결정하는 것이다. 바, 축구 팀 또는 다른 어떤 조직의 진정한 상태를 특징짓는 사건과 측정값은 무엇일까?

우리는 가정을 잘못 설정했을 수도 있다. 에드워드가 최선을 다해 칵테일을 빠르게 만들어 서빙하고 있을 때 그의 상사는 다시 바에 나타난다. 이제 점장은 더러운 잔이 쌓여 있는 것을 보게 된다. 에드워드는 식기세척기를 켜는 것을 잊어버렸다. 우리의 실수와 에드워드의 당황스러운 실수는 잘못된 가정 때문이다. 우리는 바에서 중요한 것은 고객뿐이라고 생각하고, 설거지를 잊어버린 것이다.

점장은 에드워드에게 식기세척기를 켜는 방법을 알려주면서 이제부터는 에드워드가 잔을 얼마나 빨리 닦는지와 고객에게 음식을 제공하는 속도를 보고 그의 기술을 평가하겠다고 말한다. 그들은 함께 모델을 재구성해, 예를 들어 상태 $S_t=\{5, 83\}$는 바에 다섯 명의 대기 고객과 83개의 더러운 잔이 있다는 것을 의미하도록 만든다. 이제 에드워드와 점장은 모두 만족한다. 하지만 그 만족은 고객이 주문한 음료를 에드워드가 내주지 않은 것을 알아챌 때까지만 지속된다.

성공적인 삶의 비결은 개선하고자 하는 측면에 대한 정직한 태도에 달렸다. 예를 들어 급여를 자신의 발전을 측정하는 가장 중요한 요소로 생각한다고 가정해보자. 마르코프 가정은 과거에 받은 급여 인상은 더 이상 관련이 없으니 걱정하지 말고, 현재의 행동이 수

입을 어떻게 개선하고 있는지에 더 집중하라고 말한다. 급여가 당신에게 중요한 것임을 스스로 정직하게 인정하되, 만약 당신이 긴 근무 시간으로 인해 관계가 악화되기 시작한다면, 사랑하는 사람에게 당신이 한 가정이 잘못된 것이었다고 설명해야 한다. 가정을 수정해 다시 시작하는 것이다.

* * *

A. J. 에이어가 《언어, 진리, 논리》에서 설명한 검증 가능성의 원칙은 비엔나 학파로 알려진 철학자 그룹의 사고에서 비롯됐다. 이 그룹의 중심에는 의장 격인 물리학자 모리츠 슐리크Moritz Schlick 그리고 위대한 논리학자이자 수학자인 고틀로프 프레게Gottlob Frege의 제자인 루돌프 카르나프Rudolf Carnap가 있었다.[1] 루트비히 비트겐슈타인Ludwig Wittgenstein은 이 그룹의 우울한 영웅이었다. 케임브리지대학교에서 버트런드 러셀Bertrand Russell에게 배운 그는 이 그룹에서 적극적으로 활동하지는 않았지만, 1922년에 그가 발표한 《논리-철학 논고Tractatus Logico-Philosophicus》는 모든 의미 있는 진술이 데이터에 의해 검증돼야 한다는 주장을 가장 명확하게 보여주었다. 비트겐슈타인의 일곱 번째 명제는 '말할 수 없는 것에 대해서는 침묵해야 한다'로, 이 명제는 검증의 힘에 의문을 제기하는 이들에게 '닥치라는' 메시지를 전달했다.

1933년, 당시 22세였던 A. J. 에이어는 어렵게 비엔나 학파의 논의에 참여하게 됐고, 그로부터 3년 뒤 그의 책이 출판됐다. 이 책을 통해 소개된 비엔나 학파의 접근 방식은 논리실증주의로 알려지게 됐고, 유럽 대륙에서 영국으로 전파됐다. 제2차 세계 대전 동안 카르나프와 그의 아이디어는 미국으로 더 멀리 퍼져나갔고, 전쟁이 끝날 무렵 거의 모든 서양 세계가 실험적 검증의 원칙을 채택하게 됐다.

20세기 전반부 동안, 논리실증주의적 사고는 TEN을 변화시켰다. 당시 모델은 이미 모든 과학 연구의 초점이 된 상태였고, 알베르트 아인슈타인은 새로운 수학을 사용해 물리학의 법칙을 다시 썼다. 비엔나 학파의 접근 방식이 독특한 권위를 부여받게 된 것이었다. 모델과 데이터는 세상을 보는 여러 가지 방법 중 하나가 아니라 세상을 보는 유일한 방법이 됐다.

TEN의 구성원들이 비트겐슈타인, 러셀, 카르나프, 에이어를 더 잘 이해하기 위해 스터디 서클에 모였던 것은 아니다. 그들 중 일부는 철학을 공부했지만, 대부분은 모델을 어떻게 적용해야 하는지에 대한 자신의 추론을 따랐고, 비엔나 학파 철학자들의 결론과 비슷한 결론에 이르렀다. 여기서 주목해야 할 점이 있다. 이 학파의 구성원들은 'TEN'이라는 비밀결사에 대해 알지 못했기 때문에 TEN의 원칙을 결정하기 위한 회의는 존재할 수 없었다는 사실이다. 논리실증주의는 당시 사회의 사고와 매우 잘 맞아떨어졌고, 이는 드무아브르가 신뢰 방정식을 최초로 제시한 이후 그들이 해온 일을 정확하게 설명해주었다.

TEN은 유럽 전역에서 황금기를 맞이했다. 마르코프 연쇄로 유명한 안드레이 마르코프[Andrey Markov]는 세기 전환기에 러시아에서 이 비밀결사를 설립했지만, 혁명 이후 새로 들어선 소비에트 연방에서 이 비밀결사를 주도적으로 운영한 사람은 안드레이 콜모고로프[Andrey Kolmogorov]였다. 콜모고로프는 확률에 대한 공리를 정리해 드무아브르, 베이즈, 라플라스, 마르코프 등 여러 학자의 작업을 하나의 통합된 프레임워크로 결합했다. 이제 코드는 스승들로부터 소규모 제자 그룹에 직접 전달될 수 있었다. 여름 동안 콜모고로프는 그의 큰 시골 별장에 가장 우수한 학생들을 초대했다. 초대된 모든 학생은 문제를 해결하기 위해 작업할 방을 배정받았고, 콜모고로프는 그 방들을 돌아다니면서 문제를 논의하고 학생들의 기술을 개선시켜 TEN의 코드를 발전시켰다. 당시 소련에서는 학자들에 대한 숙청이 진행되고 있었지만, 소련의 지도자들은 TEN을 신뢰해 사회적 아이디어, 우주 프로그램 등을 구축하면서 새로운 경제를 설계하는 데 TEN의 구성원들을 활용했다.

그 시점에서 유럽 전역에 걸쳐 지적 자유와 TEN에 대한 신뢰가 확산되기 시작했다. 영국에서는 수학적 접근의 중심지가 케임브리지대학교였다. 그곳에서 로널드 피셔$^{Ronald\ Fisher}$는 자연 선택 이론을 방정식으로 재작성했으며, 앨런 튜링$^{Allen\ Turing}$은 그의 보편적 계산 기계를 설명하고 컴퓨터 과학의 기초를 확립했다. 존 메이너드 케인스$^{Joh\ Maynard\ Keynes}$는 수학과 학생 시절에 정부가 경제 결정을 내리는 방식을 변화시켰고, 버트런드 러셀은 서양 철학을 종합했다. 또한, 전쟁이 끝난 후에는 데이비드 콕스가 케임브리지대학교에 입학했다.

오스트리아, 독일, 스칸디나비아에서는 TEN이 물리학 문제를 차례로 해결했다. 에르빈 슈뢰딩거$^{Erwin\ Schrödinger}$는 양자역학 방정식을 썼고, 닐스 보어$^{Niels\ Bohr}$는 원자의 수학적 모델을 만들어냈고, 알베르트 아인슈타인은 그의 위대한 업적을 이 시기에 모두 이루어냈다. 200년 전에 드무아브르를 추방했던 프랑스는 전쟁이 끝난 후에야 검증 가능성의 원칙을 수용하게 됐지만(아마 그때도 프랑스는 그 원칙에 대해 완전히 확신하진 않았을 것이다), 프랑스 수학자 앙리 푸앵카레

Henri Poincaré는 이후 카오스 이론으로 알려지게 될 수학 이론의 기초를 마련했다.

TEN의 모델과 데이터 이분법은 다른 모든 것보다 중요했으며, 종교적 신념에 영향을 받지 않았다. 리처드 프라이스가 판단 방정식에 부여한 기독교적 의미는 조용히 사라졌다. 검증이 불가능했기 때문이다. 신이 우리에게 수학적 진리를 주었을 가능성에 대해 논의하는 것은 무의미한 일이었다. 우리가 플라톤의 동굴 우화 속에 살고 있다는 생각은 터무니없는 것이었고, 신뢰 방정식이 도박에 뿌리를 두고 있다는 사실은 그 적용 가능성에 아무런 영향을 미치지 않았고 중요하지도 않았다. 종교와 윤리에 관련된 모든 개념은 배제되면서 철저하고 검증 가능한 사고로 대체됐다.

* * *

현대의 TEN 구성원들은 현재의 이슈에 대해 논의하고 있다. 상대성 이론, 기후변화, 야구 또는 브렉시트 여론조사 같은 주제들이다. 지난 100년 동안 주제는 바뀌었지만, 논의의 본질은 변하지 않았다. TEN의 논의는 정밀함이 특징이다. 이 비밀결사의 구성원들은 자신이 제시한 가정에 대해 솔직하게 이야기한다. 그들은 자신의 모델이 설명하는 세계의 측면과 설명하지 못하는 측면을 모두 논의한다. 의견이 다를 때는 가정을 비교하고 데이터를 신중히 살펴본다. 데이터를 가장 잘 설명하는 모델러는 자부심을 느낄 수 있고, 자신의 모델이 작동하지 않음을 인정해야 하는 모델러는 약간의 좌절감을 느낄 수 있지만, 그들은 모두 이것이 자신에 관한 것이 아님을 알고 있다.

더 큰 목표는 모델링 자체, 즉 가장 덜 잘못된 설명을 찾는 것이다.

모델과 데이터의 언어를 이해하지 못하는 사람들은 조용히 경고를 받거나 정중히 무시당한다. 편견을 가진 정치인, 소리치는 축구 코치, 화난 팬들, 과도하게 열정적인 기후 운동가, 무지한 부정론자, 문화 전쟁의 주창자, 마르크스주의 근본주의자, 도널드 트럼프 그리고 여성을 혐오하는 사람들이 그들이다. TEN은 진실에 점점 더 가까워지고 있는 작은 집단인 반면, 나머지 인류는 점점 더 진실에서 더 멀어지고 있다.

* * *

편안하게 티셔츠를 입은 루크 본이 컴퓨터 카메라를 향해 미소 지으며 앉아 있었다. 우리는 2019년 2월에 스카이프^{Skype}를 통해 만났는데, 그는 캘리포니아 새크라멘토의 밝은 사무실에, 나는 스웨덴의 어두운 지하실에 있었다. 그의 뒤에는 그의 이름이 새겨진 새크라멘토 킹스 농구 유니폼이 걸려 있었고, 사무실 한쪽에는 학술 서적들이 정갈하게 꽂혀 있는 모습이 보였다. 우리 두 사람은 에너지 수준이 달랐는데, 시차 때문이었다. 내가 질문을 기억해내려고 애쓰는 동안, 루크는 의자에 앉거나 사무실을 돌아다니며 책을 꺼내 내게 보여주었다.

2019년 당시 루크는 킹스의 전략 및 분석 담당 부사장을 맡고 있었다. 그는 자신이 그 자리에 가기 위해 필요한 전통적인 경로를 따르지 않은 사람이라고 말했다. 그는 뒤를 가리키며 이렇게 말했다.

"우리가 데이터 분석가 채용 공고를 내자 1,000개 이상의 지원서가 왔고, 지원자 대부분은 어릴 때부터 스포츠 분야에서 일하는 것이 꿈이었지요."

그는 이 말을 하면서 손으로 네 살 어린이의 키를 묘사했다. 그가 이어서 말했다.

"저는 좀 다른 경우이지요. 저는 하버드대에서 연구원 생활을 막 시작한 상태에서 동물의 움직임과 기후 시스템을 모델링하고 있었고, 그때 커크 골즈베리(NBA 분석가이자 전 샌안토니오 스퍼스 전략가)와 우연히 만났어요. 그때 그분이 내게 농구 데이터를 보여줬어요."

루크를 매료시킨 것은 관찰 데이터의 풍부함이었다. 선수들의 건강과 체력에 대한 정보, 관절에 가해지는 부하 데이터, 훈련과 경기 중 모든 선수의 움직임 패턴, 패스와 슛 기록 등 농구에 관한 모든 것이 기록돼 있었다. 팀 감독들은 이 데이터를 거의 활용하지 않았다.

루크가 흥분한 목소리로 말했다.

"내게는 이것이 단순히 '멋진 스포츠' 프로젝트가 아니라 그때까지 겪어본 과학적 도전 중 가장 흥미로운 것이었습니다."

루크는 그 도전에 대응하면서 빠르게 결과를 만들어낼 수 있는 완벽한 기술 세트를 가지고 있었다. 2015년에 MIT 슬론 스포츠 분석 콘퍼런스에서 발표한 논문에서 그는 커크와 함께 농구 경기의 새로운 방어 지표인 '카운터포인트'를 정의했다. 루크는 이 접근 방식의 성공으로 AS 로마 축구 클럽 소유주의 관심을 끌게 됐고, 2016년에 그 축구 클럽의 분석 담당 이사로 임명됐다. 로마에서 그는 그래프와 슛 플롯을 사용해 정보를 시각적으로 전달하는 방법을 빠르게 배웠고, 이를 통해 수학적 아이디어를 스카우터와 코치들에게 효과적으로 전달할 수 있었다. 그가 로마에서 일하는 동안 AS 로마 클럽은 세계적 수준의 공격수 모하메드 살라와 골키퍼 알리송 베케르를 영입했으며, 이들은 나중에 리버풀로 이적해 2019년 챔피언스리그에서 팀을 우승으로 이끌었다.

"그 선수들을 영입한 것이 오로지 내 능력 덕분이라고는 생각하지 않습니다. 선수 이적에는 너무나 많은 변수들이 있거든요. 내가 말할 수 있는 것은 살라와 베케르는 내가 AS 로마에서 킹스로 옮긴 다음에 이적했다는 정도입니다. 적어도 내가 그 선수들을 다른 구단에 팔지는 않았어요."

내가 루크에게 마르코프 가정에 대해 이야기하고 싶다고 하자, 그의 얼굴은 축구 이적에 대해 이야기할 때보다 더 밝아졌다. "우리는 방어 카운터포인트 논문을 시작할 때부터 마르코프 가정을 사용했어요."라고 그는 말했다.

루크의 카운터포인트 시스템은 누가 누구를 마크하고 있는지 자동으로 식별해, 일대일 상황에서 어떤 선수가 우위를 점하는지를 측정할 수 있게 해준다. 예를 들어 2013년 크리스마스 날 샌안토니오 스퍼스와 휴스턴 로케츠의 경기에서 로케츠의 제임스 하든의 방어 위치는 스퍼스의 공격수 카와이 레너드의 위치로 가장 잘 예측됐다. 이 특정 매치업에서는 레너드가 우위를 점하며 20점을 기록했다. 루크의 알고리즘은 하든의 방어 마킹으로 인해 허용된 6.8점을 이 선수에게 귀속시켰다.

"사람들은 신의 모델, 즉 완벽한 모델God Model을 찾아내고 싶어 하지요."

루크가 다 안다는 듯한 미소를 지으며 말했다.

"그런 모델이 있다면 그 모델은 점수를 얻기 위해 다음에 무엇을 해야 하는지 르브론 제임스에게 정확히 알려주겠지요. 하지만 우리는 그런 모델을 만드는 것이 불가능하다는 것도 알고 있어요."

유용한 모델 구축의 핵심은 무엇을 '주어진 것'으로 받아들일지, 어떤 가정을 할지를 결정하는 일이다. 완벽한 모델이라면 과거에 일어난 모든 일을 '주어진 것'으로 받아들일 것이다.

이런 신의 모델이라면 르브론 제임스가 참석한 모든 훈련 세션, 그가 참가한 모든 경기, 그가 평생 아침 식사로 먹은 것들, 경기 전에 신발 끈을 묶은 방식 등을 데이터로 이용할 것이다. 이것들은 방정식 4의 오른쪽 부분(우변)이다. 신의 모델은 제임스의 인생 전체를 주어진 것으로 받아들일 것이다. 모델러로서 루크의 능력은 어떤 것들을 무시할 수 있는지를 결정하는 데 있다. 다시 말해, 루크는 마르코프 가정을 할 때 방정식 4의 왼쪽 부분(좌변)에 무엇이 남아야 하는지를 결정하는 일을 하는 사람이다.

루크가 이어서 말했다.

"우리는 르브론 제임스를 모델링할 때, 그가 코트에서 주로 어디에 주로 있는지 강하게 방어당하고 있는지 그리고 그의 팀의 나머지 선수들이 어디에 있는지를 고려합니다. 그런 다음, 그 시점보다 몇 초 전에 있었던 모든 일은 중요하지 않다고 가정하지요. 대체로 이런 가정은 잘 작동합니다."

나는 루크에게 "오늘은 저 선수가 좀 날카롭지 않네요", "이 선수는 지금 불이 붙었네요" 같은 말을 하는 경기 해설자의 의견과 그의 가정이 어떻게 맞아떨어지는지 물었다. 그러자 루크는 "그런 말들은 편향에 불과합니다. 선수가 슛을 넣을 확률을 가장 잘 예측하는 것은 지난 다섯 번의 슛 평균이 아니라, 바로 그 시점에서 그의 위치와 상대 선수의 위치 그리고 선수로서의 전반적인 능력입니다"라고 말했다.

농구 경기에서 가장 중요한 질문 중 하나는 공격하는 선수가 3점 슛을 쏠 수 있는 위치에 있는 동료 선수에게 언제 3점 슛 라인^{arc} 밖에서 패스를 해야 하는가다(골대에 더 가까운 곳에서 쏘아 성공한 슛은 2점인 반면, 3점 라인 밖에서 쏘아 성공한 슛은 3점이다). 마르코프 가정은 루크가 NBA 시즌 전체를 컴퓨터 시뮬레이션으로 재생할 수 있게 해준다. 이런 '대체 현실' 시뮬레이션 중 하나에서 3점 슛 라인 안쪽의 가상 선수들은 3점 슛 위치로 패스를 하거나 드리블을 해야만 한다. 시뮬레이션 결과는 명확하다. 선수가 네트에 가까이 있지 않는 한, 3점 슛 라인 밖으로 공을 이동시켜 3점을 노리는 것이 더 좋다는 것이다.

여기서 선수로서의 제임스 하든의 진정한 가치가 드러난다. 하든은 르브론 제임스를 포함해 현재 NBA에서 50점 이상 득점한 경기가 가장 많은 선수다. 그는 주로 3점 슛을 통해 이 기록을 달성했다. 그는 3점 슛 라인 안으로 들어가는 척하다가 뒤로 물러서서 3점 슛을 쏘는 아름다운 움직임을 완벽히 익힌 선수다.

루크의 모델에 따르면, 제임스 하든이 속한 로케츠 팀의 3점 슛 시도는 수학적으로 완벽에 가장 가까웠다. 이는 그들의 총괄 매니저인 데릴 모리가 컴퓨터 과학과 통계학을 전공한 노스웨스턴대학교 졸업생이라는 사실을 생각하면 그리 놀랍지 않다. 또 다른 수학자가 루크보다 먼저 이 결론에 도달했던 것이었다. 하든은 이미 '모리볼$_{Moreyball}$'로 불리는 3점 슛 전략을 실행하고 있었던 것이다.

농구는 코트 위에서의 스포츠 경쟁인 동시에 코트 밖에서 이루어지는 수학적 사고의 전투가 된 지 오래다. 그 전투의 관건은 누가 가장 좋은 가정을 모델에 투입하는지다. 현재 루크는 마르코프 가정에 방어 압박과 슛 시계를 통합시키고 있다. 그는 전이 확률 텐서transition probability tensor라는 방법을 사용해, 시간이 줄어들수록 절박해지는 2점 슛을 던질 가치가 있는 시점을 계산한다. 루크의 전이 확률 텐서는 하든의 더미 스텝백 3점 슛만큼 화려하지는 않을 수 있지만, 그만큼 우아한 것만은 분명하다.

* * *

영화 〈머니볼〉에서 브래드 피트가 연기한 야구 코치 빌리 빈은 통계를 이용해 경기를 설계해 성과를 낸 가장 위대한 모험 중 하나를 보여준다. 이 이야기는 적은 예산을 가진 오클랜드 애슬레틱스라는 언더독 야구팀의 단장이 통계를 바탕으로 특이한 선수들로 팀을 구성한 과정을 다룬다. 그 팀은 20연승을 기록했다.

이 영화는 빈이 보스턴 레드삭스에서 고액 연봉 제안을 받지만 이를 거부하며 오클랜드 애슬레틱스에 남기로 결정하는 장면으로 끝난다. 이 결말은 매우 낭만적이지만, 오클랜드 애슬레틱스의 성공 이후 실제로 일어난 일과는 그리 일치하지 않는다. 빈은 전직 선수이지 통계학자나 경제학자가 아니다. 하지만 다른 야구 구단의 구단주들이 빈의 성공을 따라 하려 할 때, 그들이 찾은 것은 빈처럼 열린 마음을 가진 전직 프로 선수가 아니라 바로 수학자들이었다. 빈이 적용한 통계적 접근법의 창시자인 빌 제임스Bill James는 보스턴 레드삭스에서의 역할을 수락했고, 2003년부터 그들과 함께 일해왔다. 또한 레드삭스는 수학과 졸업생인 톰 티펫Tom Tippett을 야구 정보 서비스

이사로 임명했다.

통계를 기반으로 성공을 이룬 또 다른 팀은 탬파베이 레이스로, 2010년 하버드 비즈니스 스쿨의 운영 연구 조교수인 더그 피어링Doug Fearing을 고용했다. 더그가 그곳에서 일하는 동안 탬파베이 레이스는 메이저리그 베이스볼에서 가장 적게 연봉을 지급한 팀 중 하나였지만 디비전 시리즈에 세 번이나 진출했다.[2] 더그는 LA 다저스로 옮겨, 20여 명의 분석가를 이끌었다. 그중 일곱 명 이상이 통계학이나 수학에서 석사 또는 박사학위를 가진 사람들이었다. 그들은 방어 위치와 타순, 선수 계약 기간 등을 분석했다. 나는 더그가 2019년 2월에 LA 다저스를 떠나 자신의 스포츠 분석 회사를 시작한 직후 그에게 연락했다. 내가 처음으로 그에게 물어본 것은 그가 엄청난 야구 팬인지 여부였다.

"스포츠 분야에서 일하는 사람들과 비교하면 저는 그 정도는 아닐 것 같아요."

더그가 농담하듯 말했다.

"하지만 일반 대중과 비교하면 '확실히' 저는 엄청난 야구 팬이라고 할 수 있겠지요."

더그는 평생 다저스를 응원해왔고, 그 구단에서 일하면서 꿈의 직장이라는 생각을 했다고 말했다.

현대의 야구 분석은 스포츠에 관심이 있는 아마추어 통계학자들의 작업에 뿌리를 둔다. 내가 더그에게 머니볼 이론에 대해 물어보자, 그는 "오클랜드 애슬레틱스의 성공은 많은 부분이 폴 디포데스타Paul Depodesta(영화 〈머니볼〉에서 조나 힐의 캐릭터로 표현됨)가 이미 공공 영역에서 사용되던 방법들을 구단의 내부 의사결정에 적용한 덕분"

이라고 말했다.

더그는 성공적인 선수 경력을 가진 일반적인 매니저들이 점차 아이비리그 배경을 가진 대학 졸업생들과 데이터 이해도가 높은 사람들로 대체되고 있다고 설명했다.

"야구는 타자와 투수 간의 일대일 경기로 볼 수 있어요."

더그가 말했다.

"마르코프 가정이 많은 상황에서 잘 작동하는 이유가 바로 거기에 있는 겁니다."

야구는 마르코프 가정을 쉽게 적용할 수 있기 때문에 다른 스포츠보다 분석하기 쉽다. 수학자들이 야구 분야에서 빨리 자리를 잡게 된 이유가 바로 여기에 있다.

더그는 1960년대와 1970년대의 초기 야구 분석에 관한 고전적인 과학 논문들에 대해 열정적으로 이야기했다. 조지 R. 린지$^{George\ R.\ Lindsey}$는 1963년에 발표한 논문에서 통계 모델을 사용해 주자가 언제 도루를 시도해야 하는지, 수비 팀이 언제 내야 수비수들을 타자에 가깝게 배치해야 하는지에 답을 제시했다. 그의 마르코프 가정은 아웃된 선수 수와 베이스 간 주자의 배열이 경기의 상태라는 것이었다. 그는 1959년과 1960년 시즌의 6,399회 하프 이닝에 대해 그의 아버지인 찰스 린지$^{Charles\ Lindsey}$ 대령이 수집한 데이터를 기초로 모델을 테스트해 최적의 타격 및 수비 전략을 찾아냈다. 그의 논문은 '이 계산은 모든 선수가 '평균적인 수준'인 신화적 상황에 관한 것임을 다시 한번 강조한다'라는 말로 결론을 맺었다.[3]

이렇게 약간 과장된 정직함은 자신의 모델을 신화이자 유용한 것으로 보는 진정한 수학적 모델러의 특징이다. 가정의 정확한 보고는 결과의 정확한 보고만큼이나 중요하다.

이런 수학적 모델들은 대부분 경기장 밖에서 연구하는 사람들에 의해 발견됐다. 그들은 통계에 매료돼 이를 설명하고 싶어 하는 사람들이다. 스포츠에서 숫자의 힘이 인정받으면, 코드를 아는 사람들은 환영받고, 기술이 없는 사람들은 자리를 떠나게 된다. 야구에서는 이 전환이 완전히 이루어졌고, 농구에서는 진행 중이며, 축구에서는 이제 막 시작되고 있다. 루크는 로마에 있을 때, 최고의 선수들을 영입한 팀으로 리버풀 FC를 언급했다. 리버풀 FC는 빌 제임스를 보스턴 레드삭스에 데려온 미국 사업가 존 W. 헨리^{John W. Henry}가 소유하고 있다. 리버풀 FC는 이론물리학자 이언 그레이엄^{Ian Graham}을 영입해 선수 영입에 도움을 받았다. 그들이 2019년에 챔피언스리그에서 우승했을 때, 〈뉴욕 타임스〉는 그와 그의 동료 분석가이자 물리학자인 윌리엄 스피어먼^{William Spearman}과 그들의 역할에 대해 인터뷰했다.[4] 이 클럽은 인터뷰를 허락함으로써 팀을 발전시킨 공의 일부를 그들에게 돌릴 수 있게 됐다. 2018~2019 프리미어리그 챔피언인 맨체스터 시티 역시 대규모 데이터 분석 팀을 보유했으며, 우리가 이미 알고 있듯이 2019년 라리가 챔피언 FC 바르셀로나도 마찬가지다. 반면, 맨체스터 유나이티드와 같은 팀들은 아직 그 변화에 적응하지 못한 듯 보인다. 그들은 폴 포그바가 그들에게 실제로 얼마나 가치가 있는지 전혀 모르는 것 같다.

* * *

자신의 기술이든 타인의 기술이든 측정하려고 할 때는 가정을 명확히 해야 한다. 행동하기 전에 현재 상황이 무엇인지 그리고 행동 후 어떤 상태가 되는지를 결정해야 한다. 개선하고 싶은 특정 영역을 결정해보자. 예를 들어 수학을 더 배우고 싶거나 더 자주 달리기를 하고 싶을 수 있다. 그런 경우에 현재 자신이 어떤 위치에 있는지 자신에게 솔직해야 한다. 현재 자신이 어떤 방정식을 알고 어떤 방정식을 모르는지, 매주 몇 킬로미터를 달리는지 등을 알아야 한다. 그것이 바로 현재의 상태다. 이를 기록하고 성과를 개선하기 위해 노력해야 한다. 한 달 후, 다시 현재 위치를 점검해보자. 기술 방정식은 시작하기 전에 어떤 가정을 했는지에 대해 솔직해야 한다고 말한다. 다른 것을 달성하려고 했다고 실패를 정당화하지 말고, 인생의 다른 부분에서의 실패에 주의를 빼앗겼다는 이유로 자신의 성공을 과소평가하면 안 된다. 그러면서도, 계속하기 전에 가정을 재평가하는 것은 중요하다. 정말로 개선하고 싶은 것이 무엇인지 재평가해야 한다. 과거에 집착하지 말고, 마르코프 가정을 활용해 과거를 잊고 미래에 집중해야 한다.

루크 본과 이야기하면서 내가 개선해야 할 몇 가지 기술이 있다는 것을 깨달았다. 내가 미스터 '마이 웨이'와 대화할 때 더 인내심을 가져야 한다는 것이다. 이 장의 시작 부분에서 나는 미스터 '마이 웨이'를 희화화했지만, 사실 미스터 '마이 웨이'는 실질적인 경험과 추진력이 있는 사람이다. 그는 사람들과 잘 어울리고, 자신이 참여하는 스포츠를 잘 알고 사랑한다. 어떻게 하면 미스터 '마이 웨이'가 헛소리를 많이 하지 않도록 만들고, 모델과 데이터에 집중하게 할 수 있을까?

루크는 스카우팅 회의에서 한 스카우터가 "이 선수 어때?"라고 말하며 논의가 시작되는 경우가 많다고 말했다. 그런 상황에서 다른 스카우트가 "좋습니다"라고 대답하고, 또 다른 스카우터는 "이 선수는 최고입니다. 정말 잘해요"라고 말한다. 그러면 첫 번째 스카우터가 말한다.

"글쎄, 난 별로 마음에 안 드는데."

이런 상황에서 루크는 통계를 사용해 맥락을 제공하려고 한다. 그는 세 번째 스카우터에게 "당신은 이 선수를 11월 22일에 봤고, 통계에 따르면 그는 그날 인생 최고의 경기를 했어. 그러니까…"라고 말한다.

그 이후부터 논의는 새로운, 즉 정보에 더 많이 기초한 방향으로 나아갈 수 있다. 아마 그들은 함께 선수의 영상을 보고 그 영상에서 보이는 플레이가 그 선수의 실력을 어느 정도 나타내는지 논의할 수 있을 것이다.

루크는 스포츠 분야에서 일하기 시작하면서 스포츠 구단의 직원들의 개방성에 깊은 감명을 받았다고 했다. 그가 만나는 모든 스카우터는 구할 수 있는 모든 정보를 구하려고 노력하는 사람들이었다. 그들에게는 수학자들처럼 데이터에 대한 갈망이 있다. 루크는 이런 데이터들을 기초 모델의 형태로 구조화하는 방법을 스카우터들에게 제공하려고 노력한다.

"우리는 이렇게 구축한 모델이 정확하게 무엇을 말하는지 솔직하게 이야기합니다. 우리는 모든 가능성에 대해 논의하면서 스카우터들에게 우리가 세운 가정에 대해 이야기하지요. 이런 것들이 스카우터들이 하는 논의의 기초가 됩니다."

루크는 조직의 나머지 구성원들에게 통계 요약, 차트, 신문 기사

등 필요한 모든 정보를 제공한다. 그는 지식에 대한 사람들의 의존 여부를 둘러싼 논의에서 자주 사용되는 '데이터'라는 단어를 사용하지 않으려고 한다. 대신 그는 자신을 정보 제공자로 본다. 루크는 "누구나 정보를 더 많이 얻고 싶어 하지요"라고 말했다.

나는 그가 스스로를 자원으로 본다는 점이 흥미로웠고, 그가 스카우터들에게 말을 할 때 자신을 그들보다 낮춘다는 생각이 들었다. 이런 내 생각을 말하자 루크가 말했다.

"어쩌면 그런 면이 있을지도 몰라요. 저는 킹스에서 제가 가장 똑똑한 사람이 될 필요가 없다고 생각합니다. 그보다 저는 다른 모든 사람을 더 똑똑하게 만드는 사람이 되고 싶습니다."

이런 겸손함은 내가 만난 수많은 응용수학자와 통계학자들의 특징이다.

데이비드 콕스와의 대화가 문득 떠올랐다. 그는 나와 천재라는 개념에 대해 토론하면서 매우 신중한 모습을 보였다. 그는 "나는 천재라는 말을 쓰지 않습니다. 그 말에는 너무 강한 의미가 있기 때문이에요"라고 말했다. 그는 잠시 생각에 잠기더니 말을 이어나갔다.

"나는 로널드 피셔를 제외하면 사람들이 '천재'라고 말하는 것을 들어본 적이 없는 것 같습니다."

그는 현대 통계학의 아버지로 널리 알려진 케임브리지대학교의 통계학자를 말하는 것이었다. 이어서 그는 "게다가 피셔를 천재라고 말했을 때도 아마 사람들은 그 천재라는 말을 약간 비꼬는 의미로 사용했을 겁니다. 너무 영국적인 생각일 수도 있겠지만, 나는 천재라는 단어가 너무 과한 단어라고 봅니다"라고 말했다. 그러면서 그는 천재라고 부르려면 피카소, 모차르트, 베토벤 정도는 돼야 한다고 덧붙였다.

일반적으로 '천재'라는 말은 수학의 응용과 관련돼 사용된다. 물리학자 알버트 아인슈타인, 경제학자 존 내시$^{John\ Nash}$, 컴퓨터 과학자 앨런 튜링 같은 사람들이 전형적인 예다. 하지만 이들의 업적은 엄청남에도 불구하고, 천재라는 말로는 이들의 업적에 대해 제대로 설명할 수 없다. 천재라는 말은 그 말로 묘사되는 사람에게 다른 사람들이 접근하기 어렵게 만들고, 그 말을 듣는 수학자를 미스터 '마이웨이', 즉 자신이 다른 사람보다 똑똑하다고 여기게 만든다.

FC 바르셀로나에는 천재들이 있다. 그 천재들은 리오넬 메시, 세르히오 부스케츠, 사무엘 움티티 같은 선수들이다. 그들은 우리가 결코 보지 못할 것을 보는 사람들이다. 그들이 하는 일은 다른 사람들이 결코 흉내 낼 수 없는 예술이 된다.

TEN의 구성원들은 천재가 아니다. 우리는 반복 가능하고 측정 가능한 아이디어를 생산할 뿐이다. 우리는 데이터를 정리하고 조직하며, 난센스를 제거하며, 모델을 제공한다. 그리고 최고의 상태일 때 우리는 모습을 드러내지 않는다.

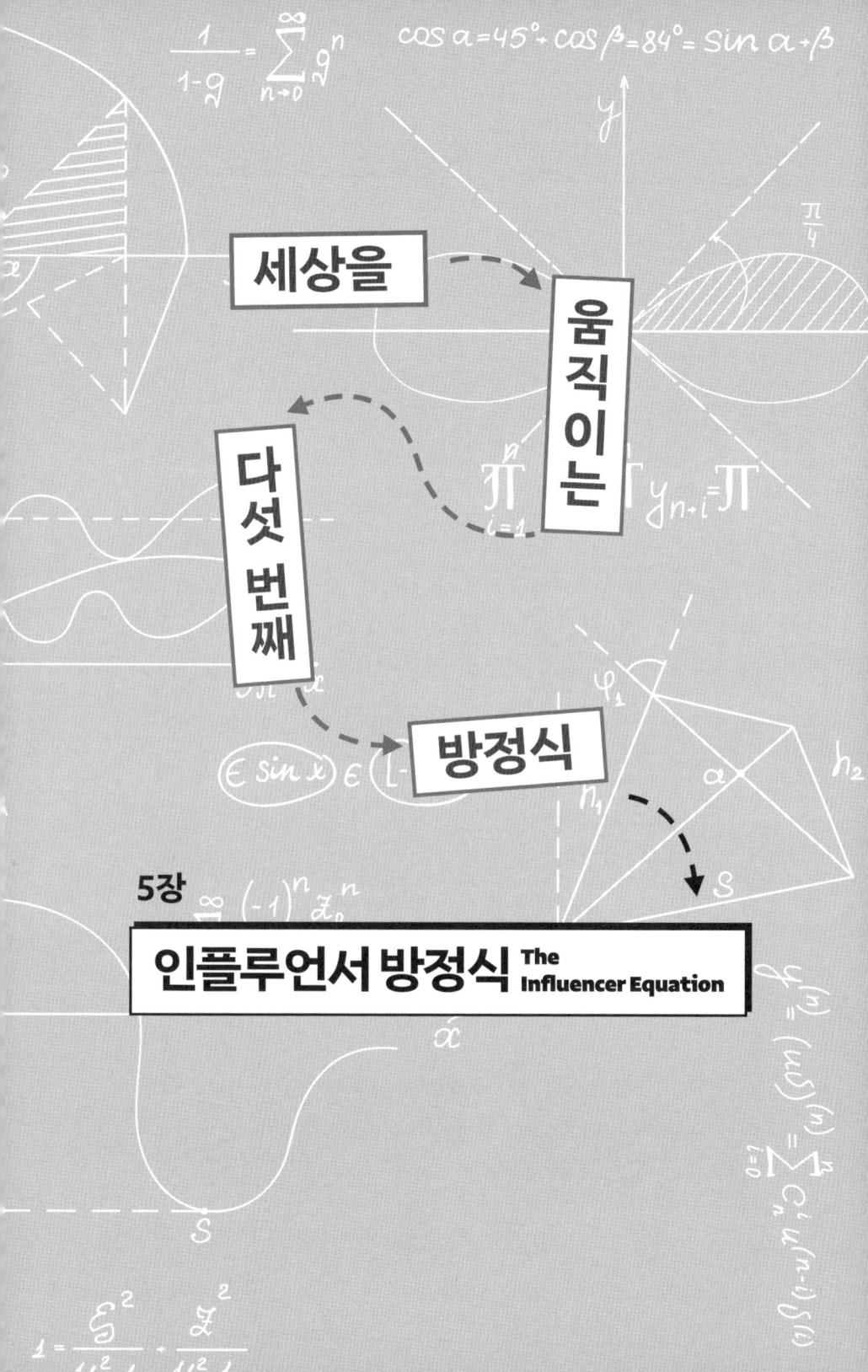

$$A \cdot \rho_\infty = \rho_\infty$$

 당신이 다른 사람이 아닌 바로 당신일 가능성에 대해 생각해본 적이 있는가? 내가 지금 말하는 것은 디즈니랜드에 가본 적이 있거나 또는 없거나, 영화 〈스타워즈〉를 본 적이 있거나 없는 정도의 차이가 있는 사람이 아니다. 지금 나는 완전히 다른 사람, 가령 다른 나라 또는 다른 시대에 태어난 사람을 말하고 있다.
 지구의 인구는 거의 80억 명이다. 이는 당신이 지금의 당신일 확률이 80억 분의 1임을 뜻한다. 영국 국립 복권의 경우, 1~49까지 숫자가 적힌 공 중 뽑힌 여섯 개의 공에 적힌 숫자를 모두 맞춰 1등에 당첨될 확률이 약 1,400만 분의 1이다. 그렇다면 이 복권 한 장이 1등에 당첨될 확률은 당신이 당신이 될 확률보다 570배나 더 높다.
 나는 매일 무작위로 다른 사람으로 깨어나게 되는 세계를 상상해보곤 한다. 하지만 위의 계산에 따르면, 이틀 연속 같은 사람으로 깨어날 가능성은 거의 없다고 봐야 한다. 그 확률도 80억 분의 1이기 때문이다. 그렇다면 이 세계에서 우리가 잠들었던 도시와 같은 도시에서 깨어날 확률은 얼마나 될까?

내가 사는 스웨덴 웁살라 시 인구는 약 20만 명이다. 전 세계에 있는 도시의 수를 생각하면, 내가 내일도 웁살라에서 깨어날 확률은 4만 분의 1에 불과하다. 하지만 만약 내가 앞으로 50년 동안 매일 아침 무작위로 다른 사람으로 깨어난다면, 어떤 한 시점에서 웁살라에서 깨어날 확률은 약 50%다. 이 경우 결국 내가 다시 웁살라에서 깨어날 확률은 동전 던지기의 확률과 같다고 할 수 있다.

이런 식으로 매일 무작위로 다른 사람으로 계속 깨어난다면 나는 런던에서 하루, 로스앤젤레스에서 하루를 2년에 한 번씩 보내게 될 것이다. 뉴욕, 카이로, 뭄바이는 거의 매년 하루씩 방문할 수 있을 것이다.[1] 인구가 3,800만 명인 도쿄권(사이타마현, 지바현, 도쿄도, 가나가와현)에서는 1년에 거의 두 번씩 깨어나게 될 것이다. 특정 도시에서 깨어날 확률은 작지만, 인구가 밀집된 도시 지역에서 깨어날 가능성은 시골에서 깨어날 확률보다 높다. 내가 깨어날 가능성이 가장 높은 곳은 중국이고, 그다음이 인도다. 만약 이렇게 무작위적이고 혼란스러운 신체 점유 여행에서 어떤 안정감을 찾을 수 있다면, 그것은 이 두 나라에서 찾을 수 있을 것이다. 이 두 나라의 인구를 합치면 28억 명이나 되기 때문이다. 나는 주당 약 이틀 반을 이 두 나라에서 살게 될 것이다. 아프리카에서는 평균적으로 한 주에 한 번 깨어나게 될 것이고, 미국에서는 한 달에 한 번 조금 넘게 깨어나게 될 것이다. 다시 시작점으로 돌아올 가능성이 거의 없는 이 여행은 내가 매우 독특하고 특별한 존재인 동시에 너무나 하찮은 존재라는 생각을 하게 만든다.

이제 내가 세계 인구 중 한 사람으로 깨어나는 대신, 인스타그램에서 내가 팔로우하는 사람 중 한 명으로 깨어난다고 상상해보자. 나는 이 이미지 공유 소셜 네트워크를 많이 사용하는 편이 아니라서 나를 팔로우한 몇몇 친구들만 팔로우하고 하고 있다. 그렇기 때문에 나는 학교 친구들이나 대학에서 함께 일하는 동료들 중 한 명으로 깨어나게 될 것이다. 나는 하루 동안 그들의 몸을 차지하고, 그들이 되는 게 어떤 건지 알게 되고, 아마도 그들 중 한 명이 되기 전의 나에게 메시지를 보내고, 그들의 침대에서 하룻밤을 보낸 후, 그들이 팔로우하는 사람 중 무작위로 선택된 또 다른 사람으로 깨어날 것이다.

어쩌면 다시 데이비드 섬프터로 깨어날 수도 있을 것이다. 일반적으로 인스타그램 사용자들은 100명에서 300명 사이의 사람들을 팔로우하는 경향이 있고, 내가 팔로우하는 모든 사람이 나를 팔로우하므로(맞팔 관계) 내가 다시 나 자신으로 깨어날 확률은 약 200분의 1 정도라고 생각하는 것이 합리적이다. 내가 다시 나 자신이 되든 아니든, 나는 내가 사회에서 만난 사람들, 친구의 친구들 그리고 나와 문화적 배경이 비슷한 사람들 중 한 명이 돼 며칠을 보낼 확률이 매우 **높다**.

그러던 중 내 인생을 영원히 바꾸는 일이 발생한다. 크리스티아누 호날두로 깨어나게 되는 일이다. 꼭 호날두가 아니라도, 카일리 제너Kylie Jenner(미국의 유명 모델이자 방송인 – 옮긴이), 드웨인 존슨, 아니면 아리아나 그란데로 깨어날 수도 있을 것이다. 어떤 유명인으로 깨어날지는 알 수 없지만, 스타로 깨어날 것은 거의 확실하다. 이 여행을 시작한 지 일주일 정도면 나는 인스타그램에서 가장 널리 알려진 사람 중 한 명이 될 것이다. 이러한 유명인들은 수억 명의 팔로워를 가지고 있기 때문에 내가 그 유명인 중 한 명이 되는 순간 나도 그 수많은 팔로워를 가지게 될 것이다.

나는 이 유명인들의 세계에 일주일 또는 더 오랜 기간 동안 머물 가능성이 매우 높다. 크리스티아누 호날두는 드레이크, 노박 조코비치, 스눕독, 스테픈 커리를 팔로우하고 있어서 나는 스포츠 스타와 래퍼 사이를 오가게 된다. 또한 나는 드레이크에서 퍼렐 윌리엄스로 그리고 마일리 사이러스로 이동할 것이고, 마일리 사이러스는 윌로 스미스와 젠데이아로 나를 이끌 것이다. 그렇게 나는 이제 음악 아티스트와 영화 스타들의 세계도 자유롭게 누빌 것이다.

하지만 2주 정도 유명인으로 지내고 나면 나는 또 다른 변신, 어쩌면 스눕독으로 깨어나는 것보다 더 극적인 변신을 겪게 될 수도 있다. 이를테면, 전날 액션 영화 촬영을 마친 드웨인 '더 록' 존슨의 학교 친구로 깨어날 수도 있다. 그 상황에서 나는 내가 길을 잃었으며 다시 데이비드 섬프터가 될 가능성은 거의 없다는 끔찍한 사실을 깨닫게 될 것이다. 그러다가 나는 다시 유명인들의 세상으로 돌아가 스타들과 함께 시간을 보내고 반쯤 벗은 몸의 사진을 인스타그램에 올리게 될 것이다. 이 시기에 나는 B급 유명인으로 살다가 가끔 평범한 사람으로 다시 깨어나 잠깐 살다가 다시 유명인의 세계로 돌아가는 일을 반복하게 될 것이다.

내가 내일 다시 나 자신이 될 확률은 극도로 낮다. 1조 분의 1이거나 그보다 더 작을 수도 있다. 이런 무작위 인스타그램 여행은 거의 대부분 유명인의 몸으로 떠나는 여행일 것이기 때문이다.

* * *

21세기의 가장 중요한 방정식은 다음과 같다.

$$A \cdot \rho_\infty = \rho_\infty$$

(방정식 5)

로지스틱 회귀 방법으로 벌 수 있는 수십억 달러는 아무것도 아니다. 이 방정식은 아마존, 페이스북, 인스타그램 같은 조 단위 기술 기업의 기초이기 때문이다. 이 방정식은 모든 인터넷 비즈니스의 핵심에 자리 잡고 있다. 이 방정식은 슈퍼스타를 만들어내고, 일상적이고 사소한 모든 것들을 통제할 힘을 가졌다. 이 방정식은 인플루언서를 만들고, 소셜 미디어의 여왕과 왕을 옹립할 수 있다. 또한 이 방정식은 사람들이 끊임없이 주목받고 싶어 하고, 자기 이미지에 집착하게 만드는 이유이며, 패션과 유명인에 대한 흥미와 좌절감을 유발하기도 한다. 사람들이 광고가 넘쳐나는 광대한 바다에서 길을 잃는 이유도 바로 이 방정식에 있다. 이 방정식은 온라인 세상의 모든 부분을 형성하기 때문이다.

이 방정식의 이름은 인플루언서 방정식이다.

여러분은 이 방정식이 이렇게 중요하기 때문에 이해하기 어려우리라고 생각할 수 있다. 하지만 전혀 그렇지 않다. 나는 방금 호날두, 드웨인 존슨, 윌로 스미스로 내가 변신했다고 상상하면서 이미 이 방정식에 대해 설명했다. 지금 우리가 해야 할 일은 기호 A(연결성 행렬connectivity matrix이라고 불림)와 ρ_t(시점 t에서 소셜 네트워크의 각 사람으로 깨어날 확률을 나타내는 벡터)를 우리가 방금 다녀온 세계 인구 여행과 연결하는 것이다.

연결성 행렬을 시각화하기 위해, 행과 열이 사람의 이름인 스프레드시트를 상상해보자. 이 스프레드시트의 셀은 내일 다른 사람으로 깨어날 확률을 나타낸다. 나, 드웨인 존슨, 셀레나 고메즈 그리고 내가 한 번도 이름을 들어본 적 없는 두 사람인 왕팡과 리웨이, 이렇게 다섯 명만 이 세상에 산다고 가정해보자. 내가 첫 번째 사고실험에서 했던 것처럼 매일 무작위로 다른 사람으로 깨어난다고 가정하면, 행렬 A는 다음과 같은 모습일 것이다.

$$A = \begin{pmatrix} & DS & TR & SG & WF & LW \\ & 1/5 & 1/5 & 1/5 & 1/5 & 1/5 \\ & 1/5 & 1/5 & 1/5 & 1/5 & 1/5 \\ & 1/5 & 1/5 & 1/5 & 1/5 & 1/5 \\ & 1/5 & 1/5 & 1/5 & 1/5 & 1/5 \\ & 1/5 & 1/5 & 1/5 & 1/5 & 1/5 \end{pmatrix} \begin{matrix} DS\ 데이비드\ 섬프터(나) \\ TR\ 드웨인\ 존슨 \\ SG\ 셀레나\ 고메즈 \\ WF\ 왕팡 \\ LW\ 리웨이 \end{matrix}$$

행렬의 행과 열에 붙은 레이블은 이 세계에 사는 다섯 사람의 이니셜이다. 매일 나는 내가 현재 몸을 점유하고 있는 사람의 열을 들여다본다. 각 행에 표시된 값은 내가 내일 그 행이 표시하는 사람이 될 확률을 나타낸다. 이 행렬 안 모든 항목의 값이 1/5인 이유는 내일 내가 다섯 명 중 한 명(나 자신 포함)으로 변할 수 있다는 사실을 나타낸다.

반면에 내가 두 번째 사고실험에서 했던 것처럼 인스타그램에서 팔로우한 사람으로 깨어난다고 가정한다면, 행렬 A는 다른 형태를 띨 것이다. 여기서 상황을 좀 더 흥미롭게 만들기 위해, 드웨인 존슨이 수학 문제를 풀다 막혀 나를 인스타그램에서 팔로우하기로 했다고 가정해보자. 그리고 셀레나 고메즈가 콘서트를 하다가 왕팡과 리웨이를 만나서 그들이 귀여워 보인다고 생각하고(왕팡과 리웨이는 커플이다), 그들을 팔로우했다고 가정해보자. 물론 모든 사람은 셀레나 고메즈와 드웨인 존슨을 팔로우하는 상태다. 그렇다면 행렬은 다음과 같은 모습을 띨 것이다.

$$A = \begin{pmatrix} & DS & TR & SG & WF & LW \\ 0 & 1/2 & 0 & 0 & 0 \\ 1/2 & 0 & 1/3 & 1/3 & 1/3 \\ 1/2 & 1/2 & 0 & 1/3 & 1/3 \\ 0 & 0 & 1/3 & 0 & 1/3 \\ 0 & 0 & 1/3 & 1/3 & 0 \end{pmatrix} \begin{matrix} DS \\ TR \\ SG \\ WF \\ LW \end{matrix}$$

내가 데이비드 섬프터일 때, 내가 내일 될 수 있는 사람은 셀레나 고메즈나 드웨인 존슨 두 명뿐이다. 그래서 내 열의 각 항목에는 1/2의 확률이 있다. 드웨인 존슨도 마찬가지고, 나머지 사람들은 각각 세 명으로 변신할 수 있다. 행렬의 대각선에 있는 0들은 우리가 이틀 연속으로 같은 사람이 될 수 없음을 뜻한다. 우리는 자기 자신을 팔로우하지 않기 때문이다.

내가 이 모델을 만들기 위해 마르코프 가정(4장의 방정식 4)을 사용했다는 사실에 주목하길 바란다. 즉, 나는 이틀 전의 내가 누구였는지가 내일 누가 될지에 영향을 미치지 않는다고 가정했다. 사실 행렬 A는 마르코프 체인이라고도 부를 수 있다. 행렬 A는 사건의 다음 단계가 현재 사건에만 의존함을 알려주기 때문이다.

이제 우리는 A 체인을 따라가며 하루하루의 단계를 기록하기 시작한다. 첫 번째 아침, 내가 데이비드 섬프터로 깨어났다고 가정하면, 내가 내일 누가 될지를 다음과 같이 계산할 수 있다.

$$\begin{array}{c} \begin{matrix} DS & TR & SG & WF & LW \end{matrix} \\ \begin{pmatrix} 0 & 1/2 & 0 & 0 & 0 \\ 1/2 & 0 & 1/3 & 1/3 & 1/3 \\ 1/2 & 1/2 & 0 & 1/3 & 1/3 \\ 0 & 0 & 1/3 & 0 & 1/3 \\ 0 & 0 & 1/3 & 1/3 & 0 \end{pmatrix} \end{array} \cdot \begin{array}{c} 1일째 \\ \begin{pmatrix} 1 \\ 0 \\ 0 \\ 0 \\ 0 \end{pmatrix} \end{array} = \begin{array}{c} 2일째 \\ \begin{pmatrix} 0 \\ 1/2 \\ 1/2 \\ 0 \\ 0 \end{pmatrix} \begin{matrix} DS \\ TR \\ SG \\ WF \\ LW \end{matrix} \end{array}$$

행렬의 곱셈에 대해서는 이 책의 미주에 자세하게 설명돼 있다.[2] 여기서는 일단 등호 양쪽에 있는 두 개의 숫자 열에 주목해보자. 이 열들은 벡터라고 부르며, 벡터의 각 행에는 특정한 날에 내가 특정 인물일 확률을 나타내는 0과 1 사이의 숫자가 들어 있다. 1일째에 나는 데이비드 섬프터이므로 내 행은 1이고, 다른 모든 사람은 0이다. 2일째에 나는 셀레나 고메즈나 드웨인 존슨 중 한 명이 되므로, 벡터에는 그들의 확률인 1/2이 들어가고, 다른 모든 사람은 0이다.

3일째부터는 상황이 더 재미있어진다. 행렬은 다음과 같은 모습이 될 것이다.

$$\begin{array}{c} \begin{matrix} DS & TR & SG & WF & LW \end{matrix} \\ \begin{pmatrix} 0 & 1/2 & 0 & 0 & 0 \\ 1/2 & 0 & 1/3 & 1/3 & 1/3 \\ 1/2 & 1/2 & 0 & 1/3 & 1/3 \\ 0 & 0 & 1/3 & 0 & 1/3 \\ 0 & 0 & 1/3 & 1/3 & 0 \end{pmatrix} \end{array} \cdot \begin{array}{c} 2일째 \\ \begin{pmatrix} 0 \\ 1/2 \\ 1/2 \\ 0 \\ 0 \end{pmatrix} \end{array} = \begin{array}{c} 3일째 \\ \begin{pmatrix} 1/4 \\ 1/6 \\ 1/4 \\ 1/6 \\ 1/6 \end{pmatrix} \begin{matrix} DS \\ TR \\ SG \\ WF \\ LW \end{matrix} \end{array}$$

나는 지구에 사는 다섯 사람 중 누구든 될 수 있다. 데이비드 섬프터나 셀레나 고메즈가 될 가능성이 더 높긴 하지만, 1/6의 확률로 드웨인 존슨이나 셀레나 고메즈의 중국인 팬 중 한 명이 될 수도 있다. 이제 다시 곱셈을 해서 내가 4일째에 누가 될 가능성이 있는지 알아보자.

$$\begin{matrix} & DS & TR & SG & WF & LW \\ \end{matrix}$$
$$\begin{pmatrix} 0 & 1/2 & 0 & 0 & 0 \\ 1/2 & 0 & 1/3 & 1/3 & 1/3 \\ 1/2 & 1/2 & 0 & 1/3 & 1/3 \\ 0 & 0 & 1/3 & 0 & 1/3 \\ 0 & 0 & 1/3 & 1/3 & 0 \end{pmatrix} \cdot \begin{pmatrix} 1/4 \\ 1/6 \\ 1/4 \\ 1/6 \\ 1/6 \end{pmatrix}_{3일째} = \begin{pmatrix} 6/72 \\ 23/72 \\ 23/72 \\ 10/72 \\ 10/72 \end{pmatrix}_{4일째} \begin{matrix} DS \\ TR \\ SG \\ WF \\ LW \end{matrix}$$

이제 우리는 유명인들이 더 중심적인 역할을 차지하는 것을 보게 된다. 4일째 벡터의 값을 읽어보면, 내가 드웨인 존슨이나 셀레나 고메즈일 확률이 23/72로, 데이비드 섬프터일 확률인 6/72의 거의 네 배에 해당한다.

연결성 행렬 A로 곱할 때마다 우리는 하루씩 미래로 나아가게 된다. 내가 이 여행을 하면서 궁금한 점은 장기적으로 볼 때 내가 이 다섯 사람 중 각각의 사람이 돼 지내는 시간이 얼마나 되는지다.

이 질문에 대한 답은 방정식 5가 제공한다. 이해가 쉽도록, 숫자가 들어 있는 행렬과 벡터를 기호로 바꿔보자. 앞에서 행렬을 A로 표시했던 사실이 기억날 것이다. 이제 벡터를 ρ_i와 ρ_{i+1}이라고 부르면, 앞의 행렬을 훨씬 더 간결한 형태로 다음과 같이 다시 쓸 수 있다.

$$A \cdot \rho_t = \rho_{t+1}$$

ρ_t는 시간 t에서 소셜 네트워크의 각 사람으로 깨어날 확률을 나타내는 벡터다. 우리는 지난 장에서 했던 것처럼, 아래첨자를 사용해 시간을 나타낸다. 지금까지 우리가 다루었던 내용을 정리하면 다음과 같다.

$$\rho_1 = \begin{pmatrix} 1 \\ 0 \\ 0 \\ 0 \\ 0 \end{pmatrix}, \rho_2 = \begin{pmatrix} 0 \\ 1/2 \\ 1/2 \\ 0 \\ 0 \end{pmatrix}, \rho_3 = \begin{pmatrix} 1/4 \\ 1/6 \\ 1/4 \\ 1/6 \\ 1/6 \end{pmatrix} \text{ and } \rho_4 = \begin{pmatrix} 6/72 \\ 23/72 \\ 23/72 \\ 10/72 \\ 10/72 \end{pmatrix} \begin{matrix} \text{DS} \\ \text{TR} \\ \text{SG} \\ \text{WF} \\ \text{LW} \end{matrix}$$

이제 우리는 방정식 5에 도달했다. 앞에서 소개한 방정식을 다시 써보자. 너무 앞에서 다룬 터라 잊어버렸을지도 모르니 말이다.

$$A \cdot \rho_\infty = \rho_\infty$$

우리는 앞의 방정식에서 t와 $t+1$을 모두 무한대 기호인 ∞로 바꿨다. 이렇게 함으로써, 우리는 시간이 무한히 흐르면 t와 $t+1$의 차이가 없다는 것을 나타낼 수 있다. 잠시 이 점에 대해 생각해보자. 여기서 중요한 것은 우리가 무한하게 계속되는 날들 동안 몸을 바꿨다면, 한 번 더 몸을 바꾸는 일은 중요하지 않다는 것이다. 시간이 무한히 흐르면, 특정 인물로 존재할 확률은 같아지고, 이는 ρ_∞로 표시할 수 있다. 여기서 ρ_∞는 정적분포^{stationary distribution}라고 부르는데, 이는 각 상태에서의 시간, 즉 각 사람의 몸에 있는 시간이 흐르면서 초기의 나는 잊힌다는 뜻이다.

방정식 5는 내가 먼 미래의 어느 날 특정 인물로 깨어날 확률을 제공한다. 이제 이 방정식을 푸는 일만 남았다. 내가 현재 살고 있는 다섯 사람의 우주에서는 다음과 같은 결과를 얻을 수 있다.

$$\begin{pmatrix} 0 & 1/2 & 0 & 0 & 0 \\ 1/2 & 0 & 1/3 & 1/3 & 1/3 \\ 1/2 & 1/2 & 0 & 1/3 & 1/3 \\ 0 & 0 & 1/3 & 0 & 1/3 \\ 0 & 0 & 1/3 & 1/3 & 0 \end{pmatrix} \cdot \begin{pmatrix} 8/60 \\ 16/60 \\ 18/60 \\ 9/60 \\ 9/60 \end{pmatrix} = \begin{pmatrix} 8/60 \\ 16/60 \\ 18/60 \\ 9/60 \\ 9/60 \end{pmatrix} \begin{matrix} \text{DS} \\ \text{TR} \\ \text{SG} \\ \text{WF} \\ \text{LW} \end{matrix}$$

등호의 왼쪽과 오른쪽에 있는 두 벡터가 같고, 그 요소의 합이 1이라는 점에 주목해보자. 이는 내가 전이행렬$^{\text{transition matrix}}$ A로 몇 번 곱하든 같은 결과를 얻는다는 것을 뜻한다. 이것들은 장기적으로 내가 각 인물이 될 확률이다.

그렇다면 결론은 내가 데이비드 섬프터로 깨어날 확률보다 드웨인 존슨으로 깨어날 확률이 두 배 높고, 셀레나 고메즈로 깨어날 확률은 훨씬 더 높다는 것이다. 또한, 나는 데이비드 섬프터보다 왕팡과 리웨이로 깨어날 확률이 조금 더 높다. 우리는 이 확률을 뒤집어 생각함으로써 각 인물의 몸에서 얼마나 많은 시간을 보낼지를 알 수 있다.

60일은 약 두 달이므로, 정적분포는 내가 그중 8일은 데이비드 섬프터로, 16일은 드웨인 존슨으로, 18일은 셀레나 고메즈로 그리고 각각 9일은 왕팡과 리웨이로 보낼 것이라고 알려준다. 시간이 무한하게 흐르면서 나는 인생의 절반 이상을 유명인으로 보내게 될 것이다.

* * *

우리가 매일 아침 다른 사람의 침대에서 깨어날 일은 결코 없다. 하지만 인스타그램은 서로의 삶을 엿볼 기회를 제공한다. 인스타그램에 올라간 모든 사진은 내가 팔로우하는 사람이 사는 순간을 보여주며, 잠깐 동안 우리로 하여금 다른 사람이 되는 경험을 하게 만든다.

엑스(옛 트위터), 페이스북, 스냅챗 또한 우리가 정보를 퍼뜨리고, 우리를 팔로우하는 사람들이 느끼고 생각하는 방식에 우리로 하여금 영향을 미치게 만든다. 정적분포 ρ_∞는 이러한 영향을 측정하는데, 단순히 누가 누구를 팔로우하는지를 측정하는 것을 넘어서, 아이디어나 밈이 사용자 간에 얼마나 빠르게 퍼지는지를 나타낸다. ρ_∞의 값이 큰 사람들은 더 영향력이 크고 밈을 더 빠르게 퍼뜨린다. 반면에 ρ_∞의 값이 낮은 사람들은 영향력이 작다. 인터넷 대기업들이 방정식 5, 즉 인플루언서 방정식을 매우 가치 있게 여기는 이유가 바로 여기에 있다. 이 방정식은 이런 기업들에게 네트워크에서 가장 중요한 사람들이 누구인지 알려주지만, 막상 이런 기업들은 이 사람들이 실제로 누구인지, 혹은 이 사람들이 무엇을 하는지에 대해서는 아무것도 모른다. 사람들이 미치는 영향을 측정하는 것은 단지 행렬대수의 문제이며, 이는 컴퓨터가 무비판적으로 수행하기 때문이다.

인플루언서 방정식이 온라인에서 사용된 최초의 사례는 21세기

초 구글의 페이지랭크^{PageRank} 알고리즘 구축이다. 구글은 사용자가 방문한 사이트에서 링크를 무작위로 클릭한다고 가정하고 웹 사이트의 정적분포를 계산했다. ρ_∞ 값이 높은 사이트는 검색 결과에서 더 높은 위치에 배치됐다. 같은 시기에 아마존도 사업을 위해 연결성 행렬 A를 구축하기 시작했다. 책, 장난감, 영화, 전자제품 등 함께 구매된 제품들이 행렬 안에서 연결됐다. 아마존은 행렬에서 강한 연결을 식별함으로써 사용자에게 '이 제품을 구매한 고객이 구매한 다른 제품'을 추천할 수 있었다. 엑스는 네트워크의 정적분포를 사용해 누구를 팔로우해야 하는지를 찾고 제안한다. 페이스북도 뉴스 공유에 같은 아이디어를 사용했으며, 유튜브는 비디오 추천에 이를 활용했다. 시간이 지나면서 이 접근 방식은 계속 발전하면서 추가적인 세부 정보가 추가됐지만, 소셜 미디어에서 인플루언서를 찾기 위한 기본 도구는 여전히 연결성 행렬 A와 그 정적분포 ρ_∞이다.

지난 20년 동안 이는 예상치 못한 결과로 이어졌다. 처음에는 영향력을 측정하기 위해 설정된 시스템이 이제는 영향력을 창출하는 역할로 진화했다. 인플루언서 방정식에 기반한 알고리즘은 소셜 미디어 피드에서 어떤 게시물이 두드러져야 하는지를 결정한다. 인기 있는 사람일수록 더 많은 사람이 그 사람의 소식을 듣고 싶어 하므로, 결과적으로는 끝없는 피드백 루프가 형성된다. 한 사람의 영향력이 더 클수록 알고리즘은 그들을 더 두드러지게 하며, 그들의 영향력은 더욱 커지게 되는 것이다.

인스타그램에서 일했던 한 사람은 회사 창립자들이 처음에는 비즈니스를 위해 알고리즘과 수학을 사용하는 것에 대해 매우 주저했다며 "그들은 인스타그램을 매우 틈새적이고 예술적인 플랫폼으로 보았고, 알고리즘을 비인간적이라고 생각했어요"라고 말했다. 창업자들은 처음에 인스타그램 플랫폼을 가까운 친구들 간의 사진 공유를 위한 것이라고만 생각했다는 이야기다. 하지만 메타(페이스북의 모회사)가 인스타그램을 인수하면서 모든 것이 변했다. 그는 "지난 몇 년 동안 이 플랫폼은 급격히 달라졌어요. 이제 사용자의 1%가 전체 팔로워의 90% 이상을 가지고 있어요"라고 말했다.

인스타그램은 사용자가 친구들만 팔로우하도록 장려하는 대신, 소셜 네트워크에 관련된 인플루언서 방정식을 풀어냈다. 가장 인기 있는 계정을 홍보하기 시작한 것이다. 그러면서 피드백이 시작됐고, 유명인 계정은 점점 더 성장했다. 그 과정에서 인스타그램도 10억 명 이상의 사용자를 가진 플랫폼으로 성장했다. 인스타그램이 인플루언서 방정식을 사용하게 되자, 이전의 모든 소셜 미디어 플랫폼처럼 그 인기도 폭발적으로 증가했다.

* * *

소셜 네트워크를 구축하는 데 사용된 수학은 이런 응용 프로그램이 가능해지기 훨씬 이전에 이미 만들어졌다. 인플루언서 방정식은 구글이 발명한 것이 아니며, 그 기원은 마르코프로 거슬러 올라간다. 마르코프는 상태의 사슬chain of states을 바라보는 방법으로 자신의 가정을 만들었다. 여기서 각각의 새로운 상태는 바로 이전 상태에만 의존한다. 이 가정은 나의 무작위 인스타그램 여행에서 적용된 바로 그 가정이다.

방정식 5를 풀면서 다섯 사람의 온라인 세계를 다루었을 때, 나는 조금 게을렀다. 나는 벡터 ρ_t를 행렬 A와 반복적으로 곱해 더 이상 변하지 않을 때까지 계산함으로써, 장기적으로 각 인물로 보낼 수 있는 시간을 계산했다. 그렇게 해서 ρ_∞를 알게 됐다. 이 방법으로 결국 정답을 얻을 수 있었지만, 별로 우아하지는 않다. 구글이 사용하는 방법도 이 방법이 아니다. 100여 년 전에 오스카 페론$^{Oskar\ Perron}$과 게오르크 프로베니우스$^{Georg\ Frobenius}$라는 두 수학자는 모든 마르코프 체인 A에 대해 유일한 정적분포 ρ_∞가 존재한다는 것을 증명했다. 따라서 소셜 네트워크의 구조와 관계없이, 우리는 사람들이 무작위로 이동할 때 각 인물로 얼마나 많은 시간을 보낼지를 항상 알 수 있다. 이 정적분포는 가우스 소거법$^{Gaussian\ elimination}$이라는 기법을 사용해 찾을 수 있다. 이 기법은 정상 곡선을 발견한 카를 프리드리히 가우스$^{Carl\ Friedrich\ Gauss}$가 개발했지만, 그 뿌리는 다른 곳에 있다. 중국 수학자들은 2,000년 이상 가우스 소거법을 사용해왔다. 이 방법은 행렬 A의 행들 안에 위치한 성분들을 재구성$^{피벗,\ pivot}$하고 재배열해 ρ_∞의 해를 찾는 것으로, 이 방법은 수백만 명으로 이루어진 네트워크에서도 인플루언서 방정식 계산을 빠르고 효율적으로 만든다.

20세기 내내 TEN은 그래프 이론이라는 연구 분야에서 네트워크의 특성에 대한 결과를 수집했다. 인스타그램의 폭발적인 인기 뒤에 숨은 수학은 이미 1922년에 우드니 율$^{Udny\ Yule}$이 훗날 '선호적 연결$^{preferential\ attachment}$'이라는 이름이 붙여진 과정으로 설명한 바 있다. 오늘날 선호적 연결이란 한 사람이 가진 팔로워가 많을수록 더 많은 사람을 끌어들이고, 유명세가 점점 커지는 현상을 설명하는 데 사용된다. 그리고 페이스북이 등장하기 몇 년 전인 21세기 초에 이 연구 분야는 폭발적으로 성장해 네트워크 과학$^{network\ science}$으로 불리게 됐다. 네트워크 과학은 밈과 가짜 뉴스의 확산, 소셜 미디어가 어떻게 모두를 연결하는 작은 세상을 만드는지 그리고 분극화의 가능성을 설명한다.[3]

TEN은 준비가 돼 있었다. TEN의 구성원들은 미래의 소셜 미디어 거대 기업의 창립자 또는 창립 직원이 됐다. 인플루언서 방정식은 그들의 비즈니스에서 핵심적인 역할을 했고, 그 기술을 가진 사람들에게 제안된 급여는 우리 사회에서 가장 부유한 사람들을 유인할 만큼 많았다. 하지만 이보다 더 중요한 사실은 이런 직업들이 그 종사자들에게 창의적으로 사고하고, 새로운 모델을 상상하고, 이를 실제로 구현할 수 있는 자유를 주었다는 것이다.

그로부터 얼마 지나지 않아 TEN의 구성원들은 우리가 소셜 네트워크에 어떻게 반응하는지를 알아내는 임무를 맡게 됐다. 그들은 페이스북 피드를 조작해 사용자들이 부정적인 뉴스만 받을 때 어떻게 반응하는지를 살펴보았고, 사람들에게 선거에 투표하도록 유도하는 소셜 미디어 캠페인을 조직했으며, 사용자들이 관심 있는 뉴스를 더 많이 보도록 필터를 구성했다. 그들은 우리가 친구의 게시물, 가짜 뉴스 및 진짜 뉴스, 유명인의 게시물 또는 광고를 보는 방식을 결정하며, 우리가 보는 것을 통제했다. TEN은 우리가 서로 연결하는 방식을 결정함으로써 인플루언서를 만들어냈고, 그 인플루언서들이 한 말이 아니라 우리가 무엇을 봐야 하는지를 정하는 방식으로 영향력을 행사했다. 심지어 그들은 우리가 우리 자신에 대해서 알지 못하는 것들을 이해하고 있었다.

* * *

당신의 친구들은 아마 당신보다 더 인기가 많을 것이다. 나는 당신에 대해 아무것도 모르고, 당신에 대해 부당한 판단을 내리고 싶지는 않지만, 이 점에 대해서는 어느 정도 확신을 가지고 말할 수 있다.

'우정 역설friendship paradox'로 알려진 수학 정리는 페이스북, 엑스, 인스타그램을 비롯한 모든 소셜 네트워크에서 대다수 사람들이 그들의 친구들보다 인기가 적다는 것을 말해준다.[4] 예를 들어 설명해보자. 우리가 앞서 살펴본 소셜 네트워크에서 드웨인 존슨을 제거한다고 가정해보자. 이제 나, 셀레나 고메즈, 왕팡, 리웨이 네 사람이 남게 되며, 각자의 팔로워 수는 0, 3, 2, 2가 된다. 왕팡과 리웨이는 셀레나 고메즈와 함께 묶였기 때문에 자신들이 꽤 인기가 많다고 느낄 수 있지만, 나는 그들에게 놀라운 사실을 알려주려 한다. 나는 그들에게 자기 친구들의 평균 팔로워 수를 세어보라고 요청할 것이다. 나는 셀레나 고메즈만 팔로우하고, 그녀는 세 명의 팔로워가 있으므로, 내 친구들의 평균 팔로워 수는 3이다. 셀레나 고메즈는 두 명을 팔로우하고, 그 두 명 모두는 두 명의 팔로워를 가지고 있으므로, 셀레나 고메즈의 친구들의 평균 팔로워 수는 2다. 왕팡과 리웨이는 서로를 팔로우하고 셀레나 고메즈를 팔로우하므로, 그들의 친구들의 평균 팔로워 수는 2.5다. 따라서 네트워크의 평균 친구 팔로워 수는 (3+2+2.5+2.5)/4=2.5다. 오직 셀레나 고메즈만이 그녀의 팔로워보다 더 많은 친구를 가졌다. 왕팡과 리웨이는 나와 마찬가지로 평균 이하의 친구 수를 가졌다.

우정 역설이 존재하는 이유는 무작위로 사람을 선택하는 것과 무작위로 친구 관계를 선택하는 것 사이의 차이에 있다(그림 5 참조). 완전히 무작위로 한 사람을 선택한다고 가정해보자. 그 사람의 예상 또는 평균 팔로워 수는 네트워크에 있는 각 사람의 팔로워 수의 합을 플랫폼을 사용하는 총 인원수로 나눈 값이다. 페이스북에서는 이 값이 대략 200이다. 셀레나 고메즈 네트워크의 경우는 $(0+3+2+2)/4=1.75$다. 우리는 이것을 그래프(소셜 네트워크) 내의 노드(사람들)의 평균 진입 차수$^{in-degree}$라고 부른다. 셀레나 고메즈 네트워크에서는 친구들의 평균 팔로워 수가 2.5로, 우리가 단순히 평균 팔로워 수를 살펴봤을 때 얻은 1.75보다 더 높다는 것을 우리는 앞에서 이미 보았다.

드웨인 존슨을 네트워크에 다시 추가해도 같은 결과가 나온다. 셀레나 고메즈가 나를 팔로우한다고 해도 마찬가지다. 사실 우정 역설은 모든 사람이 정확히 같은 수의 사람을 팔로우하는 네트워크에서도 참임을 증명할 수 있다. 그 증명은 다음과 같다. 먼저 전체 네트워크에서 무작위로 한 사람을 선택한다. 그런 다음 그 사람이 팔로우하는 사람을 선택한다. 다른 방식으로 생각해보면, 연결된 두 사람을 선택하는 것은 실제로 네트워크의 모든 팔로우 관계에서 무작위 링크를 선택하는 것과 같다. 그래프 이론에서 이런 링크는 그래프의 에지라고 부른다. 이제 인기 있는 사람들은 (정의상) 더 많은 에지를 가지고 있으므로, 주어진 에지의 끝에서 인기 있는 사람을 찾을 가능성은 무작위로 사람을 선택했을 때보다 더 높다. 따라서 무작위로 선택한 사람의 친구(에지의 끝에 있는 사람)는 무작위로 선택한 사람보다 더 많은 친구를 가질 가능성이 높고, 따라서 우정 역설이 성립한다.[5]

하지만 우정 역설은 결국 수학 이론이다. 그렇다면 현실에서 우정 역설은 어떻게 작용할까? 서던캘리포니아대학교의 연구 조교수

그림 5 네 사람 사이에서 성립하는 우정 역설

평균 팔로워 수는
(0+3+2+2)/4=1.75

팔로워를 가진 사람의 평균 팔로워 수는
(3+2+2.5+2.5)/4=2.5

데이비드 섬프터는
3명의 팔로워를 가진
셀레나 고메즈를
팔로우한다.

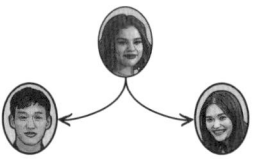

셀레나 고메즈는
각각 2명의 팔로워를 가진
왕팡과 리웨이를
팔로우한다.

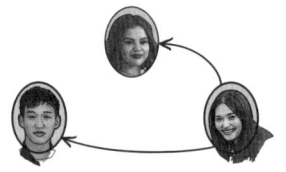

왕팡은 평균 2.5명의
팔로워를 가진
셀레나 고메즈와 리웨이를
팔로우한다.

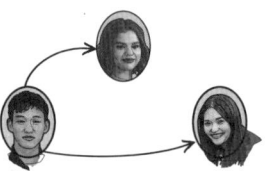

리웨이는 평균 2.5명의
팔로워를 가진
셀레나 고메즈와 왕팡을
팔로우한다.

인 크리스티나 레어먼$^{Kristina\ Lerman}$과 그녀의 동료들은 2009년(당시 소셜 네트워크 사용자가 580만 명에 불과했다), 당시 트위터 사용자 네트워크에서 팔로워 관계를 조사했다.⁶ 그들은 일반적인 트위터 사용자가 팔로우하는 사람들은 자신보다 약 10배 더 많은 팔로워를 가졌다는 사실을 발견했다. 오직 2%의 사용자만이 자신의 팔로워보다 더 인기가 있었다.

이 연구자들은 다른 결과도 도출했는데, 이는 우리의 직관에 완전히 반한다. 레어먼은 무작위로 선택된 트위터 사용자의 팔로워들이 평균적으로 그들보다 20배 더 잘 연결돼 있음을 발견했다! 우리가 팔로우하는 사람들이 인기가 많은 것은 합리적인 듯 보이는데(많은 경우 그들은 유명 인사이기 때문이다), 우리를 팔로우하는 사람들이 어떻게 더 인기가 있는지 이해하기는 쉽지 않을 것이다. 당신을 팔로우하는 사람이 어떻게 당신보다 더 인기가 있을 수 있을까? 전혀 공평해 보이지 않을 것이다.

해답은 우리가 상호 팔로우 관계를 만드는 경향에 있다. 누군가가 당신을 팔로우할 때, 상호 팔로워가 돼야 한다는 사회적 압력이 존재한다. 그들을 팔로우하지 않는 것은 무례하게 여겨지기 때문이다. 평균적으로 인스타그램에서 당신을 팔로우하는 사람들, 또는 페이스북에서 친구 요청을 보내는 사람들은 다른 사람들에게도 비슷한 요청을 보냈을 가능성이 높다. 그 결과, 이런 사람들은 소셜 네트워크에서 더 큰 부분을 차지하게 된다.

상황은 더 나빠진다. 또한 연구자들은 당신의 친구들이 더 많이 글이나 사진을 게시하고, 더 많은 '좋아요'와 공유를 얻으며, 당신보다 더 많은 사람과 연결된다는 사실을 발견했기 때문이다.

당신이 인기가 없을 수밖에 없다는 수학적 불가피성을 일단 받아들이면, 소셜 미디어와의 관계가 개선되기 시작할 것이다. 당신만 그런 것은 아니다. 크리스티나 레어먼과 그녀의 동료들의 연구에 따르면, 99%의 트위터 사용자가 당신과 같은 상황에 처해 있다. 사실 인기 있는 사람들은 상황이 당신보다 더 나쁠 수도 있다. 생각해보자. 소셜 네트워크에서 더 좋은 위치를 차지하기 위해 이 '쿨한 사람들'은 자신보다 더 성공한 사람들과 맞팔을 하기 위해 애쓰고 있을 것이다. 그들이 그렇게 할수록 자신보다 더 인기 있는 사람들에 둘러싸인다. 내 말이 별로 위로가 안 될지는 모르지만, 성공한 듯 보이는 사람들도 당신과 같은 기분을 느낀다는 사실을 아는 것만으로도 도움이 될 것이다. 피어스 모건^{Piers Morgan}(영국의 유명 방송인이자 언론인 - 옮긴이)이나 J. K. 롤링^{J. K. Rowling} 같은 사람을 제외하면, 1%의 유명인 트위터 계정은 홍보 담당자가 운영하는 계정이거나 온라인에서 자신의 모습을 유지하기 위해 반쯤 미쳐버린 사람들의 계정일 가능성이 매우 높다.

* * *

나는 여러분이 소셜 미디어를 끊어야 한다고 말하는 것이 아니다. 수학자는 결코 포기하지 않는다. 포기하는 대신 수학자는 모든 것을 데이터, 모델 그리고 난센스의 세 가지 요소로 나눈다.

오늘부터 시작해보자. 첫 번째로 해야 할 일은 데이터를 살펴보는 것이다. 당신의 친구들이 페이스북이나 인스타그램에서 몇 명의 팔로워를 가졌는지, 몇 명과 맞팔을 하는지 확인해보자. 나는 방금 페이스북에서 확인했는데, 내 친구의 64%가 나보다 더 인기가 많았다. 그런 다음 모델, 즉 온라인에서의 인기는 피드백에 따라 생성되며, 이미 인기 있는 사람들이 더 많은 팔로워를 확보하려고 노력한다는 모델을 떠올려보자. 이는 우정 역설에 의해 형성된 통계적 환상이다. 그리고 난센스를 제거해보자. 자신을 불쌍하게 여기거나 다른 사람에게 질투를 느껴서는 안 된다. 우리는 우리 자신이 가진 가치를 엄청나게 다양한 방식으로 왜곡하는 네트워크의 일부라는 사실을 깨달아야 한다.

심리학자들은 개인이나 사회가 실제 세계와는 다른 주관적 현실을 경험하게 만드는 인지 편향에 대해 이야기한다. 핫 핸드 오류hot hand fallacy(과거의 성공을 이유로 앞으로의 도전에서 성공할 가능성이 더 높다고 믿는 편향 - 옮긴이), 밴드 왜건 효과, 생존 편향survivorship bias(현재 눈에 보이는 성공 사례에만 집중하고, 보이지 않는 실패 사례를 무시하는 경향 - 옮긴이), 확증 편향, 프레이밍 효과 등 이런 편향들은 점점 증가하는 추세다. TEN의 구성원들은 이러한 편향의 존재를 부정하지 않는다. 하지만 그들은 인간 심리의 한계가 가장 중요한 요소라고 생각하지도 않는다. 그들이 중요하게 생각하는 것은 필터를 제거하고 세상을 더 명확하게 보는 방법이다. 이를 위해 그들은 '만약'이라는 시나리오를 상상한다. 만약 내가 매일 무작위로 다른 사람으로 깨어난다면? 만약 내가 스냅챗을 통해 인터넷 밈처럼 여행한다면? 만약 내가 페이스북이 제공하는 뉴스나 넷플릭스가 추천하는 영화만 본다면? 그때 세상은 어떻게 보일까? 그리고 이 상황에서 보이는 세상은 내가 가진 모든 정보에 동일한 주의를 기울이는 '더 공정한' 세상과는 어떻게 다를까?

TEN은 당신에게 믿기 어려운, 환상적인 시나리오를 상상해보라고 권한다. 이런 '만약' 시나리오는 수학적 모델로 발전했다. 여기서부터 사이클이 시작될 수 있다. 모델은 데이터와 비교되고, 데이터는 모델을 정제하는 데 사용된다. TEN의 구성원들은 천천히, 그러나 확실하게 필터를 제거하고 우리 사회의 현실을 드러낸다.

* * *

리나와 미카엘라가 휴대폰으로 자신들의 인스타그램 피드를 내게 보여준다.
"이 사진, 광고인가요, 셀카 찍은 건가요?"
리나에게 내가 묻는다.
리나가 보여주는 사진은 동네 제과점 제빵사가 카메라를 향해 하트 모양 케이크가 가득 담긴 쟁반을 들고 있는 모습이다. 이 사진은 셀카처럼 보이지만, 실제로는 리나의 팔로워들에게 그 제과점으로 가보라고 유도하려는 의도가 들어 있다. 리나는 이 사진이 셀카라고 답하면서도, 이 사진이 게시된 계정을 회사 계정으로 분류했다고 말했다.
리나와 미카엘라는 수학 연구 프로젝트를 진행하고 있는 학부생들이다.[7] 이들은 인스타그램이 세상을 어떻게 보여주는지 연구한다. 이들이 프로젝트를 시작하기 직전에, 인스타그램은 사진이 표시되는 순서를 결정하는 알고리즘을 또 업데이트했다. 인스타그램은 친구와 가족의 사진을 우선시하는 쪽으로 초점을 이동시켰다고 주장했다.

그 결과, 많은 인플루언서가 위협을 느꼈다. 스웨덴 인스타그래머이자 소셜 미디어 전문가인 아니타 클레멘스Anita Clemence(팔로워 수 6만 5,000명)는 "팔로워 수가 줄어들면 심리적으로 스트레스를 받습니다. 저는 나이가 40이 거의 다 됐는데도 이런데, 젊은 인플루언서들은 어떻겠어요?"[8]

클레멘스는 자신은 '팔로워들을 위해' 열심히 일하는데, 새로운 알고리즘 때문에 자신의 메시지가 팔로워들에게 제대로 전달되지 못하고 있다고 생각했다. 새로운 인스타그램 알고리즘의 한계를 테스트하기 위해, 그녀는 새로 사귄 파트너와 함께 찍은 사진을 올렸다. 언뜻 보면 그녀가 임신한 듯 보일 수 있는 사진이었다. 이 사진이 인스타그램에서 널리 퍼진 후, 그녀는 어떤 사진이 온라인에서 효과적이고, 어떤 사진이 그렇지 않은지 테스트하기 위해 이 사진을 올렸다는 메시지를 인스타그램에 게시했다. 인스타그램에서 더 많은 반응을 끌어내기 위해서는 임신한 듯 보이는 사진을 올리는 편이 더 효과적이라는 것이 클레멘스의 결론이었다.

가짜 임신 사진 한 장에 대한 반응이 아주 많은 걸 말해주지는 않지만, 클레멘스는 일종의 실험 중이라고 볼 수 있다. 미시간주립대학교의 켈리 코터Kelly Cotter는 많은 인스타그램 인플루언서가 알고리즘을 능숙하게 다루기 위해 노력한다는 연구 결과를 발표한 바 있다.[9] 이 연구 결과에 따르면 인플루언서들은 가능한 많은 게시물에 '좋아요'와 댓글을 다는 것에 수반되는 손해와 이익을 공개적으로 이야기하거나, 메시지를 게시하기 가장 좋은 시간에 대해 논의하면서 다양한 전략에 대한 A/B 테스트를 진행한다(베팅 방정식에 대한 설명을 참조). 이들은 인스타그램이 자신들을 팔로워 피드에서 더 아래로 배치하는지 확인하고 싶어 한다. 인스타그램이 알고리즘을 변경했을 때, 많은 인플루언서가 인스타그램을 비롯한 소셜 미디어 플랫폼에서 #RIPInstagram(인스타그램은 죽었다!)이라는 해시태그를 붙이기도 했다.

리나와 미카엘라는 이제 일반 사용자로서 인스타그램 알고리즘을 더 철저히 살펴볼 계획이다. 앞으로 한 달 동안, 그들은 매일 오전 10시에만 계정을 열고, 사진이 제시되는 순서와 각 게시물의 유형 및 게시자를 기록할 계획이다. 이렇게 함으로써 그들은 인플루언서들이 알고리즘에 의해 그림자 처리되거나 우선순위에서 제외됐는지 테스트할 예정이다.

"계정을 들여다보는 횟수를 좀 줄이는 게 좋을 것 같아요."

미카엘라가 말했다. 하루에 한 번만 데이터를 수집해야(즉, 피드를 들여다봐야) 한다고 생각하는 것 같다. 우리처럼 이 두 젊은 여성도 소셜 미디어를 실제로 원하는 정도보다 더 자주 체크하게 되기 때문에 이런 말을 하는 것이다.

이들의 도전 과제는 인스타그램 알고리즘을 역설계하는 것이다. 즉, 이들은 인스타그램이 무엇을 숨기고 있는지(혹은 아무것도 숨기지 않는지) 알아내려고 한다. 수학에서는 이 문제를 역문제$^{\text{inverse problem}}$(결과에 대한 정보로부터 원인에 대한 정보를 구하는 과정 - 옮긴이)라고 부르며, X선 촬영 결과 해석에서 그 기원을 찾을 수 있다. 현대의 컴퓨터 단층 촬영^{CT} 스캐너에서 환자는 튜브 안에 누워 있고, 모든 방향에서 X선 이미지를 순차적으로 촬영한다. X선은 밀도가 높은 물질에 의해 흡수되므로, X선 촬영을 통해 우리는 골격, 폐, 뇌 등의 내부 구조 이미지를 얻는다. X선의 역문제는 모든 이미지를 조합해 내부 장기의 완전한 이미지를 만드는 것이다. 이 과정 뒤에 있는 수학적 기법은 라돈 변환radon transform이라고 불리며, 이는 일련의 2차원 이미지를 통합해 정확한 3차원 이미지를 구성하는 방법을 제공한다.

우리는 소셜 미디어 문제에 라돈 변환 기법을 적용할 수는 없지만, 방정식 5를 이용해 소셜 미디어가 사회적 정보를 어떻게 흡수하고 변형하는지는 알아낼 수 있다. 인스타그램의 데이터 변형 과정을 역설계하기 위해 리나와 미카엘라는 부트스트래핑bootstrapping이라는 통계적 방법을 사용했다. 그들은 매일 피드에서 처음 100개의 메시지를 가져와서 무작위로 섞어 새로운 순서를 만들었다. 이들은 이 과정을 1만 번 반복해, 인스타그램이 매일 게시물을 무작위로 제시했을 경우의 순서 분포를 얻었다. 그 결과, 이들은 실제 인스타그램 피드에서 인플루언서의 위치를 이 무작위 순위와 비교함으로써, 인플루언서가 피드에서 위로 올라갔는지 아래로 내려갔는지를 확인할 수 있었다.

결과는 #RIPInstagram이라는 해시태그에서 나타난 분노와는 극명하게 대조를 이루었다. 인플루언서들이 피드의 아래로 내려갔다는 증거는 없었고, 리나와 미카엘라의 피드에서 인플루언서들의 위치는 무작위로 생성된 것과 통계적으로 다르지 않았다. 이들은 인스타그램이 인플루언서에 대해 본질적으로 중립적임을 발견했다. 하지만 이들은 친구와 가족의 계정은 피드 상단으로 끌어올려졌다는 사실도 발견했다. 친구들이 피드 상단으로 올라간 것은 뉴스 사이트, 정치인, 저널리스트 그리고 일반적인 조직들의 위치를 희생시킨 결과였다. 인스타그램은 인플루언서의 영향을 줄이는 것이 아니라, 친구와 가족의 영향력을 높이는 한편 광고를 지불하지 않은 계정은 사용자 피드에서 밀어내고 있었다.

#RIPInstagram 캠페인에서 가장 두드러지게 드러난 점은 인플루언서들의 불안감이었다. 그들은 갑자기 자신들이 생각했던 것만큼 자신들의 소셜 미디어 내 위치를 통제하지 못한다는 사실을 깨달았다. 그들의 위치는 인기를 촉진하는 알고리즘에 의해 만들어졌고, 이제 그들은 친구들에 초점을 맞춘 다른 알고리즘으로 자신들의 위치를 빼앗길까 봐 걱정하게 된 것이다.

이 연구는 온라인에서 진정한 인플루언서는 음식 사진을 찍거나 자신의 라이프 스타일을 보여주는 사람들이 아니라, 우리가 세상을 보는 필터를 형성하는 구글, 페이스북, 인스타그램의 프로그래머들이라는 점을 알려준다. 무엇이 인기 있는지, 누구를 인기 있게 만들지 결정하는 것은 바로 그 프로그래머들이다.

리나와 미카엘라에게 이 실험은 치료적인 효과를 가져왔다. 리나는 인스타그램에 대한 시각이 어떻게 바뀌었는지 이야기해줬다. 그녀는 이제 앱에서 시간을 더 잘 활용하고 있다고 느꼈다.

"재미있는 걸 찾으려고 아래로 스크롤하는 대신, 친구의 게시물을 본 후에 멈춰요. 더 아래로 가면 그냥 지루한 것들만 있거든요."

그녀가 말했다.

인플루언서 방정식은 특정 소셜 네트워크에 대한 것이 아니라, 모든 소셜 네트워크에 관한 방정식이다. 이 방정식의 힘은 온라인 네트워크의 구조가 우리가 세상을 어떻게 인식하는지를 드러내는 데 있다. 아마존에서 제품을 검색할 때, 우리는 가장 인기 있는 제품이 먼저 보이는 '이 제품을 구매한 고객이 구매한 다른 제품' 인기 네트워크에 갇힌다. 엑스에서는 극단적인 의견이 결합돼 전 세계인들로부터 당신의 의견이 도전받을 기회를 제공한다. 인스타그램에서는 친구와 가족에 둘러싸여 뉴스와 다양한 의견을 접하기 힘들어진다.

　방정식 5를 사용해 누가 당신에게 영향을 미치고 있는지를 있는 그대로 살펴보자. 당신의 소셜 네트워크에 대한 연결성 행렬을 작성하고, 당신의 온라인 세계에 누가 포함돼 있고 누가 제외됐는지를 확인해보자. 이 네트워크가 당신의 자아 이미지에 어떻게 영향을 미치고, 당신이 접근할 수 있는 정보를 어떻게 통제하는지를 생각해보자. 이 네트워크 안에서 움직여보고, 당신이 당신과 연결된 다른 사람들에게 어떤 영향을 미치고 있는지 살펴보는 일도 좋을 것이다.

* * *

　리나와 미카엘라는 몇 년 후 둘 다 수학 교사가 될 계획이며, 그들은 10대들에게 스마트폰 내부의 알고리즘이 세상을 어떻게 필터링하는지를 가르치고자 한다. 대부분의 아이들에게 이 수업은 그들이 얽힌 복잡한 소셜 네트워크를 다루는 데 도움이 될 것이다. 하지만 소수의 학생들은 다른 가능성, 즉 자신들이 소셜 네트워크에서 일하게 될 가능성을 보게 될 것이다. 그들은 열심히 공부하고, 수학을 더 깊이 이해하면서, 구글이나 인스타그램 등에서 사용하는 알고리즘을 적용하는 방법을 배울 것이다. 그중 몇몇 학생들은 더 나아가 정보가 우리에게 어떻게 제시되는지를 통제하는 부유하고 강력한 엘리트의 일원이 될 수도 있을 것이다.

　2001년, 구글의 공동 창립자인 래리 페이지Larry Page는 인터넷 검색에서 방정식 5의 사용 방법에 대한 특허를 승인받았다.[10] 이 특허는 페이지가 당시 일하던 스탠퍼드대학교가 처음 소유했으며, 구글은 이를 180만 주의 주식과 교환해 구매했다. 스탠퍼드대학교는 2005년에 그 주식을 3억 3,600만 달러에 매각했다. 현재 그 주식의 가치는 당시 금액의 10배는 될 것이다. 방정식 5의 사용법에 대한 특허는 구글, 페이스북, 야후가 20세기 수학을 인터넷에 적용하기 위해 소유한 많은 특허 중 하나일 뿐이다. 그래프 이론은 이를 활용하는 기술 대기업들에게 수십억 달러의 가치를 지닌다.

이러한 특허가 제출되기 거의 100년 전에 만들어진 수학 공식을 대학이나 회사가 소유하는 것이 TEN의 정신에 어긋나는 것처럼 보일 수 있다. TEN의 구성원들은 항상 비밀을 가지고 있었지만, 그 비밀은 대개 배우고자 하는 모든 사람과 공유되고 사용됐다. 이 비밀결사는 구성원들이 자신의 발견을 독점하거나 신중하게 수집한 지식으로 과도한 이익을 얻는 것을 방지하는 원칙을 가져야 하지 않을까?

이 질문에 대한 답은 생각보다 간단하지 않은 것 같다.

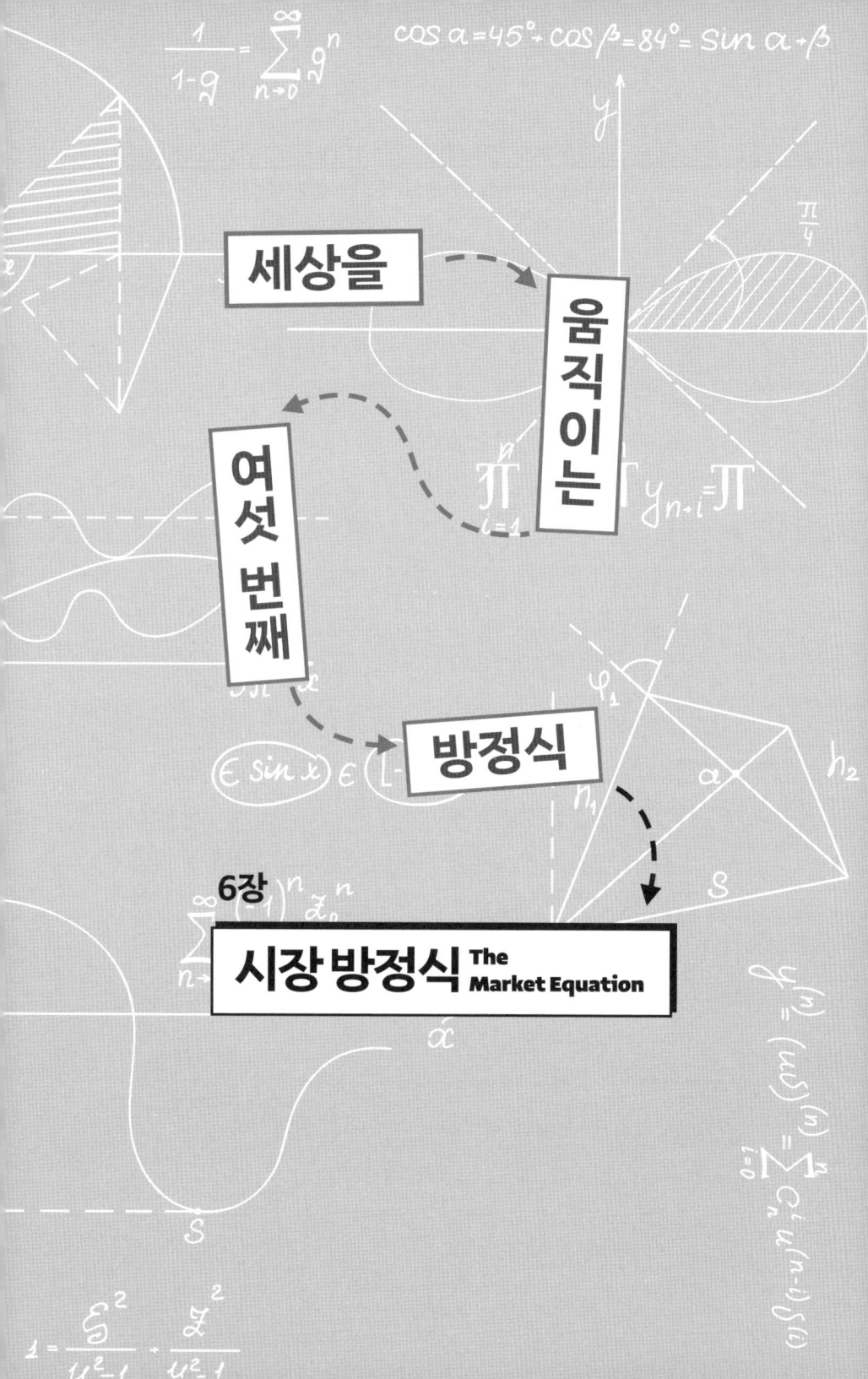

$$dX = bdt + f(X)dt + \sigma \cdot \in_t$$

세상을 모델, 데이터 그리고 난센스로 나누는 방식은 TEN의 구성원들에게 확신을 주었다. 그들은 더 이상 결과에 대해 걱정할 필요가 없었고, 자신의 기술을 실천에 옮기기만 하면 됐다. 그들은 모든 문제를 숫자와 데이터로 변환하고, 가정을 명확하게 세웠다. 또한 그들은 합리적인 추론을 통해 그들에게 주어진 질문에 답했다.

초기에 그들은 공공 서비스 부문과 정부 연구 기관에서 일했다. 1940년대와 1950년대에 그들은 리처드 프라이스의 작업을 이어받아 국가 보험 제도를 개발하고 모든 국민을 위한 건강 서비스 시스템을 확립했다. 이 시기에 데이비드 콕스는 섬유 산업 부문에서 일하며 산업 성장을 지원하기 위해 수학을 활용했다. 1960년대와 1970년대에 그들은 뉴저지의 벨 연구소, 나사NASA, 냉전 양측의 국방 기관, 랜드 연구소RAND Corporation 같은 싱크탱크, 세계 굴지의 대학에 자리를 잡았다. 지식의 대규모 통합은 이런 폐쇄적인 집단 내에서 이루어졌다. 1980년대와 1990년대에는 금융계는 TEN의 구성원들을 영입해 자금을 관리하게 했다.

난센스를 배격하는 TEN의 구성원들은 자신들만이 세상의 문제를 해결할 수 있다고 믿었다. 부유한 사람들과 권력자들은 자신들의 투자 자금을 관리하기 위해 이 비밀결사의 구성원들에게 높은 연봉을 주었고, 정부는 국가의 경제 및 사회적 미래를 계획하기 위해 그들에게 의존했다. 국제기관들은 기후변화 예측과 개발 목표 설정 과정에서 그들에게 핵심적인 역할을 맡겼다.

하지만 TEN의 수학자들이 잊은 것이 하나 있었다. 이는 A. J. 에이어가 《언어, 진리, 논리》에서 분명히 밝혔던 내용이지만, 당시 사회를 이끌던 논리실증주의의 명제들처럼 사람들이 잘 이해하지 못했던 내용이었다. 에이어는 검증 원칙을 사용해 수학과 과학을 난센스에서 분리하는 과정에서, 난센스의 범주가 대부분의 과학자들이 인정하는 것보다 훨씬 더 크다는 점을 알게 됐다. 심지어 에이어는 도덕과 윤리도 난센스임을 증명하기도 했다.

에이어는 이에 대해 단계적인 증명 방법을 사용했다. 우선 그는 종교적 진리를 분류하는 일로 시작했다. 그는 신에 대한 믿음이 검증 불가능함을 보여줬다. 전능자의 존재를 증명할 수 있는 실험이 존재할 수 없기 때문이었다. 그에 따르면 신을 믿는 사람은 신이 인간의 이해를 초월하는 신비로운 존재이며, 신에 대한 믿음은 신앙의 행위이며, 신은 신비로운 직관의 대상이라고 주장할 수 있다. 에이어는 신앙을 가진 사람이 이런 진술들이 난센스임을 분명히 인식한다면 문제가 없다고 생각했다. 그에 따르면 신자는 하느님이나 다른 초자연적 존재가 관찰 가능한 세계에서 역할을 한다고 암시해서는 안 되며, 그럴 수도 없다. 그는 개인의 종교적 신념이나 어떤 종교적 예언자의 가르침은 데이터를 이용해 테스트할 수 없으므로, 검증이 불가능하다고 주장했다. 만약 신자가 자신의 믿음이 검증 가능하기 때문에 그 믿음을 데이터를 이용해 테스트할 수 있다고 주장한다면, 그 믿음은 (높은 확률로) 틀렸음이 증명될 수 있다는 것이 에이어의 생각이었다. 따라서 에이어에게 종교적인 믿음은 난센스였다.

이 시점에서 TEN의 구성원 대부분은 에이어의 주장을 수용하고 이해했다. 그의 주장은 그들의 믿음과 잘 맞아떨어졌다. 그들은 이미 기적을 거부했으며, 더 이상 신이 필요하지 않았다. 하지만 에이어는 여기서 한 걸음 더 나아갔다. 그는 종교적인 믿음에 반대하는 무신론자들을 다룰 때도 신자들을 다룰 때와 똑같은 방식, 즉 조용히 무시하는 방식을 사용했다. 그가 보기에 무신론자들은 난센스를 주제로 토론을 벌임으로써 스스로 난센스를 만들어냈기 때문이다. 그는 종교와 관련해 실험적으로 유효한 유일한 진술은 신자 개인의 심리적 상태 그리고 종교의 사회적 역할 분석과 관련된 것뿐이라고 봤다. 에이어에게 종교적 신념에 반대하는 주장은 그것을 지지하는 주장만큼이나 무의미했다.

에이어는 여기서 멈추지 않았다. 그는 비엔나 학파의 일부 구성원들이 주장한 공리주의적 주장을 거부했다. 그들은 모두를 위한 최대의 행복을 추구해야 한다고 주장했지만, 에이어는 과학만으로 '선'이나 '미덕'이 무엇인지 결정할 수 없으며, 과학의 방정식으로는 현재의 행복과 미래의 성취 사이에서 균형을 잡을 수 있는 방법을 찾아낼 수 없다고 주장했다. 우리는 온라인 카지노가 도박을 할 경제적 여유가 없는 고객들로부터 돈을 빼앗는 속도를 모델링할 수 있지만, 도박을 하는 사람들이 자신이 원하는 방식으로 돈을 쓰는 것이 잘못인지 아닌지는 말할 수 없다. 기후 모델을 만드는 연구자들은 "이산화탄소 배출을 줄이지 않으면, 미래 세대는 불안정한 기후와 식량 부족을 경험할 것"이라고 말할 수 있다. 하지만 그들이 현재의 삶을 최적화하는 것이 옳은지, 아니면 손자들의 복지를 생각해야 하는지에 대한 판단을 내릴 수는 없다. 에이어는 모든 도덕적 권장 사항, 예를 들어 '타인을 도와야 한다', '더 큰 선을 위해 행동해야 한다', '미래 세대를 위해 세상을 보존할 도덕적 책임이 있다', '수학적 결과에 대한 특허를 내어서는 안 된다' 같은 것들은 감정의 표현으로, 심리학자들이 연구하는 영역에 속하며, 실질적인 의미가 없다고 주장했다.

또한 에이어는 '탐욕은 바람직한 것이다', '자신을 먼저 챙겨야 한다' 같은 개인주의적 감정에 기초한 진술도 실험적으로 검증이 불가능하다고 주장했다. 그는 이런 감정이 우리 정신 깊숙이 뿌리박힌 난센스이며, 이런 진술을 우리의 경험에 비추어 검증하는 방법은 이런 진술을 따르는 사람들의 상대적인 재정적·사회적 성공에 대해 논의하는 방법밖에는 없다고 생각했다. 우리는 사람들이 부유해지거나 유명해지는 요인을 모델링할 수 있고, 성공한 사람들의 성격을 측정할 수 있으며, 이런 특성들이 자연선택을 통해 어떻게 진화했는지 이야기할 수 있다. 하지만 특정 가치가 본질적으로 선하거나 미덕이라고 수학으로 증명할 수는 없다. TEN의 구성원들이 세상을 모델링하는 데 도움을 준 검증 원칙은 도덕적 경로를 결정하는 데는 쓸모가 없었다.

TEN이 내부에서 도덕성을 찾을 수 없다면, 그들의 확신은 어디에서 오는 것일까? 도덕적 지침 없이, 그들은 실제로 누구의 이익을 위해 봉사하고 있는 걸까? 아마도 TEN은 리처드 프라이스가 생각했던 것처럼 의로운 조직은 아닐지도 모른다.

* * *

나는 홍콩 최고의 레스토랑 중 한 곳에서 테이블에 앉아 항구를 바라보고 있었다. 세계 최대의 투자은행 중 하나가 나를 최고의 시장 분석가들과 함께 저녁 식사를 하도록 초대한 자리였다. 나는 아내와 함께 퍼스트 클래스 비행기를 타고 홍콩에 도착해 5성급 호텔에서 최고급 음식을 즐겼다. 모든 것이 일류였다.

나와 그들은 전 세계 초미의 관심사인 장기 투자 전략과 단기 투자 전략의 차이에 관한 논의로 옮겨가기 시작했다. 이 남자들(그리고 한 명의 여자)은 연기금(연금제도에 의해 모인 자금으로서 연금을 지급하는 원천이 되는 기금 - 옮긴이) 관리를 하면서 장기 투자에 집중하고 있는 사람들이었다. 기업에 대한 그들의 투자 결정은 기업의 기본 요소, 경영 구조, 기업의 미래 계획 및 시장 내 위치에 따라 이루어졌다. 그들은 자신들이 하는 일을 확실하게 이해하고 있다고 스스로 확신했다. 만약 그렇지 않았다면, 우리는 이렇게 전망이 좋은 레스토랑에 앉아 있지 못했을 것이다.

하지만 그들은 단기 투자에 대해서는 확신이 없었다. 거래가 알고리즘화되면서 그들은 알고리즘이 무엇을 하고 있는지 이해하지 못했다. 그들은 새로 입사한 직원들이 어떤 프로그래밍 언어를 배워야 하는지, 어떤 수학적 기술이 필요한지, 어떤 대학의 데이터 과학 석사학위 과정이 가장 좋은지 내게 물었다.

　나는 그들의 질문에 최선을 다해 대답하려고 했지만, 대답을 하면서 내가 중요한 뭔가를 놓쳤다는 생각을 하지 않을 수 없었다. 나는 특정한 부분에서 그들이 당연히 그럴 것이라고 생각했지만, 그래서는 안 됐다는 것을 알게 됐다. 나는 멋진 전망과 미슐랭 스타를 받은 최고급 식당의 요리를 즐기면서 이들이 나처럼 수학의 렌즈를 통해 세상을 바라본다고 생각했고, 그들이 지금처럼 돈을 많이 번 이유가 바로 거기에 있다고 믿었다. 저녁 식사 초반에 내가 마르코프 가정을 사용해 축구 경기의 점유율 시퀀스를 분석하고 있다고 이야기했을 때, 그들은 고개를 끄덕이며 이해했다는 표정을 지었다. 그들은 나와 대화하며 기계 학습, 빅데이터 같은 유행어를 몇 개 언급하기도 했다. 나는 내가 연구하고 있는 세부 사항을 그들이 모두 이해하지는 못하지만 핵심 아이디어는 이해했다고 믿었다.

　하지만 그들은 허세를 부리고 있었다. 그들이 내게 직원을 채용하는 데 어떤 기술이 필요한지 물었을 때 나는 문득 그들이 아무것도 모르고 있다는 생각을 하게 됐다. 그들은 내가 하는 말을 전혀 이해하지 못했다. 그들은 방정식에 대해 거의 알지 못했고, 프로그래밍 능력도 없었으며, 통계를 과학으로 보지 않고 연례 보고서의 부록에 있는 숫자들로만 생각했다. 심지어 그들 중 한 명은 수학과 졸업생에게 미적분이 중요한지 묻기도 했다.

　나는 나야말로 그들에 대해 아무것도 모르고 있다는 생각이 들었다. 왜 나는 그들이 이럴 것이라고 생각하지 못했을까? 그날 오후 우리는 '느리게 생각하라'라고 주장하는 책을 쓴 어떤 사람의 이야기를 들었는데, 그가 한 이야기는 정말 '영감을 주는' 이야기였다.

그는 '느리게'라는 단어를 아주 천천히 반복하며 결정을 내리기 전에 오랜 시간을 기다려야 한다고 강조했다. 그리고 그는 오랫동안 주식을 보유한 경험이나, 자산을 평가할 때 긴 시간 간격을 설정한 이야기를 했다. 또한 그는 빠르게 행동해야 한다고 믿는 사람과 논쟁을 벌인 적도 있다고 말했다. 그가 자신의 주장을 뒷받침하기 위해 사용한 예시 중 하나는 캘리포니아에 있는 자동화 트레이딩 회사(금융시장에서 알고리즘과 자동화 시스템을 활용해 인간의 개입 없이 매매를 수행하는 회사 – 옮긴이)에 관한 것이었다. 그는 고속 트레이딩에서는 가격이 서부 해안에서 시카고의 거래소로 전달되는 데 걸리는 시간조차도 너무 길다고 했다. 그는 이 회사가 본사를 주식 거래소에 더 가까운 곳으로 옮겼지만, 알고리즘의 성능이 떨어졌다고 했다. 알고리즘은 멀리 있을 때 더 잘 작동했기 때문이라는 게 그의 설명이었다.

이 사람은 이런 사례들이 느린 것이 더 좋다는 주장을 뒷받침한다고 주장했다. 이는 분명히 잘못된 주장이다. 사실 이는 한 시간 설정에 맞춰 조정된 알고리즘이 다른 설정에서는 제대로 작동하지 않을 수 있다는 이야기일 뿐이기 때문이다. 기껏해야 이 이야기는 다른 시간 척도를 위해 조정된 알고리즘이 다른 알고리즘들보다 유리할 수 있다는 정도의 메시지를 전할 뿐이었다. 주식 거래소 근처의 모든 거래 알고리즘은 짧은 시간 척도의 비효율성을 활용하도록 조정된 반면, 서부 해안의 거래자들은 약간 더 긴 시간 척도의 비효율성을 활용할 수 있었다. 하지만 서버를 옮긴 이후에는 그 차이가 없어졌다. 느린 시간 척도 자체가 결코 특별한 것은 아니다.

인간의 의사결정에 대한 연구가 경제학자와 심리학자에 의해 이루어지고 있음에도 불구하고, 이 사람은 기본적인 과학적 기준을 따르지 않았다. 그는 시간에 대한 잘못된 이분법을 사용해 마치 자신의 이론이 효과가 있는 것처럼 보이게 하면서 투자에 대한 잘못된 조언을 했다. 하지만 나는 이 한 사람을 비판하기 위해 지금 이야기를 하고 있는 것이 아니다. 나를 괴롭힌 것은 그의 이야기와 그 자리에서 발표한 다른 사람들의 이야기가 참석자들, 즉 비즈니스의 기초가 되는 알고리즘에 대해 거의 알지 못하는 시장 분석가들에게 쉽게 받아들여졌다는 사실이었다. 그들은 서로의 이야기를 나누며 똑똑한 척하고 있었다.

나는 그 상황의 일원이 돼버린 것 같았다. 거기서 내 역할은 프리미어리그 베팅, 축구 클럽의 스카우트, 구글의 알고리즘과 같은 이야기를 하는 것이었고, 이는 주최 측의 자신감을 더욱 확고히 해주었다. 그들은 고빈도 거래high-frequency trading(초단타 매매)와 스포츠 분석이 어떻게 작동하는지를 이해하고 있다고 믿었다. 그들에게 고빈도 거래의 기술적 세부 사항에 대한 지식이 부족한 것보다 더 나를 괴롭힌 것은, 이런 트레이더들이 사용하는 알고리즘에서 진정한 교훈을 배울 수 있다는 점이었다. 이는 그들이 자신의 작업에 더 균형 잡힌 접근 방식을 취하는 데 도움이 될 만큼 중요한 실용적 교훈이었지만, 그들은 알고리즘을 블랙박스처럼 보고, 자신들이 돈을 지불하는 소수의 양적 분석가들이 어떻게든 이익을 창출해주리라고 믿으면서, 그들이 알고 있는 것과 그동안 이해하지 못한 것이 무엇인지 이해하려고 하지 않았다.

게다가 그들은 질문하는 것을 두려워했고, 질문에 대한 답변을 이해하지 못할지도 모른다고 걱정했다. 나는 테이블에서 그 두려움을 느낄 수 있었고, 부끄럽게도 그에 맞춰 행동했다. 나는 그들에게 필요한 것을 이야기해주지 않으면서, 그들이 듣고 싶어 하는 사례들에 대해 계속 이야기했다. 나는 바르셀로나 방문에 대해 이야기하고, 얀과 마리우스에 대해, 축구 스카우터들이 새로운 선수를 찾는 방법에 대해 이야기했다. 그들은 흥미를 보였고 저녁 식사는 무난하게 진행됐다. 그들 역시 많은 흥미로운 일화를 가지고 있었다. 그중 한 명은 최근에 나의 영웅인 나심 탈레브를 만났고, 또 다른 한 명은 하버드에서 수학을 공부하는 딸이 있었다. 나는 와인을 마시며 분위기를 만끽했다. 이제 내가 이야기할 차례라는 것이 즐거웠고, 최선을 다해 그들에게 이야기했다.

트레이딩의 수학적 세부 사항을 모르는 사람들과 즐거운 시간을 보냈다고 나를 비난하지 않으면 좋겠다. 때로는 그런 사람들과의 시간이 더 재미있기도 하다.

* * *

내가 만약 그 자리에서 위선적이지 않았다면, 이렇게 말했을지도 모른다.

"금융시장의 비밀을 풀 수 있는 방법은 이 기본 방정식에서 시작하는 것 외에는 없습니다."

$$dX = bdt + f(X)dt + \sigma \cdot \epsilon_t$$

(방정식 6)

방정식은 많은 지식을 소수의 기호로 압축해 세상을 단순화한다. 시장 방정식은 그 훌륭한 예다. 이 방정식에 담긴 지식을 풀어내려면, 단계별로 매우 신중히 접근해야 한다.

이 방정식은 투자자들이 주식의 현재 가치에 대해 가지는 '느낌', 즉 X가 어떻게 변화하는지 기술한다. 이 느낌은 긍정적일 수도 부정적일 수도 있다. 예를 들어 $X=-100$은 미래에 대한 정말 나쁜 감정을, $X=25$는 꽤 좋은 감정을 나타낸다. 경제학자들은 시장이 상승세인지 하락세인지에 대해 이야기한다. 우리의 모델에서 상승세 시장은 미래에 대해 긍정적($X>0$)이고, 하락세 시장은 부정적($X<0$)이다. 좀 더 구체적으로 생각해보면, 우리의 X는 시장이 상승세라고 보는 사람의 수에서 하락세라고 보는 사람의 수를 뺀 값으로 생각할 수 있다. 하지만 이 단계에서 우리는 X를 측정하는 특정 단위에 얽매여서는 안 된다. 대신 X를 대략적인 느낌을 포착하는 것으로 생각해보자. 여기서 X는 투자자의 수가 아니라, 정리 해고가 발표된 후 회의에서의 느낌이나 회사가 큰 주문을 받았을 때의 느낌이 될 수 있다.

수학의 관례에 따라, 우리는 설명하고자 하는 것을 왼쪽에 두고, 설명하리라고 생각하는 것을 오른쪽에 둔다. 이 경우에 왼쪽은 dX다. 여기서 d는 변화를 나타낸다. 따라서 dX는 '느낌의 변화'를 뜻한다. 회사가 위험에 처했다는 사실을 알게 됐을 때 회의실의 분위기가 어떻게 가라앉는지 생각해보자. 이 경우 정리 해고의 위협은 $dX=-12$일 수 있다. 반면 앞으로 몇 년 동안 회사를 유지해줄 주문이 새로 들어온 경우에 $dX=6$일 수 있다. 더 큰 주문이라면 $dX=15$일 수도 있다.

내가 사용하는 숫자의 단위나 크기에 집중할 필요는 없다. 학교에서 수학을 배울 때는 사과나 오렌지, 돈과 같은 실제 사물의 더하기 와 빼기 문제를 다루곤 하지만, 여기에서는 좀 더 자유롭게 접근할 수 있다. 당신의 회사 동료들에게서 $dX = -12$와 같은 느낌의 변화를 실제로 측정할 수는 없지만, 그렇다고 해서 사람들의 감정 변화 포착을 시도하는 방정식을 쓰는 것이 불가능하지는 않다. 사실 주가라는 것은 투자자들이 기업의 미래 가치에 대해 가지는 느낌이라고 할 수 있다. 여기서 나는 특정 주식 투자에 대한 집단적인 느낌 변화나 직장에서의 분위기, 정치 후보에 대한 감정, 소비자 브랜드에 대한 느낌에 대해 말하고 있는 것이다.

이 방정식의 오른쪽은 $bdt + f(X)dt + \sigma \cdot \epsilon_t$다. 이 각 항의 가장 중요한 부분은 신호 b, 피드백 $f(X)$ 그리고 표준편차 또는 잡음 σ이다. 이러한 항들에 곱해지는 요소들은 시간(t) 동안의 변화(d)에 우리가 관심이 있음을 나타낸다. 잡음은 ϵ와 곱해지며, 이는 시간의 작은 무작위 변동을 나타낸다. 이러한 항들은 우리의 느낌이 신호, 사회적 피드백 그리고 잡음의 조합에 의해 주도된다고 모델링한다. 이제 우리는 이 방정식의 근본적인 개념을 이해하는 데 가까워졌으니, 예를 통해 이 방정식을 좀 더 구체적으로 설명해보자.

* * *

당신은 시장 방정식을 사용해 연금 계획을 선택할 수 있는지 궁금할지도 모른다. 하지만 그에 대한 답변은 좀 더 기다려야 할 것 같다. 지금은 더 중요한 질문들, 예를 들어 새로운 마블 영화를 볼지, 어떤 헤드폰을 살지, 내년 휴가는 어디로 갈지 결정하는 것 같은 질문들에 대해 생각해보자.

새로운 헤드폰을 사기로 결정했다고 생각해보자. 당신은 좋은 헤드폰을 사기 위해 200파운드를 저축했으며, 이제 온라인에서 그 돈으로 살 수 있는 최상의 제품을 찾고 있다. 당신은 소니 웹 사이트에 들어가 제품 사양을 읽고, 일본 브랜드인 오디오테크니카 제품의 리뷰를 살펴보고, 유명인과 스포츠 스타들이 비츠 헤드폰을 착용한 모습도 살펴본다. 어떤 헤드폰을 골라야 할까?

나는 어떤 헤드폰을 사야 할지 정확히 말할 수는 없지만, 문제를 어떻게 생각해야 할지 안내해줄 수는 있다. 이런 질문은 신호(b), 피드백($f(X)$), 잡음(σ)을 분리하는 문제라고 할 수 있다. 소니를 예로 들어보자. 소비자들이 소니라는 브랜드를 얼마나 좋아하는지를 측정하기 위해 변수 X_{Sony}를 사용해보자. 내가 처음으로 구입한 고품질 워크맨과 헤드폰은 1989년에 리처드 블레이크에게서 중고로 산 소니 제품이었다. 이 제품들은 클래식하고 신뢰할 수 있는 제품이었다. 방정식 6에 기초해, 소니의 고정된 신호 값은 $b=2$이고 시간 단위를 $dt=1$년으로 설정해보자. 여기서 '느낌'의 단위는 임의적이므로, 2라는 값 자체가 중요하지는 않다. 중요한 것은 사회적 피드백과 잡음에 대한 신호의 크기다. 소니의 경우, $f(X)=0$과 $\sigma=0$으로 설정한다. 이 경우는 신호만 존재하기 때문이다.

2015년에 $X_{Sony}=0$에서 시작하면, $dX_{Sony}=b \cdot dt=2$이므로, 2016년에는 $X_{Sony}=2$가 된다. 2017년에는 $X_{Sony}=4$, 2020년에는 $X_{Sony}=10$이 된다. 소니에 대한 긍정적인 느낌은 긍정적인 신호 덕분에 늘어난다.

반면에 당신은 오디오테크니카 제품에 대해서는 소니에 비해 아는 것이 훨씬 적다. 오디오테크니카 제품은 몇몇 유튜브 채널에서 좋은 리뷰를 받았고, 동네 오디오 전문점의 사운드 전문가가 일본 DJ들 사이에서 가장 핫한 브랜드라고 주장하지만, 당신이 가진 정보는 많지 않다. 한두 개의 출처에서만 조언을 받는 것은 위험하며, 이 위험이 잡음을 만든다. 오디오테크니카 제품에 대한 일본 DJ들의 추천은 소수의 출처에서만 나오기 때문에 $\sigma=4$로 설정해 잡음이 신호의 두 배가 되도록 만든다.

오디오테크니카 제품의 시장 방정식은 $dX_{AT}=2dt+4\in_t$이다. 마지막 항인 $\in_t$는 매년 랜덤 숫자를 생성한다고 생각할 수 있다. 때때로 이는 긍정적일 수도 부정적일 수도 있지만, 평균적으로 $\in_t$는 0이 되고 분산은 1이 된다.

여기서 당신은 랜덤 값을 선택해 $\in_t$에 대한 정보를 시뮬레이션할 수 있다. 이는 주가 변동을 모델링하는 금융 양적 분석가들이 일반적으로 하는 작업이다. 그들은 특정 문제에 대해 수백만 번의 시뮬레이션을 실행하고 결과의 분포를 살펴본다.

여기서는 이런 시뮬레이션이 어떻게 작동하는지를 보여주기 위해 하나의 시뮬레이션을 '실행'해보자. 랜덤 값을 만드는 과정을 상상해보자. 2015년에 랜덤 값이 $\in_t=-0.25$라고 가정해보자. 그렇다면 $dX_{AT}=2-4\cdot0.25=1$이 된다. 다음 해에 $\in_t=0.75$라면 $dX_{AT}=2+4\cdot0.75=5$가 되고, 2017년에 $\in_t=-1.25$라면 $dX_{AT}=2-4\cdot1.25=-3$이 된다. 오디오테크니카에 대한 당신의 신뢰는 시간이 지남에 따라 증가하지만(X_{AT}는 2016년, 2017년, 2018년에 각각 1, 6, 3이다), 소니에 비해 훨씬 더 불규칙하게 변화한다.

마지막으로, 사회적 피드백이 강한 제품인 닥터 드레의 비츠를 살펴보자. 이 헤드폰은 소셜 미디어에서 자신의 모습을 공유하게 만들고 타인의 관심을 끌어들이는 느낌을 만들어낸다. 즉, 비츠는 사람들에게 과대광고를 믿게 만든다. 유명인과 온라인 인플루언서가 이 느낌에 동참하면서 더 많은 사람들이 비츠를 선택하게 되고, 그 느낌은 더욱 강해진다. 우리의 모델에 따르면, 예를 들어 $f(X) = X$로 설정하면 비츠에 대한 느낌은 그 느낌 자체에 비례해 늘어난다. 즉, 비츠에 대한 선호도가 높아질수록 더 많은 선호도가 생성된다. 이는 시장 방정식 $dX_{BEATS} = 2dt + X_{BEATS}dt + 4\in_t$로 나타낼 수 있다. 즉, 2단위의 성장, X_{BEATS}에 의한 사회적 피드백 그리고 4단위의 잡음이 비츠의 선호도 성장을 뒷받침한다.

비츠가 2015년에 판매가 좋지 않았다고 가정해보자. 랜덤 변동 $\in_t = -1$이 발생했다고 가정하고, 초기 설정으로 $X_{BEATS} = 0$이라면, 시장 방정식을 적용할 때 $dX_{BEATS} = 2 + 0 - 4 \cdot 1 = -2$가 된다. 2016년 초에는 비츠에 대한 신뢰가 부정적이 돼 $X_{BEATS} = -2$가 된다. 다음 해에는 잡음이 좀 더 나아져 $\in_t = 0.25$가 되지만, 사회적 피드백이 개선을 제한한다. 이때 $dX_{BEATS} = 2 - 2 + 4 \cdot 0.25 = 1$이 된다. 따라서 2017년에는 $X_{BEATS} = -1$이 된다. 2018년 동안 $\in_t = 1$이 되면 비츠에 대한 느낌이 성장하기 시작해, $dX_{BEATS} = 2 - 1 + 4 = 5$가 돼 $X_{BEATS} = 4$가 된다. 사회적 피드백이 폭발적으로 증가하면서, 2019년에는 더 나쁜 해가 되더라도 $\in_t = 0.0$에서 $dX_{BEATS} = 2 + 4 + 0 = 6$이 돼, 비츠에 대한 감정 $X_{BEATS} = 10$이 된다. 사회적 피드백 항은 나쁜 것과 좋은 것 모두를 증폭시킨다. 이는 제품이 처음에 성공하기 어렵게 만들 수 있지만, 한 번 느낌이 정착되면 그 느낌은 더욱 강해진다.

나는 여기서 소니, 비츠 그리고 일본 DJ들이 선호하는 브랜드 오디오테크니카에 대해 조금 과장된 묘사를 했음을 인정한다. 소비자

그림 6 세 가지 제품에 대한 느낌이 시간이 지남에 따라 변화하는 모습

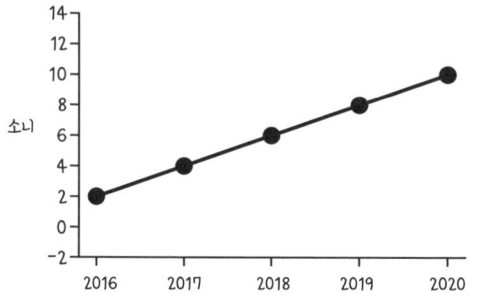

소니에 대한 느낌은 오직 신호에 의해서만 성장한다.

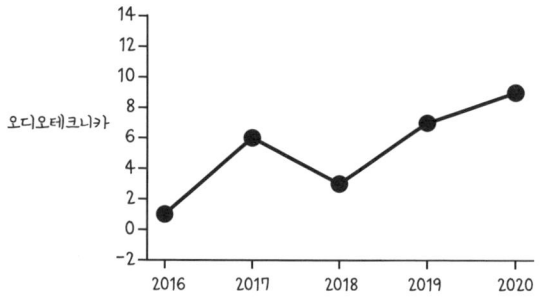

오디오테크니카에 대한 느낌은 신호와 잡음의 조합으로 형성된다.

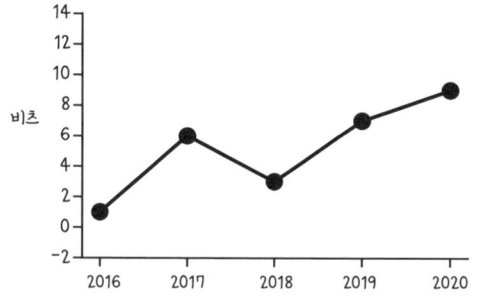

비츠에 대한 느낌은 신호, 피드백 그리고 잡음의 조합으로 형성된다.

로서 제품 선택을 하기가 어렵다는 점을 이 브랜드들이 잘 안다면 과장된 묘사를 했다고 해서 나를 고소하지는 않을 것이다. 인터넷을 검색하고 친구들에게 물어보는 것은 사람들이 다양한 헤드폰에 대해 표현하는 느낌을 측정하는 일이다. 이에 대한 우리의 시뮬레이션은 그림 6에 요약돼 있다.

최고의 헤드폰 제품은 소비자의 느낌에 따라 계속 달라질 수 있다. 2016년과 2018년에는 소니가 최고의 제품으로 여겨졌고, 2017년에는 오디오테크니카가 그랬다. 2019년과 2020년에는 비츠가 최고의 제품으로 생각됐다.

여러분은 내가 앞에서 설명한 내용을 바탕으로 소니를 선택해야 한다고 결론짓고 싶을지도 모른다. 앞의 설명에 따르면 소니가 가장 신뢰할 수 있는 신호를 가지고 있으니 말이다. 하지만 여러분은 다른 모든 제품들도 진정한 신호를 가졌으며, 이 경우 $b=2$는 모든 제품에서 동일하다는 사실에 유의해야 한다. 시장 방정식의 우변은 더 깊이 생각해야 한다고 우리에게 말한다. 각 브랜드에 대해 방정식은 세 가지 요소의 조합에 영향을 받는다. 소비자로서 당신의 도전 과제는 피드백과 잡음 속에서 그 신호를 찾아내는 것이다.

이와 같은 논리는 최신 블록버스터 영화, 온라인 게임, 운동화, 핸드백 등 모든 소비자 제품에도 적용된다. 당신이 가장 자주 접하는 것은 제품에 대한 느낌이지만, 진정으로 알고 싶은 것은 그 제품의 기본 품질이다.

주식시장에서도 문제는 동일하다. 우리는 대부분 주가의 변화(dX)에 대해서만 알지만, 실제로 우리가 알고 싶은 것은 신호의 강도다. 주식 투자를 할 때는 특정 주식에 대한 사회적 피드백이 많아

과도한 홍보가 이루어지고 있는지 또는 혼란스러운 잡음의 출처는 무엇인지 파악하는 것이 가장 중요하다.

* * *

수세기 동안 TEN의 구성원들은 신호만을 보아왔다. 뉴턴의 중력 법칙에서 영감을 받은 18세기 스코틀랜드 경제학자 애덤 스미스는 시장을 균형으로 이끄는 '보이지 않는 손'에 대해 설명했다. 이는 물물교환과 상품의 거래가 시장의 공급과 수요를 균형 있게 맞춘다는 이론이다. 이탈리아의 경제학자이자 사회학자인 빌프레도 파레토Vilfredo Pareto는 미적분을 사용해 스미스의 견해를 확립했으며, 우리의 지속적인 경제 진화가 최적의 상태로 향한다고 주장했다. 이들은 이익의 신호가 우리를 안정된 번영으로 이끌 것이라고 믿었다.

시장 불안정성의 첫 신호인 네덜란드 튤립 광풍과 영국의 남해 거품 같은 사건은 거의 일어나지 않았고, 실제로도 큰 우려를 일으키지는 않았다. 자본주의가 전 세계로 퍼져나가면서 비로소 호황과 불황을 설명할 필요가 생겼다. 1929년의 대공황에서 1987년의 주식시장 붕괴에 이르기까지 반복되는 위기는 사회에서 시장이 완벽하지 않음을 보여주었다. 시장은 혼란스럽고 급격하게 변동했다. 잡음은 신호만큼이나 강해졌다.

20세기 초, 물리학이 뉴턴의 고전 물리학에서 아인슈타인의 현대 물리학으로 진화함에 따라 시장의 수학도 진화했다. 상대성 이론을 발표하기 전에 아인슈타인은 물속에서의 꽃가루 움직임이 물 분자의 무작위적인 폭격으로 발생한다는 것을 설명했다. 우리의 경제적 번영이 외부 사건에 의해 흔들리는 현상은 이 새로운 무작위성의 수학으로 완벽하게 포착된 듯이 보였고, TEN의 구성원들은 새로운 이론을 수립하기 시작했다. 1900년, 프랑스 수학자 루이 바슐리에^{Louis} ^{Bachelier}는 〈투기 이론$^{The\ Theory\ of\ Speculation}$〉이라는 제목의 논문에서 방정식 6의 첫 두 가지 구성 요소를 제시했다. 20세기 대부분 동안, 잡음은 새로운 이익의 원천이 됐다.

블랙 숄즈 방정식$^{Black\text{-}Scholes\ Equation,\ BSE}$(파생 투자 기법을 포함한 금융시장의 수학적 모형을 기술하는 편미분방정식 – 옮긴이) 같은 기본 이론의 확장은 파생 상품, 선물^{futures}, 풋옵션$^{put\ options}$(특정 기간 내에 정해진 가격, 즉 행사 가격으로 기초 자산을 팔 수 있는 권리를 제공하는 파생 상품 – 옮긴이)의 가격을 책정하고 개발하는 데 사용됐다. TEN의 구성원들은 이러한 새로운 금융 모델을 창출하고 제어하는 역할을 맡게 됐다. 사실상 그들은 세계의 화폐 공급을 관리하는 책임을 지게 된 것이었다.

하지만 뉴턴의 결정론적 미적분학이 금융시장에 대한 잘못된 모델이었던 것처럼, 시장이 잡음에 의해 폭격당한다는 관점 역시 중요한 요소인 시장 참여자, 즉 우리를 간과하고 있었다. 우리는 사건에 의해 움직이는 입자가 아니라, 합리적이고 감정적이며 능동적 주체다. 우리는 잡음 속에서 신호를 찾고, 그러면서 서로에게 영향을 미치고, 서로에게서 배우며, 서로를 조작한다. 수학적 이론에서도 인간의 복잡성은 무시할 수 없다.

이러한 깨달음에 자극받은 TEN의 일부 구성원들은 새로운 방향으로 나아갔다. 뉴멕시코주의 산타페 연구소는 전 세계의 수학자,

물리학자, 과학자들을 모았다. 그곳에서 그들은 인간의 사회적 상호작용을 설명하려는 새로운 복잡성 이론을 구상하기 시작했다. 이 이론은 트레이더들의 집단행동으로 인해 주가에서 예측 불가능한 큰 변동이 발생할 것이라고 전망했다. 변동성이 증가함에 따라, 모델은 과거에 비해 더욱 극적인 호황과 불황을 기대해야 한다고 말했다. 연구자들은 최고 권위의 과학 저널에 이와 관련된 경고를 담은 논문을 지속적으로 발표했다.[1] TEN의 비밀은 항상 모든 사람이 읽을 수 있도록 공개돼 있었지만, 실제로 그 비밀을 읽는 사람은 거의 없었다.

산타페 연구소의 연구원 중 한 명인 J. 도인 파머 J. Doyne Farmer는 이 아이디어를 실천에 옮기기 위해 연구소를 떠났다. 그는 나중에 자신의 작업이 상상했던 것보다 더 힘들었지만 그 노력이 결실을 맺었다고 말했다. 1998년 아시아 금융 위기, 2000년 닷컴 붕괴 그리고 2007년 금융 위기를 지나면서 파머의 투자 자산은 안전하게 보호됐기 때문이다. 파머는 금융 기관과 정부를 무너뜨리고 유럽과 미국 전역에서 정치적 불만이 싹트게 만든 혼란을 피해갈 수 있는 보험을 든 것이었다.

수학자들은 이런 붕괴가 다가오고 있음을 처음부터 알았다고 주장한다. 이는 어느 정도 맞는 말이다. 그들은 다른 사람들보다 준비가 돼 있었고, 많은 사람이 손해를 보는 동안 TEN의 구성원들은 여전히 이익을 챙기고 있었기 때문이다.

* * *

내가 너무 앞서 나가고 있었는지도 모르겠다. 수학이 단순한 신호로부터 시장을 이해하는 단계에서 잡음을 인식하고, 궁극적으로 사회적 피드백을 받아들이는 과정에 대한 역사적 설명은 흥미롭지만, 이 설명은 중요한 한 가지 이야기를 놓치고 있기 때문이다. 이 이야기는 인간의 어리석음이 어떤 특정한 단계에서 새로운 사고방식으로 개선된 이야기처럼 들릴 수도 있을 것이다.

하지만 이러한 변화는 단순히 인간의 실수를 교훈으로 삼는 것이 아니라, 시장의 복잡성과 그 안에서의 인간 행동을 깊이 이해하게 만든다. 시장은 단순한 기계가 아니며, 그 안에는 다양한 요인과 상호작용이 존재한다. 따라서 수학적 모델링은 단순한 신호와 잡음을 넘어, 인간의 복잡한 감정과 행동을 반영해야 한다는 점이 중요하다.

수학자들이 지난 세기 동안 실수로부터 배워 다른 이들보다 앞서 나갔다는 것은 사실이지만, 또 다른 중요한 점이 있다. 사실 수학자들은 금융시장의 잡음 속에서 진정한 신호를 찾는 방법을 잘 알지 못한다. 이는 상당히 설득력 있는 주장이다. 따라서 이를 단계별로 설명할 필요가 있다. 시장 방정식의 초기 성공 비결은 3장에서 언급한 바 있다. 1980년대 금융 분야에서 일하던 수학자들은 충분한 관측치를 수집함으로써 신호와 잡음을 분리해냈다. 루이 바슐리에의 시장 방정식 첫 번째 버전은 $f(X)$를 포함하지 않았으며, 단순히 기업에 대한 신뢰의 성장과 그에 따른 주가를 신호와 잡음의 조합으로 설명했다. 이러한 수학적 지식만으로도 트레이더들은 고객이 노출되는 무작위성을 줄였다. 이는 신호와 잡음을 혼동하는 이들에 비해 그들에게 에지를 제공했다.

2007년 금융 위기 이전 10년 이상 동안, 이론물리학자들 중 일부는 순수하게 신호와 잡음에 기반한 시장 방정식이 위험하다고 주장했다. 그들은 이 모델이 지난 세기 동안 주식시장에서 관찰된 대규모 호황과 불황을 설명할 만큼의 변동성을 생성하지 못한다는 것을 증명했다. 예를 들어 1999년의 닷컴 버블과 아시아 금융 위기는 모두 주가가 단순한 신호와 잡음 모델로는 결코 예측할 수 없는 값으로 폭락할 수 있음을 실제로 보여주었다.

이러한 큰 편차의 규모를 이해하기 위해, 드무아브르와 그의 동전 던지기 방법을 떠올려보자. 그는 n번의 동전 던지기 후 나오는 앞면의 수가 일반적으로 $\sqrt{n}$에 비례하는 크기의 구간 내에 들어감을 발견했다. 중심극한정리[1]는 드무아브르의 결과를 확장해, 이 $\sqrt{n}$ 규칙이 모든 게임과 여론조사와 같은 많은 실제 상황에도 적용된다고 말한다. 중심극한정리의 핵심 가정은 사건들이 독립적이라는 것이다. 우리는 독립적인 룰렛 스핀의 결과를 합산하거나 많은 다른 사람의 독립적인 의견을 묻는다.

단순한 신호와 잡음 시장 모델은 가격 변화의 독립성을 가정한다. 이 모델에 따르면, 주식의 미래 가치는 $\sigma\sqrt{n}$ 규칙과 정규분포를 따라야 한다. 하지만 현실에서는 그렇지 않다. 산타페 연구소의 이론물리학자들이 보여준 바와 같이, 미래 주가의 변동은 n의 더 높은 거듭제곱, 예를 들어 $n^{2/3}$ 또는 심지어 n 자체에 비례할 수 있다.[2] 이는 시장을 매우 변동성 있게 만들고, 예측을 거의 불가능하게 만든다. 주식은 하루 만에 전체 가치를 잃을 수 있으며, 이는 드무아브르가 동전을 던져 1,800번 앞면만 나오는 것과 같다.

이러한 큰 변동의 이유는 트레이더들이 서로 독립적으로 행동하지 않기 때문이다. 룰렛에서는 한 바퀴의 회전이 이전의 회전과 무관하지만, 주식시장에서는 한 트레이더가 매도하면 다른 트레이더도 자신감을 잃고 매도하게 된다. 이는 드무아브르의 중심극한정리의 가정을 무력화한다. 이제 주가의 변동은 작고 예측 가능한 수준을 벗어난 상태다. 주식시장의 트레이더들은 집단행동을 하면서 성공과 실패를 반복한다.

모든 금융 수학자들이 중심극한정리가 시장에 적용되지 않음을 이해한 것은 아니다. 2009년에 J. 도인 파머를 만났을 때, 그는 2007~2008년 위기 동안 많은 손실을 본 한 거래처의 동료에 대해 내게 이야기했다. 그 동료는 리먼 브라더스 투자은행의 붕괴를 '12 시그마 사건'이라고 말했다고 한다. 3장에서 보았듯이, 1 시그마 사건은 세 번 중 한 번 발생하고, 2 시그마 사건은 약 20번 중 한 번 발생하며, 5 시그마 사건은 약 350만 번 중 한 번 발생한다. 12 시그마 사건은 한 번 발생할 확률이 매우 낮으며, 내 계산기는 9 시그마 이상의 값을 찾으려고 하면 작동하지 않는다. 따라서 이러한 사건이 발생할 가능성은 매우 낮으며, 모델이 매우 잘못됐음을 시사한다.

이론물리학자들은 이렇게 큰 편차가 발생하는 원인을 수학적으로 밝혀냈지만, 트레이더의 집단 심리를 밝혀낸 것은 이들만이 아니었다. 나심 니콜라스 탈레브Nassim Nicholas Taleb의 두 권의 책 《행운에 속지 마라》와 《블랙 스완》은 2007년 이전의 금융 세계에 대한 재치 있고도 예리한 분석을 제공한다. 같은 시기에 출간된 로버트 J. 쉴러Robert J. Shiller의 《비이성적 과열Irrational Exuberance》은 이와 비슷한 아이디어를 더 학문적이고 철저하게 다룬다.[3] 이론물리학자들, 냉철한 양적 투자자들 그리고 예일대 경제학자들이 모두 같은 모델에 대해 경고

한다면, 그 경고에 주목하는 것이 좋다.

밀레니엄 전환기에 금융 산업으로 진출한 많은 이론물리학자들은 시장에서 에지를 발견했다. 그들은 금융 위기 동안에도 그 에지를 유지했으며, 시장이 하락할 때 큰 수익을 올렸다. 그들은 시장 방정식에 $f(X)$ 항을 추가함으로써 리먼 브라더스의 붕괴와 같은 사건에 대비했다. 반면에 이때 트레이더들은 앞다투면서 극단적이고 위험한 포지션으로 몰려들었다.

현재 모든 금융 수학자들은 시장이 신호, 잡음 그리고 집단행동의 조합임을 알고 있다. 그들의 모델은 붕괴가 발생할 것임을 보여주며, 장기적으로 얼마나 큰 규모일지를 예측할 수 있게 해준다. 하지만 금융 수학자들은 이러한 붕괴가 언제 또는 왜 발생하는지에 대해서는 잘 알지 못한다. 최소한 집단 심리와 관련이 있다는 것 외에는 말이다. 그들은 시장의 상승과 하락의 근본적인 이유를 이해하지 못하고 있다. 3장에서 온라인 카지노에 대해 이야기할 때 나는 게임이 카지노에 유리하게 편향돼 있다고 설명했다. 나는 룰렛 휠의 구조를 살펴본 결과에 기초해, 신호가 스핀당 평균적으로 1/37의 손실이라는 것을 알았다. 4장에서 루크 본은 각 농구 선수가 팀 전체 성과에 기여하는 정도를 관찰해 팀의 기술을 측정했다. 그는 게임에 대한 지식과 잘 선택된 가정을 결합해 기술 신호를 발견한 것이었다. 5장에서 리나와 미카엘라는 인스타그램 알고리즘을 역설계함으로써 그들의 세계관이 소셜 미디어에 의해 왜곡되는지 여부를 살펴보기 시작했다. 이 모든 예시에서 모델은 각각 룰렛, 농구 그리고 소셜 미디어가 어떻게 작동하는지에 대한 통찰을 제공한다. 하지만 시장 방정식은 그 자체로는 이런 이해를 제공하지 않는다.

연구자들은 다양한 시점에서 시장에서 진정한 신호를 찾으려 시도해왔다. 1987년 '검은 수요일' 붕괴 이후인 1988년에 데이비드 커틀러David Cutler, 제임스 포터바James Poterba, 래리 서머스Larry Summers는 미국 경제 연구소에서 '주가를 움직이는 요소는 무엇인가?'라는 제목의 논문을 작성했다.[4] 그들은 산업 생산, 이자율, 배당금과 같은 요소들이 주식시장 수익에 영향을 미치지만, 주식시장 가치의 변동 중 약 1/3만 설명함을 발견했다. 그런 다음, 그들은 전쟁이나 새 대통령 당선 같은 큰 뉴스 사건이 이 변동 과정에서 역할을 하는지 살펴보았다. 큰 뉴스가 있는 날에는 주가가 상당히 변화했지만, 뉴스가 없는 날에도 상당한 시장 변동이 있었다. 대다수의 주식 거래소의 움직임은 외부 요인으로는 설명할 수 없었다.

2007년, 컬럼비아대학교의 경제학 교수인 폴 테틀록Paul Tetlock은 〈월스트리트 저널〉의 '시장 최신 정보' 칼럼을 조사해 '비관적 미디어 요인'이라는 개념을 만들어냈다. 이 칼럼은 매일 주식 거래가 종료된 후 바로 작성된다.[5] 테틀록은 칼럼에서 사용된 다양한 단어의 빈도를 측정해, 그날의 거래에 대한 기자의 전반적인 느낌을 분석했다. 그는 비관적인 단어가 다음 날 주가 하락과 연관돼 있지만, 이러한 하락은 주 후반에 반전됨을 발견했다. 그는 이 칼럼이 장기적인 트렌드에 대한 유용한 정보를 제공할 가능성이 낮다고 결론지었다. 다른 연구들도 인터넷 채팅방의 가십이나 거래소에서의 대화가 거래량을 예측할 수 있지만, 시장의 방향성을 예측할 수는 없음을 보여주었다.[6] 주식의 미래 가치를 예측할 수 있는 신뢰할 만한 규칙은 없었다.

여기서 두 가지를 분명히 하고 싶다. 첫째, 이러한 결과가 곧 기업에 대한 뉴스가 그 기업의 주가에 영향을 미치지 않는다는 것을 의미하지는 않는다. 예를 들어 페이스북 주가는 케임브리지 애널리티카 스캔들이 발생한 후 하락했으며, BP(세계 2위의 석유 회사)의 주가는 딥워터 호라이즌 원유 유출 사고 이후 떨어졌다. 하지만 이 경우, 주가 변동을 초래한 사건들은 주가 자체보다 예측하기 어려운 경우가 많아, 이를 토대로 수익을 추구하는 투자자에게는 거의 쓸모가 없다. 내가 어떤 소식을 듣는 순간, 다른 모든 사람들도 그 소식을 듣게 되기 때문이다. 따라서 이로 인해 에지를 가질 기회는 존재하지 않는다.

둘째, 나는 시장 방정식에 기반한 모델이 위험에 대비할 유용한 장기 계획을 제공한다는 점을 다시 강조하고 싶다. 유명한 은행에서 일하는 내 친구 마야는 방정식 6을 사용해 은행이 노출된 다양한 위험을 평가한 후, 불가피한 상승과 하락에 대비해 보험을 구매한다. 마야는 수학자가 아닌 사람들은 자신이 사용하는 모델의 한계를 잘 이해하지 못하는 경우가 많다고 말한다. 최근 그녀와 그녀의 동료 페이먼과 함께 점심을 먹었을 때 그녀는 내게 "비수학자들 사이에서 가장 큰 문제는 모델의 결과를 문자 그대로 받아들인다는 것"이라고 말했다. 그러자 페이먼이 거들었다.

"미래의 어떤 시점에 대한 신뢰구간을 보여주면, 그들은 그것을 사실로 받아들입니다. 그들 중 극소수만이 우리의 모델이 매우 약한 가정에 기반한다는 것을 이해합니다."

마야와 페이먼은 이 개념이 진실을 나타내긴 하지만 수학적인 개념이기 때문에 이해하기 힘들다고 생각한다. 하지만 실제로 시장 방정식은 이해하기 힘든 개념이 아니다. 이 방정식의 주요 메시지는 미래에 거의 모든 일이 일어날 수 있기 때문에 조심해야 한다는 간단한 내용이기 때문이다.

우리가 시장의 변동에 대비할 수는 있지만, 그 변동이 왜 발생했는지를 이해할 수 없다는 생각은 금융시장의 많은 트레이더들이 공유하고 있다. 2018년 초, 시장이 일시적으로 폭락했다 반등했을 때, 양적 거래 회사 MANA 파트너스의 CEO인 마노즈 나랑Manoj Narang은 비즈니스 뉴스 미디어인 〈쿼츠〉에 다음과 같이 말했다.

"시장에서 어떤 일이 왜 발생했는지를 이해하는 것은 삶의 의미를 이해하는 것과 거의 비슷한 정도로 어려운 일입니다. 많은 사람들이 정보에 기반한 추측을 하긴 하지만, 정확하게 알지는 못합니다."[7]

트레이더들, 은행가들, 수학자들, 경제학자들도 시장의 움직임을 정확하게 이해하지 못하는데, 당신이 그것을 이해할 수 있다고 생각하는 이유는 무엇일까? 아마존 주식이 정점에 이르렀다고 당신이 생각하는 이유가 무엇일까? 페이스북 주식이 계속 하락하리라고 확신하는 이유는 무엇일까? 적절한 시점에 주택 시장에 진입할 것이라고 이야기할 때, 그렇게 자신할 수 있는 이유는 무엇일까?

2018년 여름, 나는 미국에서 가장 큰 비즈니스 뉴스 프로그램 중 하나인 CNBC의 〈파워 런치〉에 초대받았다. 나는 이전에도 뉴스 방송에 출연한 적이 있지만, 이번 경험은 완전히 다른 수준이었다. 아이스하키 경기장 크기의 거대한 개방형 홀에 기자들이 책상 사이를 오가며 분주하게 움직이고 있었다. 화면은 여기저기에서 조명이 반짝이는 시애틀의 사무실, 스칸디나비아의 고속 지하 컴퓨터 홀, 중국의 대형 공장 단지, 아프리카 수도의 사업 회의 장면 등이 담긴 비디오 피드를 보여주었다. 방송 진행자들은 나를 편집실로 안내해 정보를 실시간으로 편집하는 과정을 보여주었다. 전 세계의 모습을 비춰주는 화면들은 시시각각 변하는 주가 숫자와 긴급 뉴스 헤드라인으로 덮여 있었다.

시장 방정식이 내게 가르쳐준 것은 이런 화면에 있는 거의 모든 것이 무의미한 잡음 또는 사회적 피드백에 불과하다는 점이다. 이는 쓸모없는 정보다. 주가의 일일 변동이나 전문가가 금을 사야 할지 말아야 할지를 설명하는 장면을 지켜보는 것에서 유용한 정보를 얻을 수는 없다. 일부 투자자들, 특히 내가 홍콩에서 만난 사람들 중에는 자신이 투자하는 사업의 기본 요소를 철저히 조사해 좋은 투자를 식별할 수 있는 이들도 있었다. 하지만 기업이 어떻게 운영되고 내부적으로 작동하는지를 체계적으로 조사한 후에 하는 조언을 제외한 모든 투자 조언은 무작위 잡음에 불과하다. 이런 무작위 노이즈에는 과거에 돈을 벌었던 멘토들의 동기부여적인 조언들도 포함된다.

과거를 바탕으로 미래를 예측할 수 없다는 것은 개인 재정에도 적용된다. 예를 들어 집을 사는 경우, 해당 지역의 집 가격이 지난 몇 년 동안 어떻게 변했는지 신경 쓸 필요가 전혀 없다. 그 추세를 기초로 미래를 예측할 수는 없기 때문이다. 대신 주택 가격이 시장에 대한 느낌의 변화에 따라 엄청난 변동을 보인다는 사실을 잘 인식해야 한다. 상승과 하락 모두에 정신적으로나 재정적으로 준비돼 있어야 한다. 이런 준비가 됐다면, 가장 마음에 드는 집이면서 자신이 감당할 수 있는 집을 선택하면 된다. 좋아하는 동네를 찾고, 그 집을 리모델링하는 데 얼마나 많은 시간과 자금을 투자할 것인지 결정하면서,

출퇴근 시간과 아이들의 학교까지의 거리도 고려해야 한다. 중요한 것은 기본적인 시장 요소다. 집이 '떠오르는 지역'에 있는지 여부는 그리 중요하지 않다.

주식 거래를 할 때도 과도하게 고민할 필요가 없다. 믿음이 가는 회사를 찾아 투자하고 결과를 지켜보면 된다. 많은 회사의 주식에 투자하는 인덱스 연계 투자 펀드에 자금의 일부를 넣는 것도 좋다. 또한 어떤 연금에 가입할지 결정하는 것도 중요하다. 그 이상은 당신이 할 수 있는 일이 아니다. 이렇게 생각하면 주식 거래를 하면서 스트레스를 받을 일이 없어진다.

앞에서 언급한, 세 종류 헤드폰의 품질을 테스트하는 간단한 방법이 있다. 좋아하는 음악 열 곡으로 재생 목록을 만들고, 각 헤드폰에서 한 곡씩 들어보자. 그런 다음, 각 곡을 각 헤드폰에서 듣는 순서를 무작위로 바꾸어보자. 그런 다음 소리를 평가하면 된다. 친구들의 이야기나 온라인 리뷰에 신경 쓸 필요가 없다. 신호에 귀를 기울이는 것으로 충분하다.

* * *

우리 수학자들은 교활하다. 우리는 모든 것이 무작위라고 말한 다음, 새로운 방식으로 에지를 발견하기 때문이다. 수학자들은 주가의 장기적인 추세를 수학으로 예측할 수 없다는 것을 알게 되면, 그들은 반대 방향으로 나아가 더 짧은 시간 단위를 살펴보기 시작한다. 우리 수학자들은 인간이 계산할 수 없는 영역에서 에지를 발견한다. 2015년 4월 15일, 버츄 파이낸셜$^{\text{Virtu Financial}}$이 주식시장에 상장됐다. 그로부터 7년 전에 금융 트레이더인 빈센트 비올라Vincent Viola와 더글러스 시푸Douglas Cifu가 설립한 이 회사는 고빈도 거래를 위한 혁신적인 방법을 개발했다. 이는 미국의 한 주식 거래소에서 거래가 이루어진 후 수 밀리초 내에 주식을 사고파는 방식이다. 상장 직전까지 버츄 파이낸셜은 그들의 거래 방법과 수익에 대해 극도의 보안을 유지했다. 하지만 기업공개IPO를 위해서는 재무와 사업 세부 정보를 공개해야 했다.

기업공개와 함께 이 회사의 비밀이 드러났다. 5년간의 거래 기간 동안, 이 회사는 단 하루만 손실을 기록했다. 이 결과는 어떤 기준으로 보더라도 놀라운 것이었다. 금융 트레이더들은 무작위성과 맞닥뜨리는 데 익숙한 상태이며, 보통 이익을 내기 위해서는 수 주 또는 수개월 간의 손실을 감수해야 한다는 것을 배운다. 이 회사는 거래에서 하락을 제거하고 상승세를 유지하고 있었다.

기업공개 시점에서 버츄 파이낸셜의 시총은 30억 달러로 평가됐다.

이 회사의 확실한 일일 수익에 호기심을 느낀 예일대학교의 천문학 교수인 그렉 로플린Greg Laughlin은 이 회사의 성과가 어떻게 이렇게 신뢰할 만했는지를 분석하고자 했다.[8] 더글러스 시푸는 〈블룸버그〉에 버츄 파이낸셜의 거래 중 "51~52%"만이 수익성이 있다고 인정했다.[9] 이 진술은 처음에는 로클린을 혼란스럽게 했다. 개별 거래의 48~49%가 손실을 본다면, 보장된 일일 이익을 내기 위해서는 매우 많은 거래가 필요할 것이었기 때문이다.

로클린은 버츄 파이낸셜이 수행한 거래의 유형을 더 자세히 살펴보았다. 이 회사는 경쟁 회사보다 가격 변동을 먼저 알고 이익을 얻었다. 기업공개 문서에서 밝혀진 바에 따르면, 버츄 파이낸셜은 블루라인 커뮤니케이션 LLC라는 회사를 통제하고 있었으며, 이 회사는 일리노이와 뉴저지의 주식 거래소 간에 가격 정보를 약 4.7밀리초 내에 전송할 수 있는 마이크로파 통신 기술을 개발한 회사였다.

마이클 루이스는 그의 2014년 저서《플래시 보이즈Flash Boys》에서 두 거래소 간 광섬유 경로의 지연 시간이 약 6.65밀리초라고 밝힌 바 있다. 버츄 파이낸셜은 광섬유를 사용하는 이들보다 약 2밀리초의 에지를 가졌다.

1밀리초 또는 2밀리초의 시간 단위에서, 거래당 이익 마진은 약 0.01달러. 이러한 마진 때문에 손익이 발생하지 않는 거래가 자주 이루어지며, 이를 스크래치scratch 거래라고 한다. 로플린은 24%의 거래가 손실을 기록하고, 25%가 스크래치 거래라고 가정했을 때, 평균 거래당 이익을 $0.51 \cdot 0.01 - 0.24 \cdot 0.01 = 0.0027$달러로 계산했다. 버츄 파이낸셜의 보고된 거래 수익이 하루에 44만 달러임을 고려하면, 이는 버츄 파이낸셜이 하루에 1억 6,000만 주를 거래하고 있음을 의미한다.[10] 이는 미국 주식시장의 총 거래량의 3~5%에 해당한다. 그들은 모든 가능한 거래의 상당 부분에서 작은 비율을 취했으며, 가장 작은 에지를 최고의 속도로 확보함으로써 확실하게 큰 이익을 얻었다.

나는 빈센트 비올라와 더글러스 시푸에게 인터뷰를 요청했지만, 둘 다 아무 답이 없었다. 그래서 나는 친구 마크에게 전화했다.[11] 마크는 다른 대형 양적 거래 회사에서 일하는 수학자다. 그에게 버츄 파이낸셜 같은 회사들이 어떻게 운영되는지 설명해줄 수 있는지 물어보았다. 그는 고빈도 거래자들이 에지를 확보하는 다섯 가지 방법을 내게 설명했다. 첫 번째 에지는 속도다. 이런 회사들은 블루라인이 개발한 초고속 통신 시스템을 갖추고 있어, 트레이더들은 항상 경쟁자보다 먼저 거래 방향을 알 수 있었다. 두 번째 에지는 컴퓨팅 파워다. 거래 계산을 컴퓨터의 중앙처리장치에 로드하는 데 시간이 걸리므로, 최대 100명의 개발팀이 자신의 기계 내부의 그래픽 카드를 활용해 거래가 들어오는 대로 처리한다.

세 번째 에지는 마크와 그의 팀이 가장 자주 활용하는 것으로, 방정식 6에 기반을 두고 있다. 최근 몇 년 동안 인기 있는 투자 형태 중 하나는 상장 지수 펀드$^{Exchange-Traded Fund, ETF}$(특정 지수를 추종하는 인덱스 펀드를 거래소에 상장시켜 주식처럼 거래할 수 있도록 만든 펀드 - 옮긴이) 거래다. ETF는 S&P 500과 같은 더 큰 시장의 다양한 기업에 대한 '바구니' 투자를 뜻한다. 마크는 "우리는 ETF의 개별 주가와 ETF 자체 간의 차익 거래를 찾아"라고 설명했다. 차익 거래는 동일한 상품의 가격 차이를 이용해 위험 없이 돈을 벌 수 있는 기회를 의미한다. 만약 ETF에 포함된 모든 개별 주식의 가치가 ETF 자체의 가치를 반영하지 않는다면, 마크의 알고리즘은 이러한 가격 차이로부터 이익을 얻기 위해 매수 및 매도 순서를 설정할 수 있다. 마크의 팀은 현재 주가뿐만 아니라 미래 가격에서도 차익 거래를 식별한다. 이 팀은 시장 방정식의 변형을 사용해 주식을 매수하거나 매도할 수 있는 옵션의 일주일, 한 달, 1년 후의 가치를 평가한다. 만약 마크와 그의 팀이 다른 누구보다 먼저 ETF와 개별 주식의 미래 가치를 계산할 수 있다면, 그들은 위험이 수반되지 않는 이익을 얻을 수 있을 것이다.

네 번째 에지는 대규모 투자 회사가 되는 것이다. 마크는 "거래를 많이 할수록 거래 비용이 저렴해진다"라며 "이런 큰 투자 회사들은 자금 회수에 3~4개월이 걸리는 경우 이를 커버할 만한 현금이나 주식 대출을 이미 보유하고 있는 것도 장점이다"라고 설명했다. 기본적으로, 자본이 더 클수록 부자는 더 큰 부자가 되고, 손실은 더 낮아진다.

다섯 번째 에지를 찾는 방법은 마크가 15년 동안 수백만 달러의 자본으로 최고 수준에서 거래해오면서 한 번도 사용한 적이 없는 방법이다. 이는 거래되는 주식과 상품의 진정한 가치를 예측하려는 시도다. 다양한 기업의 기본 요소를 살펴보며 경험과 판단력을 활용해 투자 결정을 내리는 트레이더들이 있다. 하지만 마크는 그런 사람이 아니다. 그는 "가격 예측에 관해서는 시장이 나보다 더 똑똑하다고 생각해요. 그래서 나는 선물이나 옵션이 적절하게 가격이 책정됐는지를 살펴보면서, 시장이 맞다고 가정합니다"라고 말했다.

마크는 시장 방정식에서 얻을 수 있는 가장 중요한 교훈에 대해 말했다. 이 교훈은 경제적 투자뿐만 아니라 우정, 관계, 직장, 여가에 대한 투자에도 적용된다. 인생에서 어떤 일이 일어날지를 확실하게 예측할 수 있다고 생각하면 안 된다. 대신 당신에게 의미가 있고 진정으로 당신이 신뢰할 수 있는 결정을 내려야 한다(여기서는 판단 방정식을 사용해야 한다). 그런 다음, 시장 방정식의 세 가지 항을 사용해 불확실한 미래에 대한 대응 방법을 마음속으로 준비해야 한다. 이때 잡음 항을 잊지 말아야 한다. 당신의 통제를 벗어난 많은 상승과 하락이 있을 것이다. 또한 사회적 피드백 항도 기억해야 한다. 과대광고에 휘둘려서는 안 되며, 대중의 생각과 당신의 생각이 일치하지 않아도 낙담해서는 안 된다. 그리고 마지막으로 신호 항을 기억해야 한다. 당신이 한 투자의 진정한 가치는 항상 존재하지만, 항상 보이지는 않을 것이기 때문이다.

지난 300년 동안 TEN은 점점 더 확신을 가지고 무작위성을 통제해왔으며, 코드를 모르는 투자자들로부터 돈을 빼앗아왔다. 수학적 비밀을 모르는 사람들은 주가가 상승하는 것을 보고, 근본적인 신호가 있다고 믿고 투자한다. 그들은 주가가 하락하면 매도하거나 반대로 시장을 예측하려고 한다. 어느 경우든 그들은 주로 잡음와 피드백에 의해 이끌리고 있다는 가능성을 고려하지 않았다.

TEN 밖 외부인들의 금융 게임에 대한 이해는 서서히 향상되는 중이다. TEN의 구성원들은 아마추어 투자자와 부분적인 도박꾼들이 신호와 잡음에 대해 이야기하는 것을 인내심을 가지고 듣는다. 현재 '무작위성에 속다', '신호 찾기', '신호 대 잡음 비율', '2 시그마' 같은 표현들이 널리 사용되고 있으며, 외부인들은 이런 표현들을 이제 자유롭고 자신감 있게 이야기한다. 이런 대화가 계속되는 동안, TEN은 신호를 찾지 않고도 점점 더 짧은 시간 단위에서 새로운 에지를 발견하고 있다. 그들의 알고리즘은 거의 모든 거래에서 차익 거래를 이용한다.

그렉 로플린은 마이클 루이스의 책《플래시 보이즈》와 미국 경제학자 폴 크루그먼Paul Krugman의 〈뉴욕 타임스〉 기사를 읽은 뒤 버츄 파이낸셜의 거래를 더 자세히 살펴보았다.[12] 그는 이메일로 "크루그먼의 기사에서 표현된 아이디어는 고빈도 거래자들이 정교하고 도덕적으로 의심스러운 방법을 사용해 시장에서 부당하게 돈을 빼앗아 간다는 것입니다"라고 말했다. 하지만 버츄 파이낸셜의 데이터는 그 견해를 뒷받침하지 않았다. 이 회사는 전체 시장의 효율성을 높이기 위해 거래당 1% 미만의 수수료를 취했다. 그렉은 "장기적인 이익을 위한 합리적인 이유로 주식을 구매하고, 건전한 경제적 기본에 기반한다면 거래 비용은 매우 낮습니다"라고 말했다. 이어 그는 "만약 누군가가 데이 트레이딩을 통해 시장에서 이익을 얻으려고 하거나 높은 변동성 순간에 포트폴리오를 처분하고 싶어 패닉 상태에 빠진다면, 고빈도 거래는 그런 행동을 이용하게 됩니다"라고 말했다.

아마추어 도박꾼들이 스포츠에 베팅하듯이 데이 트레이더들이 주식시장에서 게임을 할 때, 수학자들은 트레이더들이 무작위성에 대한 이해가 부족함을 이용해 이익을 챙기고 있었다. 항상 그랬듯이, TEN은 작은 에지를 이용해 익명으로, 눈에 띄지 않게 그리고 소란을 피우지 않으면서 돈을 벌어왔다.

* * *

내가 마크에게 한 마지막 질문은 도덕성에 관한 것이었다. 그 질문은 다른 사람의 거래로부터 고속으로 이익을 얻는 일에 대해 그가 어떻게 느끼는지에 대한 것이었다. 그는 그의 팀이 차익 거래를 발견할 때, 이익은 그보다 빠르고 정확하게 거래하지 못하는 연기금과 투자자들로부터 온다고 말했기 때문에, 나는 그가 내 개인 연금 투자와 다른 사람들의 연금에서 돈을 가져가는 것을 어떻게 느끼는지 물었다.

우리는 전화로 이야기 중이었고, 마크는 유럽 도시의 녹음이 우거진 교외 정원에 서 있었다. 그가 대답을 신중하게 생각하는 동안 수화기 너머로 새들이 지저귀는 소리가 들렸다. 나는 그의 직업의 기술적 측면을 넘어서는 질문을 던진 것에 대해 미안함을 느꼈다. 마크 같은 사람은 익명으로, 소란 없이, 반복적으로 방정식을 적용해 돈을 벌어온 사람이다. 이제 그는 자신의 기여를 주식시장을 분석할 때와 같은 엄격한 기준으로 분석해야 하는 상황에 놓인 것이었다. 어쨌든 나는 그가 뭐라고 말하든 사실에 기반한 정확한 답변이 나오리라고 생각했다. 그는 이렇게 대답했다.

"단일 거래의 도덕성에 대해 이야기하는 대신, 내가 스스로에게 묻는 것은 내 거래로 인해 시장이 더 효율적으로 변화했는지 여부입니다. 이를테면 나는 내 거래로 인해 당신의 연기금이 전반적으로 더 많은 손실을 겪는지, 아니면 더 적은 손실을 겪는지 생각합니다. 고속 거래가 시작되기 전에, 중개인에게 전화해 매도 가격과 매수 가격을 물어보면, 그 두 가격 사이의 차이는 지금보다 훨씬 컸습니다."

마크는 중개인들이 거래를 위해 상당한 비율의 수수료를 취했던 다소 불확실한 관행에 대해 설명했다.

"지금은 훨씬 더 적은 수의 고도로 정교한 회사들이 모든 거래에서 아주 적은 비율을 취합니다."

예전 방식을 사용하던 중개인들은 미래를 제대로 계산할 수 없었고, 더 큰 수수료를 가져갔기 때문에 이제는 사업을 접은 상태다. 마크는 이어서 말했다.

"그래서 제 생각은 시장이 예전보다 더 효율적이라는 것입니다. 하지만 거래량이 증가했기 때문에 확신할 수는 없습니다."

그는 모든 수치를 갖고 있지 않아서 더 이상 말할 수는 없다고 인정했지만, 그가 말한 내용은 그렉 로플린에게서 들었던 내용과 일치했다.

  마크의 고빈도 거래 역할에 대한 답변은 확정적이지는 않았지만 솔직했다. 그는 자기 정당화, 변명 이념, 또는 모호한 주장으로 자신의 답변을 애매하게 만들지 않았다. 그는 도덕적 질문을 재정적 질문으로 바꾸었다. 이런 답변이라면 A. J. 에이어도 인정했을 것이다. 마크의 답변은 TEN의 일원으로서 중립적이고 난센스가 없는 답변이었다.

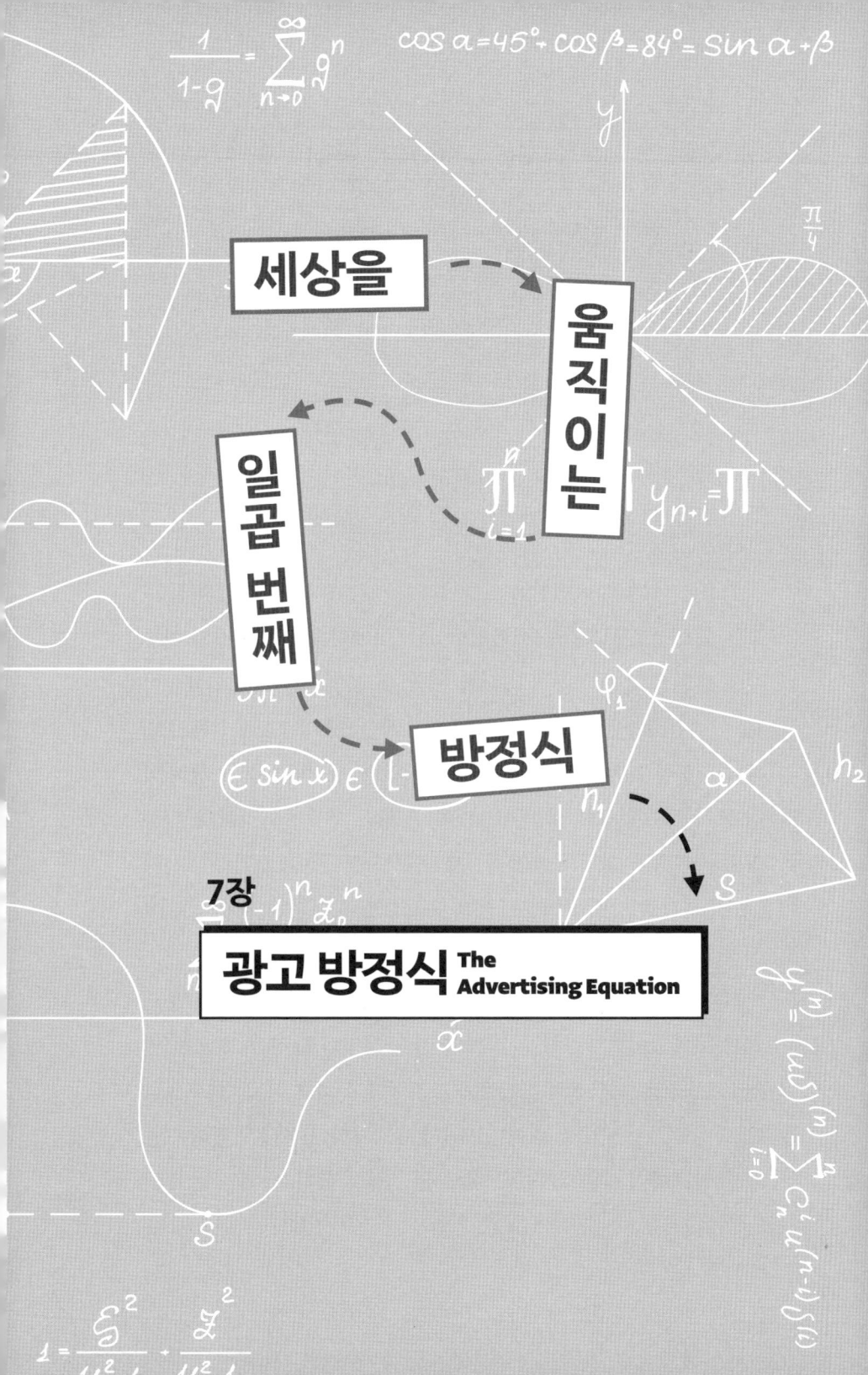

$$r_{x,y} = \frac{\sum_i (M_{i,x} - \overline{M_x})(M_{i,y} - \overline{M_y})}{\sqrt{\sum_i (M_{i,x} - \overline{M_x})^2 \, \sum_i (M_{i,y} - \overline{M_y})^2}}$$

처음에 나는 그 이메일이 스팸이라고 생각했다. '섬프터 씨에게:'라는 인사말로 시작하는 이메일이었다. 이메일을 받는 사람의 이름 뒤에 콜론을 쓰는 경우는 거의 없는데, 이 이메일은 그랬기 때문이다. 이메일 내용을 읽어보니, 미국 상원 상업과학교통위원회에서 내게 인터뷰를 요청하는 호의적인 내용이었다. 하지만 나는 여전히 의심을 지울 수 없었다. 일단 이 이메일은 형식 자체가 이상했다. 나는 상원 위원회가 내게 이런 형식으로 연락할 것이라고 생각하지 못했고, 긴 위원회 명칭과 비공식적인 도움 요청이 나란히 놓인 것도 어색하게 느껴졌다. 뭔가 좀 이상했다.

하지만 이 이메일은 나와 이야기하고 싶은 상원 위원회가 보낸 진짜 이메일이었다. 나는 간단하면서 긍정적인 답장을 보냈고, 며칠 후 공화당 측 위원회 직원들과 스카이프 통화를 하게 됐다. 그들은 도널드 트럼프가 소셜 미디어에서 유권자와 소통하기 위해 고용한 케임브리지 애널리티카에 대해 알고 싶어 했다. 이 회사는 수천만 명의 페이스북 사용자로부터 데이터를 수집했다고 주장하고 있었다. 케임브리지 애널리티카에 대한 언론의 반응은 엇갈렸다. 한쪽에서는 당시 CEO인 알렉산더 닉스Alexander Nix의 매끄러운 발표를 볼 때, 케임브리지 애널리티카가 유권자의 성격을 마이크로 타깃팅을 하는 방법으로 정치 캠페인에서 알고리즘을 사용한다고 봤다. 반면에 다른 한쪽에서는 화려한 머리를 한 내부 고발자 크리스 와일리Chris Wylie의 말을 기초로 닉스와 그의 회사가 '심리전 도구'를 만드는 데 도움을 주었다고 봤다. 이후 와일리는 트럼프를 당선시키기 위해 그가 한 행동을 후회했지만, 닉스는 그의 '성공'을 바탕으로 아프리카에서 사업을 확장했다.

나는 스캔들이 터지기 전인 2017년에 케임브리지 애널리티카가 사용한 알고리즘을 자세히 조사했고, 그 결과 닉스와 와일리의 설명과는 반대되는 결론에 도달했다. 나는 이 회사가 미국 대통령 선거에 영향을 미칠 수 있었는지 의문을 가졌다. 나는 그들이 어떤 시도를 한 것은 확실하지만, 유권자를 목표로 하는 데 사용했다고 그들이 주장하는 방법들에 결함이 있었다고 판단했다.[1] 내 결론은 당시의 두 가지 내러티브 모두에 의문을 제기하는 이상한 상황에 나를 놓이게 했다. 상원 위원회가 나와 이야기하고 싶어 한 이유가 바로 여기에 있었다. 2018년 봄, 트럼프 행정부의 공화당원들은 소셜 미디어 광고와 관련된 거대한 스캔들이 터진 것에 대해 어떻게 판단해야 할지를 가장 알고 싶어 했다.

* * *

상원 의원들을 돕기 전에, 우리는 먼저 소셜 미디어 회사들이 우리를 어떻게 보고 있는지를 이해해야 한다. 이를 위해 우리는 (그들이 하는 것처럼) 사람들을 데이터 포인트로 취급할 것이다. 그중에서도 가장 활동적이고 중요한 데이터 포인트인 10대들부터 시작해보자. 이 그룹은 가능한 한 빠르게 많은 것을 보고 싶어 한다. 매일 저녁, 그들은 친구들과 함께 소파나 방에서 좋아하는 소셜 미디어 플랫폼인 스냅챗과 인스타그램에 접속해 시간을 보낸다. 스마트폰이 제공하는 작은 창을 통해 그들은 놀라운 세계를 볼 수 있다. 이 세계에는 스케이트보드에서 떨어지는 난쟁이들, '진실 혹은 도전' 젠가 데이트를 하는 커플들, 포트나이트^{Fortnite} 게임을 하는 강아지들, 진흙 장난감에 천천히 손을 넣는 어린아이들, 화장을 망가뜨리는 10대 소녀들 그리고 가상의 대학생들 간의 문자 대화로 구성된 '후크^{hooked}' 스토리 등이 있다. 이런 콘텐츠는 연예인 가십, 아주 가끔 실제 뉴스 그리고 정기적이고 끊임없는 광고와 뒤섞여 있다.

인스타그램, 스냅챗, 페이스북 내부에서는 우리의 관심사에 대한 매트릭스가 생성된다. 이 매트릭스는 사람들을 행^{row}으로, 그들이 클릭하는 '게시물', 즉 '스냅'의 종류를 열^{column}로 하는 스프레드시트처럼 배열돼 있다. 수학적으로 우리는 10대들의 이런 스내핑(스냅을 클릭하는 행동)을 매트릭스 M으로 나타낸다. 표는 12명의 사용자에 대한 소셜 미디어 매트릭스가 어떤 모습인지 설명하는 작고 간단한 예시다.

매트릭스 M의 각 항목은 10대가 특정 유형의 게시물을 클릭한 횟수를 나타낸다. 예를 들어 매디슨은 음식 게시물을 여덟 번, 메이크업과 연예인 카일리 제너에 대한 게시물을 각각 여섯 번 클릭했고,

$$M = \begin{pmatrix} & \text{음식} & \text{메이크업} & \text{카일리 제너} & \text{퓨다이파이} & \text{포트나이트} & \text{드레이크} & \\ & 8 & 6 & 6 & 0 & 0 & 2 & \text{매디슨} \\ & 1 & 6 & 1 & 4 & 0 & 9 & \text{타일러} \\ & 2 & 0 & 0 & 9 & 5 & 3 & \text{제이콥} \\ & 5 & 0 & 9 & 8 & 7 & 2 & \text{라이언} \\ & 5 & 9 & 7 & 1 & 0 & 1 & \text{알리사} \\ & 3 & 6 & 9 & 1 & 2 & 3 & \text{애슐리} \\ & 5 & 7 & 7 & 1 & 2 & 4 & \text{카일라} \\ & 6 & 3 & 3 & 5 & 6 & 9 & \text{모르간} \\ & 6 & 0 & 0 & 0 & 2 & 8 & \text{매트} \\ & 1 & 4 & 9 & 8 & 2 & 1 & \text{조세} \\ & 8 & 7 & 8 & 2 & 3 & 1 & \text{샘} \\ & 2 & 0 & 1 & 8 & 7 & 4 & \text{로런} \end{pmatrix}$$

유튜버 퓨다이파이^{PewDiePie}나 비디오게임 포트나이트에 대한 게시물은 전혀 클릭하지 않았고, 래퍼 드레이크에 대한 게시물을 두 번 클릭했다.

이 매트릭스를 살펴보면 매디슨이 어떤 사람인지를 꽤 정확하게 추측할 수 있다. 그녀의 모습을 상상해보고, 내가 여기서 만든 다른 캐릭터들도 그들이 보는 스냅을 바탕으로 몇 초 동안 상상해보자. 걱정할 필요는 없다. 그들은 실제 사람이 아니므로 마음껏 판단해도 좋다.

매디슨과 비슷한 몇몇 다른 캐릭터들도 매트릭스에 있다. 예를 들어 샘은 메이크업, 카일리 제너와 음식을 좋아하지만 다른 카테고리에 대해서는 관심이 적다. 매디슨과는 매우 다른 사람들도 있다. 제이콥은 퓨다이파이와 포트나이트를 가장 좋아하며, 로런도 마찬가지다. 이 두 가지 정형화된 개념에 딱 들어맞지 않는 사람들도 있다. 예를 들어 타일러는 드레이크와 메이크업을 좋아하지만, 퓨다이파이에도 꽤 관심이 많다.

광고 방정식은 사람들에 대한 생각을 자동으로 정형화하는 수학적 방법이다. 이 방정식은 다음과 같은 형태를 가진다.

$$r_{x,y} = \frac{\sum_i (M_{i,x} - \overline{M_x})(M_{i,y} - \overline{M_y})}{\sqrt{\sum_i (M_{i,x} - \overline{M_x})^2 \sum_i (M_{i,y} - \overline{M_y})^2}}$$

(방정식 7)

이 방정식은 서로 다른 카테고리의 스냅 간 상관관계를 측정한다. 예를 들어 카일리 제너를 좋아하는 사람들이 메이크업도 좋아한다면, $r_{\text{make-up, Kylie}}$는 양수가 된다. 이 경우, 우리는 카일리 제너와 메이크업 간에 양의 상관관계가 있다고 말한다. 하지만 카일리 제너를 좋아하는 사람들이 퓨다이파이를 좋아하지 않는 경향이 있다면, $r_{\text{PewDiePie, Kylie}}$는 음수가 되기 때문에 음의 상관관계라고 부른다.

방정식 7이 어떻게 작동하는지 이해하기 위해, 단계별로 나누어 보자. 먼저 매트릭스 $M_{i,x}$부터 시작해보자. 이 $M_{i,x}$는 행렬 M의 i행, x열의 값이므로, $M_{\text{Madison, make-up}}$은 6이다. 이는 매디슨이 메이크업에 관한 게시물을 여섯 번 시청했다는 뜻이다. 여기서 행 $i=$Madison, 열 $x=$make-up이다. 일반적으로 우리는 매트릭스 $M_{i,x}$에서 항목을 찾을 때 항목 i, x에 주목하지만, 여기에서는 $\overline{M_x}$에 주목해보자. 이는 카테고리 x에 대한 사용자당 평균 시청 게시물 수를 나타낸다. 가령 우리 10대들 전체에서 메이크업에 대한 평균 시청 게시물 수 $\overline{M_{\text{make-up}}} = 4$이다$(6+6+0+0+9+6+7+3+0+4+7+0)/12=4)$.

매디슨이 시청한 게시물 수에서 메이크업에 대한 평균 관심을 빼면

$M_{i,x}-\overline{M_x}=6-4=2$가 된다. 이는 매디슨이 메이크업에 대해 평균 이상의 관심을 가지고 있음을 나타낸다. 이 방식으로 계산하면 $\overline{M_{Kylie}}=5$이므로, 매디슨은 카일리 제너에 대해 평균 관심보다 (약간) 더 많은 관심을 가지고 있다는 것, 즉 $M_{i,y}-\overline{M_y}=6-5=1$임을 알 수 있다. 여기서 i는 매디슨, y는 카일리 제너다.

마지막 두 단락에서 사용된 기호들은 회계장부 기장이나 수학에서 사용되는 것들이다. 이런 기호들은 방정식 7의 핵심을 이루는 매우 강력하고 흥미로운 아이디어를 설정한다. 즉 $(M_{i,x}-\overline{M_x})$와 $(M_{i,y}-\overline{M_y})$를 곱해 우리는 사람들의 공통점을 찾을 수 있다. 매디슨에 대한 수식은 아래와 같이 쓸 수 있다.

$$(M_{Madison,make-up}-\overline{M_{make-up}}) \cdot (M_{Madison,Kylie}-\overline{M_{Kylie}})=(6-4)\cdot(6-5)=2\cdot 1=2$$

이 수식은 매디슨의 경우, 카일리 제너에 대한 관심과 메이크업에 대한 관심이 양의 상관관계를 이룬다는 것을 말해준다.

타일러의 경우, 메이크업에 대한 관심과 카일리 제너에 대한 관심의 관계는 음의 상관관계다. 즉, $(6-4)\cdot(1-5)=2\cdot(-4)=-8$이다. 이는 타일러가 메이크업에만 관심이 있기 때문이다. 반면에 제이콥의 경우에는 그 관계가 양의 상관관계다. 즉, $(0-4)\cdot(0-5)=(-4)\cdot(-5)=20$이다. 제이콥은 둘 다 좋아하지 않기 때문이다(그림 7 참조). 여기서 미묘한 차이에 주목해보자. 제이콥과 매디슨 모두 긍정적인 값을 가지지만, 그들은 카일리 제너와 메이크업에 대해 반대의 감정을 가졌다. 두 사람의 의견 모두 카일리 제너와 메이크업 간의 상관관계를 제시하지만, 제이콥은 둘 다 전혀 보지 않는다. 타일러의 소셜 미디어

그림 7 카일리 제너에 대한 관심과 메이크업에 대한 관심 간의 상관관계를 계산하는 방법

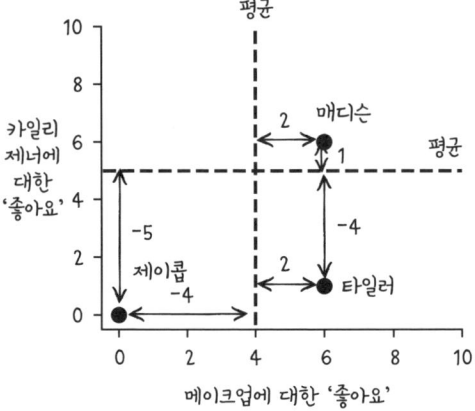

각 개인에 대해, 모든 사람의 평균 '좋아요' 수와 그들의 '좋아요' 수 간의 거리를 메이크업과 카일리 제너에 대해 측정한다.

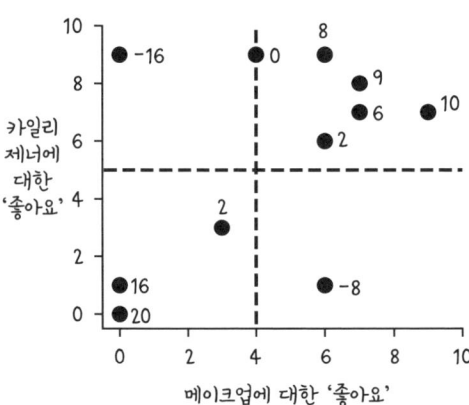

상관관계는 두 거리의 곱의 합으로 계산된다. 따라서 매디슨은 2·1=2, 타일러는 2·-4=-8을 기여한다.

이 예에서는 오직 두 사람만이 카일리 제너와 메이크업에 대한 '좋아요' 경향이 다르다.

254

사용은 이런 패턴에 부합하지 않는다.

우리는 모든 10대에 대해 동일한 계산을 수행하고, 그 결과를 모두 합산할 수 있다. 이것이 의미하는 바는 다음과 같은 수식에서 알 수 있다.

$$\Sigma_i (M_{i,x} - \overline{M_x})(M_{i,y} - \overline{M_y})$$

Σ_i는 12명의 10대 모두의 관심을 합산해야 함을 나타낸다. 10대들의 메이크업에 대한 태도와 카일리 제너에 대한 태도를 곱한 값을 모두 합치면 다음과 같다.

$$2-8+20-16+10+8+6+2+20+0+9+16=69$$

위의 수식에서는 대부분의 숫자가 양수다. 이는 아이들이 카일리와 메이크업에 대해 비슷한 감정을 가졌음을 나타낸다. 매디슨과 제이콥은 각각 2와 20의 긍정적인 값을 기여한 아이들이다. 카일리 제너를 좋아하지 않는 타일러, 메이크업을 좋아하지 않지만 카일리 제너는 좋아하는 라이언은 예외다. 이 두 사람이 각각 -8과 -16을 기여한다.

수학자들은 69처럼 큰 숫자를 좋아하지 않는다. 수학자들은 작은 숫자, 가능하면 0이나 1에 가까운 숫자를 선호한다. 숫자 간 비교가 쉽기 때문이다. 이는 방정식 7의 분모(분수의 아랫 부분)를 통해 달성된다. 계산을 자세히 설명하지는 않겠지만, 숫자를 넣으면 다음과 같은 결과를 얻는다.

$$r_{\text{make-up, Kylie}} = \frac{69}{\sqrt{120 \cdot 152}} = 0.51$$

이렇게 해서 우리는 메이크업과 카일리 제너 간의 상관관계를 측정하는 단일 숫자 0.51을 얻는다. 값이 1이면 두 유형의 게시물 간에 완벽한 상관관계가 있다는 뜻이고, 0이면 전혀 관계가 없음을 뜻한다. 따라서 실제 값인 0.51은 메이크업을 좋아하는 것과 카일리 제너를 좋아하는 것 간의 중간 정도의 상관관계를 제시한다.

지금까지 우리가 계산을 너무 많이 했다는 생각이 든다. 하지만 우리는 여전히 10대들의 스냅에 대해 알아야 할 15개의 중요한 숫자 중 하나만 알고 있다. 우리는 메이크업과 카일리 제너 간의 상관관계뿐만 아니라 음식, 메이크업, 카일리 제너, 퓨다이파이, 포트나이트, 드레이크 등 다양한 카테고리 간의 상관관계도 알고 싶다. 다행히도 이제 방정식 7을 사용해 하나의 상관관계를 계산하는 방법을 알게 됐으므로, 카테고리 쌍을 차례로 방정식에 넣기만 하면 된다. 그리고 이제 그렇게 할 것이다. 이것이 바로 상관관계 행렬로 알려진 것이며, 우리는 이를 R로 나타낸다.

$$R = \begin{pmatrix} 1.00 & 0.24 & 0.23 & -0.61 & -0.10 & -0.11 \\ 0.24 & 1.00 & 0.51 & -0.63 & -0.74 & -0.26 \\ 0.23 & 0.51 & 1.00 & -0.17 & -0.17 & -0.69 \\ -0.61 & -0.63 & -0.17 & 1.00 & 0.71 & -0.08 \\ -0.10 & -0.74 & -0.17 & 0.71 & 1.00 & 0.06 \\ -0.11 & -0.26 & -0.69 & -0.08 & -0.06 & 1.00 \end{pmatrix} \begin{matrix} \text{음식} \\ \text{메이크업} \\ \text{카일리 제너} \\ \text{퓨다이파이} \\ \text{포트나이트} \\ \text{드레이크} \end{matrix}$$

(열: 음식, 메이크업, 카일리 제너, 퓨다이파이, 포트나이트, 드레이크)

'카일리 제너' 행과 '메이크업' 열을 보면, 우리가 방금 계산한

0.51의 상관관계를 알 수 있다. 다른 행과 열도 마찬가지 방식으로 서로 다른 카테고리 쌍으로 계산된다. 예를 들어 포트나이트와 퓨다이파이 간의 상관관계는 0.71이다. 반면에 포트나이트와 메이크업 간의 상관관계는 -0.74로 음의 상관관계를 나타내며, 이는 게이머들이 일반적으로 메이크업에 관심이 없음을 의미한다.

상관관계 행렬은 사람들을 정형화된 개념으로 그룹화한다. 내가 아까 10대들을 당신의 머릿속에 그려보라고 부탁했을 때, 판단하기를 두려워하지 말라고 한 것은 본질적으로 당신만의 상관관계 행렬을 구축하라는 뜻이었다. 카일리 제너/메이크업 상관관계는 매디슨, 알리사, 애슐리, 카일라와 같은 사람들을 하나의 정형화된 개념으로 묶는다. 반면에 퓨다이파이/포트나이트 상관관계는 제이콥, 라이언, 모건, 로런을 다른 정형화된 개념으로 묶는다. 타일러와 매트와 같은 사람들은 어떤 하나의 범주로 분류하기 힘들다.

2019년 5월, 나는 스냅챗의 데이터 과학자인 더글러스 코언[Douglas Cohen]과 그들이 사용자에 대한 상관관계 행렬에 저장하는 정보에 대해 대화를 나누었다.

"그 행렬은 스냅챗에서 사용자가 하는 거의 모든 활동을 나타낸다고 봐야지요."

코언이 말했다.

"우리는 사용자와 친구들의 채팅 빈도, 사용자의 스트릭[strick](스냅챗에서 두 사용자 간에 매일 스냅을 주고받는 연속적인 행위 – 옮긴이) 수, 사용자가 사용하는 필터의 종류, 사용자가 지도를 보면서 보내는 시간, 참여하는 그룹 채팅의 수, 콘텐츠를 보는 시간, 친구의 스토리를 보는 시간 등을 살펴봅니다. 그리고 이러한 활동들이 서로 어떻게 상관관계가 있는지 분석합니다."

데이터는 익명화돼 있어서 더그는 개별 사용자가 무엇을 하고 있는지 정확히 알 수는 없다. 하지만 상관관계에 대한 이런 분석을 기초로 스냅챗은 사용자를 '셀카 중독자', '다큐멘터리 제작자', '메이크업의 여왕', '필터의 여왕' 같은 범주로 분류하며, 이런 용어들은 스냅챗의 마케팅 용어의 일부가 된다.²

사용자가 활동을 하게 만드는 것이 무엇인지 알게 되면, 스냅챗은 그 활동과 관련된 콘텐츠를 더 많이 제공할 수 있다. 더그가 사용자의 스냅챗 활동을 늘리기 위해 하는 작업에 대해 이야기하는 것을 들으면서 나는 뭔가 말해야겠다는 생각을 지울 수 없었다. 나는 "잠시만요. 부모로서 저는 아이들이 스마트폰을 덜 사용하게 만들려고 하는데, 당신은 반대로 그들의 참여를 극대화하려고 하고 있네요!"라고 말했다. 그러자 더그는 자신의 입장을 변호하기 시작했다.

"우리는 페이스북 같은 기존 소셜 미디어 서비스들과는 달리, 사용자가 앱에서 소비하는 시간을 극대화하려고 하지 않습니다. 우리는 참여율, 즉 사용자가 얼마나 자주 스냅챗에 들어오는지를 살펴봅니다. 우리는 사용자들이 친구들과 연결될 수 있도록 도와주는 거지요."

스냅챗은 내 아이들이 앱에서 많은 시간을 보내기보다는 그 아이들이 계속해서 스냅챗에 들어오기를 원하고 있다. 내 경험에 비추어 볼 때 그 전략은 효과가 있는 것 같다.

* * *

대부분의 사람들은 정형화된 이미지로 간주되기보다는 개인으로서 존중받기를 원한다. 하지만 방정식 7은 우리의 이런 바람을 완전히 무시한다. 방정식 7은 우리가 좋아하는 것들 간의 상관관계로 우리를 정형화하기 때문이다.

페이스북에서 일하는 수학자들은 플랫폼 개발 초기 단계에서 상관관계의 힘을 인식했다. 특정한 페이지를 좋아하거나 특정한 주제에 댓글을 달 때마다, 당신의 활동은 페이스북에 개인정보를 제공한다. 페이스북이 이 데이터를 사용하는 방식은 시간이 지나면서 발전해왔다. 2017년, 페이스북 분석가들이 우리를 모니터링하는 모습을 처음 관찰했을 때, 나는 이 범주들이 꽤 재미있다고 느꼈다. '브릿팝', '왕실 결혼식', '예인선', '목^{neck}' 그리고 '중상류층' 등이 우리가 분류된 범주 중 일부였다.

하지만 이런 범주들은 많은 페이스북 사용자들에게 불편함을 주었고, 회사의 수익성 측면에서 더 중요한 광고주에게도 그다지 유용하지 않았다. 2019년에 페이스북은 이런 범주 분류를 제품 중심으로 재편했다. 현재 페이스북은 데이팅, 육아, 건축, 전쟁 참전 용사, 환경주의 등 수백 개의 범주로 사용자들을 분류한다.

이렇게 정형화된 개념으로 분류되는 데 대한 반응 중 하나는 이런 분류가 잘못됐다고 주장하는 것이다. 예를 들어 우리는 "나는 데이터 포인트가 아니야. 나는 진짜 사람이고, 나는 개인이야!"라고 외칠 수 있다. 하지만 안타깝게도 당신은 당신이 생각하는 것만큼 독특한 존재가 아니다. 사람들은 정보 탐색 방식에 따라 특정한 범주로 분류될 수 있기 때문이다. 당신과 같은 관심사를 가진 다른 사람들, 당신이 선호하는 사진 필터를 사용하는 다른 사람들, 당신처럼 셀카를 많이 찍으며, 당신이 팔로우하는 유명인과 같은 유명인을 팔로우하고, 당신이 클릭하는 광고와 같은 광고를 클릭하는 사람들이 존재한다. 실제로 페이스북이나 스냅챗 같은 소셜 미디어 서비스에는 당신과 비슷한 사람이 수없이 많다.

당신이 매트릭스의 데이터 포인트라는 사실에 대해 화를 내거나 불쾌해할 필요는 없다. 이를 받아들여야 한다. 왜 그래야 하는지 이해하기 위해서는 사람들을 다른 시각에서 그룹화하는 방식에 대해 생각해봐야 한다. 사람들이 범주에 들어가는 방식이 지금보다 덜 매력적인 방식이라고 상상해보자.

행렬 M이 매디슨, 타일러 및 다른 아이들의 소셜 미디어에서의 관심사 대신 유전자 정보를 포함하고 있다고 상상해보자. 현대 유전학자들은 실제로 우리를 데이터 포인트로 본다. 즉, 그들은 우리를 1과 0으로 이루어지는 행렬로 표시해 우리가 가진 특정 유전자를 표시한다. 이런 상관관계 행렬로 우리를 보는 방식은 우리의 생명을 구한다. 또한 이런 방식은 과학자들이 질병의 원인을 식별하고, 개인의 DNA에 맞춤화되고 개인화된 의약품을 찾아내고, 다양한 형태의 암 발병을 더 잘 이해할 수 있게 해준다.

이 방식은 인류의 기원에 대한 질문에 답하는 데도 도움을 준다. 예를 들어 스탠퍼드대학교의 연구원 노아 로젠버그Noah Rosenberg와 그의 동료들은 4,199개의 서로 다른 유전자와 전 세계 1,056명의 사람들로 구성된 행렬을 구축했다. 연구 대상이 된 사람들의 유전자는 모두 달랐지만, 여기서 중요한 사실은 그러면서도 모든 인간이 상당히 많은 공통 유전자를 가지고 있다는 점이었다(이런 유전자들은 우리를 인간으로 만드는 유전자들이다). 로젠버그는 개별 인간들 사이의 차이를 찾고, 우리의 기원지가 이러한 차이에 어떻게 기여하는지를 구체적으로 살펴보았다. 아프리카인과 유럽인은 어떻게 다를까? 그리고 유럽의 다양한 지역 사람들은 서로 어떻게 다를까? 우리의 유전자 차이는 우리가 일반적으로 인종이라고 부르는 것으로 설명될 수 있을까?

이 질문에 답하기 위해 노아는 먼저 방정식 7을 사용해 사람들이 공유하는 유전자에 대한 상관관계를 계산했다.[3] 그런 다음 ANOVA(분산분석의 약자)라는 모델을 사용해 우리의 지리적 기원이 이러한 상관관계를 설명하는지 살펴보았다. 이 질문에 대한 답은 단순한 '예'나 '아니요'로 나누어지지 않는다. ANOVA는 0%에서 100% 사이의 비율로 답을 제공하기 때문이다. 우리의 유전적 구성이 조상 기원으로 얼마나 설명될 수 있는지 추측해보자. 98%? 50%? 30%? 80%?

정답은 약 5~7%이다. 그 이상은 아니다. 다른 연구들도 노아의 발견을 확인했다. 일부 유전자가 인종 간에 매우 뚜렷한 차이를 만들어내는 경우도 있지만(예를 들어 멜라토닌 분비와 피부색을 조절하는 유전자처럼), 인종이라는 개념은 인류를 분류할 때 매우 큰 오해를 불러일으킬 수 있다. 또한 조상 기원의 지리적 요소만으로는 사람들 간의 차이를 설명할 수 없다.

2020년에 인종 생물학의 순진함에 대해 설명하는 것은 약간 오만할지도 모르지만, 불행히도 일부 사람들은 특정 인종의 지능이 선천적으로 열등하다고 믿는다. 이런 사람들은 잘못된 생각을 하는 인종차별주의자들이다. "나는 인종차별자가 아니지만…"이라는 유형의 다른 사람들은 인종 간의 평등을 받아들이는 것이 교사나 사회에 의해 강요된 것이라고 믿는다. (3장에서 언급한) 내가 편지를 주고받은 퇴직 교수는 그런 사람 중 한 명이다. 그런 사람들은 우리가 정치적 올바름을 추구하기 위해 인종 간의 차이에 대한 논의를 억압한다고 생각한다.

사실 우리의 조상이 어디에서 왔는지는 우리의 유전자 변이의 미미한 부분을 차지할 뿐이다. 게다가 유전자는 우리가 개인으로서 누구인지를 완전히 결정하지 못한다. 우리의 가치와 행동은 우리의 경험과 우리가 만나는 사람들에 의해 형성되기 때문이다. 우리가 누구인지는 생물학적 인종이나 조상 기원과는 거의 관계가 없다.

20대 이하, 즉 내가 상상한 10대인 제이콥, 알리사, 매디슨, 라이언과 같은 아이들은 밀레니얼 세대 다음의 새로운 세대인 Z세대에 속한다. 이 새로운 세대에게 개인으로 인식되는 것은 매우 중요하다. 그들은 성별이나 성적 지향에 따라 자신들이 인식되기를 원하지 않는다. 미국의 Z세대 300명을 대상으로 실시된 한 조사에서, 응답자의 48%만이 완전히 이성애자로 자신을 정체화했으며, 그중 3분의 1은 양성애성의 스펙트럼에 자신을 위치시키기를 선호했다.[4] 응답자의 3분의 2 이상은 "이제는 성별이 사람을 정의하는 데 그다지 중요하지 않다"는 데 동의했다. 내 나이대인 X세대는 Z세대가 성별 차이를 중요하게 생각하지 않는 것에 대해 비판적인 목소리를 내곤 한다. 다시 말해, Z세대가 정치적 올바름을 추구하는 과정에서 기본적인 생물학적 사실을 부정하고 있다는 인식이 존재한다.

하지만 이런 세대 간 차이에 대해서는 또 다른 시각도 존재한다. Z세대는 우리가 젊었을 때보다 훨씬 더 많은 데이터를 가졌다. X세대는 TV 프로그램과 제한된 개인 경험을 기초로, 제한된 수의 고정관념에 따라 성장했지만, Z세대는 다양성과 개성의 이미지에 폭격당하고 있다. Z세대는 이런 개성 유지를 성별 고정관념을 유지하는 것보다 더 중요하게 여긴다.

페이스북이 광고 위주로 분류 범주를 전환해 성공한 것은 우리가 가진 관심사 간의 상관관계를 기반으로 하며, Z세대의 세계관이 통계적으로 올바름을 시사한다. 페이스북 광고 담당자로 일하다가 스냅챗으로 옮긴 더글러스 코언은 자신의 이전 광고주들이 회사의 상관관계 행렬로 식별된 소규모 관심 그룹에 대해 하이퍼 타깃팅^{Hyper-Targeting} 광고를 하기 위해 서로 경쟁한다고 말했다(하이퍼 타깃팅은 소비자 또는 특정 집단에 대해 매우 세밀한 데이터 분석을 기반으로 한 정밀한 마케팅 기법을 뜻한다 - 옮긴이). 특정 타깃 오디언스에 도달하는 가격은 DIY 애호가, 액션 영화 팬, 서핑, 온라인 포커 플레이어 등 다양한 관심 그룹에 직접 이야기할 권리를 두고 광고주들이 경쟁함에 따라 두 배 또는 세 배로 증가할 수 있다. 광고주에게 개인의 정체성은 큰 금전적 가치를 지닌다.

사람들을 그들이 정말 좋아하는 것과 즐기는 활동에 따라 적절하게 분류하는 것은 매우 효과적이고 공정할 수 있다. 상관관계는 과학자들이 유전자 간의 상관관계를 이용해 질병의 원인을 찾는 것처럼, 공통의 관심사와 목표를 가진 그룹을 찾는 데 도움을 줄 수 있다.

* * *

국회의사당(웨스트민스터 궁)은 젊은 데이터 과학자에게 위압적인 장소가 될 수 있다. 리즈대학교에서 만난 니콜 니스벳^{Nicole Nisbett}은 "웨스트민스터에서 일반인들을 '이방인'이라고 지칭하는 표지판이 있었던 때가 그리 오래되지 않았어요"라고 말했다. 또한 그녀는 "변화가 일어나고 있으며, 웨스트민스터 직원들은 일반인들과 연구자들에게 적극적으로 다가가고 있지만, 과거의 이런 표지판들은 국회 외부인에 대한 경계심이 상당히 오랫동안 지속됐다는 것을 드러냅니다"라고 말했다.

니콜은 박사 과정에 2년째 재학 중이며, 리즈대학교와 하원에서 절반씩 시간을 보내고 있다. 그녀는 하원의 '모든 구역에 접근할 수 있는' 패스를 가졌다. 그녀의 목표는 의원들과 의원실 상근 직원들이 외부 세계와 소통하고 참여하는 방식을 개선하는 것이다. 니콜이 프로젝트를 시작하기 전, 정부의 일상적인 운영을 담당하는 많은 직원은 자신들이 게시한 페이스북 글이나 그들의 자체 토론 포럼에 대한 대중의 댓글이 너무 압도적이라 자신들이 참여하기 힘들다고 느꼈다. 니콜은 "그들은 사람들이 자신들에게 말할 내용을 이미 알고 있다고 생각하기도 했어요. 그들에게 부정적인 댓글과 비난을 걸러내는 것은 힘든 일이었어요"라고 덧붙였다.

데이터 과학을 전공한 니콜은 이에 대해 다른 시각을 가졌다. 그녀는 엑스와 페이스북의 댓글 수가 개인에게는 압도적일 수 있다는 것을 이해했지만, 또한 상관관계를 찾는 방법도 알고 있었다. 그녀는 동물 모피 제품 금지에 대한 토론을 요약한 지도를 내게 보여주었다. 그녀는 토론에서 사용된 모든 단어를 행렬에 넣고, 그 단어들의 사용에 어떤 상관관계가 존재하는지 살펴보았다. 함께 사용된 단어들은 서로 연결돼 있었다. '모피'는 '판매', '무역', '산업'과 함께 묶였고, 이는 다시 '야만적', '잔인한'과 연결됐다. '고통', '죽임', '아름다움'이라는 단어가 함께 하나의 클러스터로 묶이기도 했다. 세 번째 클러스터는 '복지', '법률', '기준'을 연결했다. 이 클러스터들은 각각 특정한 주장을 요약하고 있었다.

니콜의 지도 내 한 영역에는 두 개의 단어가 나란히 나타났다. 하나는 '감전사', 다른 하나는 '항문'이었다. 이 두 단어는 두꺼운 선으로 연결돼 있었다. 나는 이 단어들을 보면서 니콜이 내게서 어떤 결론을 이끌어내고 싶을지 생각했다. 니콜은 "처음에 우리는 이 단어들이 트롤들trolls(고의적으로 논쟁적이거나, 선동적이거나, 엉뚱하거나 주제에서 벗어난 내용 또는 공격적이거나 불쾌한 내용을 공용 인터넷 공간에 올려 사람들의 감정적인 반응을 유발시키고 모임의 생산성을 저하시키는 사람을 뜻한다-옮긴이)에 의해 사용되고 있다고 생각했어요"라고 말했다. 어떤 토론에서든 한쪽 주장을 지지하는 사람들은 상대방을 자극하려고 하며, 모욕적인 언어를 사용하곤 한다. 하지만 서로에 대한 모욕이 난무하는 토론에서는 사용되는 단어 간의 상관관계가 낮은 경향이 있다. 모욕은 매우 무작위적이기 때문이다. 반면에 이 두 단어는 다양한 사람들에 의해 반복적으로 사용됐다. 니콜은 이 단어들이 포함된 문장을 살펴보면서 전기봉을 몸에 삽입한 뒤 높은 전압을 가해, 사육된 여우와 너구리를 죽이는 문제에 대해 진지하게 토론하는 그룹을 발견했다. 이 발견으로 인해 니콜은 의회 직원들의 논의에 새로운 차원을 추가할 수 있었다. 니콜의 연구가 없었다면 의회 직원들은 결코 이런 토론에 대해 알지 못했을 것이다.

니콜은 "저는 대중이 어떤 말을 쓸지에 대한 가정을 세우지 않아요. 제 일은 수천 개의 의견을 압축해 의회가 논의에 더 빠르게 반응할 수 있도록 하는 것이지요"라고 말했다. 그녀의 분석에는 다양한 견해가 포함돼 있다. 하지만 이는 '정치적으로 올바르기 위해서'가 아니라 중요한 의견을 강조하는 것이 통계적으로 옳기 때문이다. 소수의 의견이 중시되는 것은 소수의 의견도 확실히 토론에 기여하기 때문이다. 상관관계는 우리가 어떤 의견을 들어야 하고 들어서는 안 되는지에 대한 정치적 입장을 취하지 않고도 특정한 주장의 모든 측면을 공정하게 평가할 수 있게 해준다.

니콜은 "아직은 초기 단계에요. 통계로 모든 문제를 해결할 수는 없어요."라고 말하고는 이내 웃으면서 "브렉시트에 대한 데이터 분석은 아무 소용이 없어요!"라고 덧붙였다.

* * *

사회과학자들은 데이터에 대해 통계적으로 올바른 설명을 찾기 위해 많은 노력을 기울인다. 내가 처음으로 스톡홀름 미래연구소의 연구원인 비 푸라넨^{Bi Puranen}을 알게 된 것은 정치적 변화에 관한 콘퍼런스에 참석하기 위해 상트페테르부르크로 여행을 갔을 때였다. 우리가 방문한 연구소는 푸틴이 총리로 재직할 당시 드미트리 메드베데프 대통령이 할당한 자금으로 직접 재정 지원을 받은 곳이었다. 하지만 그곳에서 일하는 젊은 박사 과정 학생들의 감정은 확고하게 반체제적이었다. 그들은 민주적 변화를 절실히 원했고, 자신들의 견해가 억압받고 있다고 열정적으로 이야기했다. 나는 비가 어떻게 갈등을 조심스럽게 탐색하는지를 직접 목격했다. 그녀는 학생들에게 공감하면서도 푸틴의 러시아에서 연구 프로젝트를 수행해야 하는 현실을 받아들였다.

비에게는 정치적 견해와 관계없이 함께 일하는 러시아 연구자들이 세계 가치 조사World Values Survey에 참여하는 모든 국가에서와 동일한 방식으로 연구를 수행하는 것이 매우 중요했다. 세계 각국의 사람들에게 민주주의, 동성애, 이민, 종교와 같은 민감한 주제에 대한 동일한 질문을 던짐으로써, 비와 그녀의 동료들은 지구촌 시민들의 가치가 국가 간에 어떻게 다르게 나타나는지를 이해하고자 했다.[5] 이 접근 방식은 정치적으로 동기부여된 연구자들도 동의하는 생각, 즉 데이터는 가능한 중립적인 방식으로 수집돼야 한다는 생각에 기초한 것이었다.

282개의 질문으로 구성된 이 조사에서 상관관계는 답변 간의 유사성과 차이를 요약하는 데 유용한 방법을 제공했다. 비의 두 동료인 로널드 잉글하트Ronald Inglehart와 크리스티안 웰젤Christian Welzel은 가족의 가치, 국가에 대한 자부심, 종교를 강조하는 사람들이 이혼, 낙태, 안락사 및 자살에 대해 도덕적 반대를 하는 경향이 있다는 사실을 발견했다. 이런 질문들에 대한 답변 간의 상관관계를 통해 잉글하트와 웰젤은 다양한 국가의 시민들을 전통-세속적 척도에 따라 분류했다.[6] 모로코, 파키스탄, 나이지리아 같은 나라는 전통적 경향이 있는 반면에 일본, 스웨덴, 불가리아는 세속적 경향이 있었다. 이 결과는 한 국가의 모든 사람이 동일한 견해를 가지고 있다는 것을 의미하지는 않지만, 각 국가에서 널리 퍼진 견해에 대한 통계적으로 올바른 요약을 제공했다.

크리스티안 웰젤은 질문에 대한 답변 간의 또 다른 상관관계를 발견했다. 표현의 자유에 관심이 있는 사람들은 상상력, 독립성, 교육에서의 성평등을 중요하게 여기고, 동성애에 대해 관용적인 경향이 있었다. 웰젤이 '해방적 가치emancipative values'라고 부른 이러한 질문들에 대한 답변들은 양의 상관관계를 나타냈다. 그의 분석 결과에 따르면 영국, 미국, 스웨덴은 높은 해방적 가치를 가진 나라들이다.

여기서 정말 중요한 점은 첫 번째 축인 전통/세속이 두 번째 축인 해방과 상관관계가 없다는 것이다. 예를 들어 21세기 초반에 러시아인과 불가리아인은 세속적 가치를 매우 중시했지만 해방적 가치는 중시하지 않았다. 미국에서는 자유와 해방이 거의 모든 사람에게 중요하지만, 여전히 많은 시민이 종교적·가족적 가치를 우선시하기 때문에 미국은 전통적인 나라라고 할 수 있다. 스칸디나비아 국가들은 세속적 가치와 해방적 가치를 모두 중시하는 극단적인 예시이며, 짐바브웨, 파키스탄, 모로코는 전통과 권위에 대한 복종을 중시하는 반대 극단에 위치한다.

이런 두 개의 독립적인 축으로 가치가 분리되는 현상에서 비 푸라넨은 아이디어를 얻었다. 그녀는 이민자들이 스웨덴에 도착했을 때 그들의 가치가 어떻게 변화하는지를 알고 싶었다. 2015년, 15만 명의 이민자들이 주로 시리아, 이라크, 아프가니스탄에서 스웨덴에 망명을 요청했다. 이 숫자는 스웨덴 전체 인구의 약 1.5%에 해당하며, 그들은 모두 문화적 가치가 완전히 다른 세 나라에서 온 이민자들로서 스웨덴에 1년 내에 도착했다.

서유럽 원주민들은 이러한 이민자들을 바라볼 때 일반적으로 전통적 가치와 관련된 것, 예를 들어 히잡이나 새로 지어진 모스크 같은 것에 집중한다. 이런 관찰은 일부 사람들, 특히 무슬림들이 새로운 조국이 중시하는 가치에 적응하지 못하고 있다고 결론짓게 만든다. 물론 외적인 모습은 이민자들이 자신의 전통을 보존하려고 노력하고 있음을 보여줄 수 있다. 하지만 그들의 내면적인 가치를 진정으로 이해하는, 통계적으로 올바른 방법은 그들과 대화하고 그들이 어떻게 생각하는지를 묻는 것이다. 이것이 바로 비와 그녀의 동료들이 한 일이다. 그들은 지난 10년간 스웨덴에 도착한 6,501명의 이민자를 조사하고 그들이 중시하는 가치에 대해 물었다.

결과는 놀라웠다. 많은 이민자가 성평등과 동성애에 대한 관용이라는 전형적인 유럽인의 성향에 공감했지만, 스웨덴의 극단적인 세속성을 채택하지는 않았다. 그들은 외부인에게 보이는 가족과 종교의 중요성과 관련된 전통적 가치를 유지했다. 실제로 스톡홀름에 사는 전형적인 이라크인 가족이나 소말리아인 가족은 미국 텍사스에 사는 전형적인 미국인 가족과 매우 유사한 가치를 가졌다.

앞에서 언급한 통계적으로 올바른 방식으로 이해되지 않는 집단이 무슬림만은 아니다. 예를 들어 사람들이 미국인 기독교도에 대해 이야기할 때, 낙태 반대 및 동성애 혐오적 견해를 함께 묶는 경우가 많다. 뉴햄프셔대학교의 사회학 교수인 미셸 딜론^{Michele Dillon}은 일부 낙태에 반대하는 종교 단체가 동성 결혼을 지지했으며, 다른 종교 단체는 반대 의견을 가졌음을 보여주었다.[7] 일반적으로 낙태 반대와 동성애 권리는 종교 단체 내에서 별개 문제로 간주된다.

* * *

우리 삶의 여러 부분이 온라인으로 이동하면서, 우리에 대한 데이터도 늘어났다. 페이스북에서 누구와 상호작용하는지, 무엇을 좋아하는지, 어디를 가는지, 무엇을 구매하는지 등 무수히 많은 정보가 쌓이고 있다. 모든 사회적 상호작용, 검색 내용, 소비 결정은 페이스북, 구글, 아마존에 저장된다. 이것이 바로 빅데이터의 세계다. 우리는 더 이상 나이, 성별, 출생지에 의해 정의되지 않으며, 우리의 모든 행동과 생각을 측정하는 수백만 개의 데이터 포인트에 의해 정의된다.

TEN은 빅데이터 도전에 신속하게 대응했다. 이 비밀결사의 구성원들은 세계의 모든 사람들을 관심사에 기초해 연결하고 행렬화했다. 그들은 인종차별과 성차별이 과거의 유물이라고 주장했다. 그들은 사회가 얼마나 더 관용적으로, 즉 공정하고 개인을 진정으로 존중하는 세상으로 변화하고 있는지 측정했다. TEN은 통계적으로 올바른 방법으로 접근하고 있었다.

이 새로운 질서의 많은 부분은 개인 맞춤형 광고로 자금을 지원받았다. 광고주들은 페이스북 사용자들 중 소규모 집중 그룹에게 자신의 제품을 보여줄 권리를 두고 입찰 경쟁을 벌였다. 점점 더 많은 데이터 과학자와 통계학자가 정밀한 정보를 제공하기 위해 동원됐다. 그로 인해 마이크로 타깃팅 광고라는 새로운 분야가 탄생했다. 잠재고객들은 프로파일링됐으며, 그들의 관심을 극대화하기 위해 적절한 정보가 적시에 제공됐다.

TEN의 구성원들은 자신들이 해결한 문제 목록에 광고 및 마케팅을 추가하며 다시 한번 승리했다. 이번에는 그들이 특정한 형태의 도덕성도 가진 것처럼 보였다. 하지만 문제가 있었다. 행렬의 숫자를 관찰하고 있는 것은 TEN의 구성원들만이 아니었다. 그리고 그 상관관계를 바라보는 모든 사람들이 그들이 보는 패턴을 제대로 이해하고 있는 것도 아니었다.

* * *

아나 람브레흐트^{Ana Lambrecht}는 빅데이터를 올바르게 사용하는 법을 연구한다. 런던 비즈니스 스쿨의 마케팅 교수인 그녀는 브랜드 의류에서 스포츠 웹 사이트에 이르기까지 데이터가 어떻게 사용되는지를 연구해왔다. 그녀는 이메일을 통해 빅데이터 세트를 광고에 사용하는 데 분명한 이점이 있지만, 그 한계도 고려하는 것이 중요하다고 설명했다. "적절한 통찰력을 추출할 수 있는 기술이 없다면 데이터는 그다지 도움이 되지 않습니다"라고 그녀는 말했다. 그녀는 동료인 캐서린 터커^{Catherine Tucker}와 공동으로 작성한 논문에서 온라인 쇼핑의 시나리오를 통해 이 문제에 대해 설명했다.[8]

장난감 판매 업체가 그 업체의 광고를 온라인에서 더 많이 본 소비자들이 장난감을 더 많이 구매한다는 사실을 발견했다고 가정해보자. 이 사실에 기초해 이 업체는 광고와 장난감 구매 간의 상관관계를 확립할 것이고, '빅데이터' 마케팅 부서는 광고 캠페인이 효과가 있다고 결론지을 것이다.

이제 광고를 다른 각도에서 살펴보자. 엠마와 줄리는 서로 모르는 사이이지만, 두 사람 모두 일곱 살짜리 조카가 있다. 그들은 각자 따로 크리스마스 직전 일요일에 장난감 광고를 보게 된다. 엠마는 바쁜 주간 업무로 인해 쇼핑할 시간이 없다. 줄리는 휴가 중이며, 크리스마스 선물을 찾기 위해 여유 시간을 많이 보낸다. 줄리는 장남감 판매 업체의 '커넥트 4 카운터 전략 클래식 게임' 광고를 서너 번 클릭한 뒤 그 제품을 구매하기로 결정한다. 반면에 엠마는 12월 23일 오후에 매장에 가서 레고 모델 캠퍼밴을 집어 들어 구매한다.

줄리는 엠마보다 광고를 훨씬 더 많이 보았지만, 그렇다고 해서 광고가 효과적이라는 의미일까? 아니다. 우리는 엠마가 광고를 볼 시간이 있었다고 해도 그 업체의 장난감을 사려고 했을지는 알 수 없다. '빅데이터' 마케터들은 그들의 캠페인이 효과가 있다고 결론지을 수도 있지만, 사실 그들은 상관관계와 인과관계를 혼동하고 있다. 우리는 광고가 줄리의 커넥트 4 구매를 유도했는지 알 수 없으므로, 광고가 효과적이라고 결론지을 수 없다.

인과관계와 상관관계를 분리하기란 어려운 일이다. 내가 매디슨, 라이언과 그들의 친구들에 대해 만든 상관관계 행렬은 매우 적은 수의 관찰에 기반하고 있기 때문에, 그것만으로는 일반적인 결론을 도출할 수 없다(신뢰 방정식 참조). 하지만 같은 행렬에 대한 데이터가 대량의 스냅챗 사용자들의 의견에 대해 수집됐고, 퓨다이파이와 포트나이트 간의 상관관계가 발견됐다고 가정해보자. 그렇다면 퓨다이파이의 구독자를 늘리면 포트나이트 플레이어 수가 증가할 것이라는 결론을 내릴 수 있을까? 아니다. 이 결론으로 점프하는 것은 다시 한번 상관관계를 인과관계로 혼동하는 것이다. 아이들이 포트나이트를 플레이하는 이유는 유튜브에서 퓨다이파이를 보았기 때문이 아니다. 퓨다이파이의 구독자를 늘리기 위한 캠페인이 성공한다고 해도, 그것은 단지 아이들이 퓨다이파이를 보는 시간을 늘릴 뿐이다. 그의 동영상을 보는 것이 아이들로 하여금 포트나이트 게임을 더 많이 하게 만들지는 않을 것이다.

만약 포트나이트가 퓨다이파이의 유튜브 채널에서 광고 공간을 구입한다면 어떻게 될까? 그렇다면 효과가 있을 수도 있다. 어쩌면 포트나이트를 플레이하다가 마인크래프트로 돌아선 일부 플레이어들을 퓨다이파이가 다시 포트나이트로 유인할 수도 있을 것이다. 하지만 반대로 실패할 가능성도 높다. 퓨타이파이의 시청자들 사이에서 포트나이트에 대한 관심이 이미 포화 상태일 수도 있기 때문이다. 아마 포트나이트 광고 캠페인은 카일리 제너가 게임을 시작하도록 유도하는 데 집중해야 할지도 모른다!

퓨다이파이와 포트나이트 간의 상관관계에서 결론을 도출하는 데는 여러 가지 문제가 있다는 것은 조금만 생각해보면 알 수 있다. 하지만 빅데이터 혁명이 시작됐을 때, 이런 문제들은 대부분 간과됐다. 기업들은 자신들이 가진 고객 데이터가 매우 가치가 있다고 생각하게 됐다. 그들은 그 데이터를 통해 고객에 대한 모든 것을 알게 됐다고 생각했기 때문이다. 하지만 실제로는 그렇지 않았다.

* * *

케임브리지 애널리티카 스캔들은 인과관계를 제대로 파악하지 못해 발생한 전형적인 사례였다. 상원 위원회 위원들은 내가 스카이프를 통해 다음과 같은 이야기를 할 때 매우 집중하고 있었다.

"케임브리지 애널리티카는 페이스북 사용자에 대한 많은 데이터를 수집했으며, 특히 그들이 '좋아요' 버튼을 클릭한 제품과 사이트에 초점을 맞췄습니다. 그들의 목표는 이 데이터를 사용해 페이스북 사용자의 성격을 타깃팅하는 것이었습니다. 그들은 신경증적인 사람들에게는 가족을 보호하기 위한 총에 대한 메시지를, 전통적인 개인에게는 아버지에서 아들로 총을 물려주는 메시지를 전달하고 싶어 했습니다. 각 광고는 유권자에게 맞춤형으로 제작될 예정이었습니다."

　나는 내가 이야기하고 있는 사람들이 위원회의 공화당 의원들이라는 것을 알았고, 그들이 다음 선거 캠페인에서 이런 도구의 장점을 상상하고 있으리라는 것도 잘 알았다. 그래서 나는 신속하게 본론으로 들어갔다.

　"하지만 이런 방법은 여러 가지 이유로 효과를 내지 못했습니다. 첫째, 사람들이 '좋아요'를 클릭한 것만으로 그들의 성격을 믿을 만하게 파악하는 것은 불가능합니다. 그들의 타깃팅은 사람들의 성격을 맞추는 경우와 틀리는 경우가 거의 비슷했습니다. 둘째, 페이스북 사용자들에 대해 알 수 있는 신경증들—예를 들어 열반에 대한 집착이나 이모 라이프 스타일emo lifestyle(자신이 가진 감성, 감정을 있는 그대로 표출하는 라이프 스타일 - 옮긴이)에 대한 선호 등—은 무기로 가족을 보호하려는 신경증과는 다릅니다."

　이어서 나는 상관관계와 인과관계를 혼동하는 데서 발생하는 문제들을 설명했다. 나는 케임브리지 애널리티카가 알고리즘을 만들었을 때는 선거가 진행되기 전이었기 때문에 그들의 광고가 효과가 있는지 테스트할 수 있는 방법이 없었다고 설명했다.

　그런 다음, 나는 가짜 뉴스가 유권자들에게 별 영향을 미치지 못한다고 말했다. 이는 내가 이전 책인 《알고리즘이 지배한다는 착각Outnumbered》을 쓰기 위해 연구했던 내용 중 하나였다.[9] 또한 나는 반향실 효과 이론echo-chamber theory(뉴스 미디어가 전하는 정보가 해당 정보의 이용자가 가진 기존의 신념만으로 구성된 커뮤니케이션에 의해 증폭 및 강화되고, 정보 이용자는 같은 입장을 지닌 정보만 지속적으로 되풀이해 수용하는 현상을 비유적으로 나타낸 말 - 옮긴이)과는 정반대로, 2016년 선거에서 민주당 지지 유권자와 공화당 지지 유권자가 양쪽의 이야기를 모두 들었다는 조사 결과도 언급했다. 이런 내 관점은 당시 자유주의 미디어들의 공통된 입장과 상반됐다. 그들은 트럼프의 승리를 온라인 유권자 조작의 승리로 보았다. 그들은 트럼프를 지지한 유권자들을 순진한 세뇌의 희생자로 간주했다. 케임브리지 애널리티카는 여론이 소셜 미디어들에 의해 쉽게 조작될 수 있음을 보여주는 대표적인 사례로 여겨졌다. 하지만 나는 그런 생각에 동의하지 않았다. 그러던 중 스카이프 통화를 진행하던 담당자가 말했다.

"우리가 들은 내용을 의원님들이 논의하는 동안 잠시 교수님의 말씀이 우리 쪽에 들리지 않게 하겠습니다."

그들이 결정을 내리는 데 약 30초가 걸렸다.

"우리는 교수님이 워싱턴으로 오셔서 상원 위원회에서 증언해주셨으면 합니다. 가능할까요?"

나는 즉답을 하지 않고, 휴가 계획이 있어 생각해보겠다고 얼버무렸다. 그 순간 정말 나는 워싱턴에 가야 할지 말아야 할지 확신이 없었다. 하지만 잠을 자고 나자 점점 가고 싶지 않다는 확신이 들었다. 그들은 내가 상원 의원들에게 인과관계와 상관관계를 설명하러 가기를 원하는 것이 아니라, 케임브리지 애널리티카와 가짜 뉴스가 트럼프를 당선시킨 것이 아니라고 말해주길 원한다는 것을 깨달았기 때문이었다. 그들은 내가 사용하는 모델을 이해하기보다는 그들의 서사에 맞는 결론만 듣고 싶어 했다. 그래서 나는 가지 않기로 결정했다.

그해 여름, 나는 미국으로 가 뉴욕에서 알렉스 코건Alex Cogan을 만났다. 그가 상원 청문회에서 증언한 직후였다. 알렉스는 케임브리지

대학교의 연구원으로, 케임브리지 애널리티카 스캔들에서 핵심적인 역할을 한 사람 중 한 명이었다. 그는 5,000만 명의 페이스북 사용자 데이터를 다운로드한 후 이를 케임브리지 애널리티카에 판매했다. 그 결정은 그다지 현명한 것이 아니었고, 그는 그 행동을 후회하고 있었다.

알렉스와 나는 내가 케임브리지 애널리티카가 사용한 방법의 정확성을 조사하기 시작했을 때 처음 만났다. 나는 그와 대화하는 것이 좋았다. 사업을 할 때 그는 아마도 좋은 사람들과 함께하지 않은 것 같지만, 데이터가 어떻게 사용될 수 있고 사용될 수 없는지에 대한 깊은 이해를 가지고 있었다. 그는 크리스 와일리가 '심리전 도구'라고 부른 것을 만들기 위해 정말 열심히 노력했지만, 결국 그 도구는 쉽게 만들 수 없다는 결론에 도달했다. 데이터가 충분히 좋지 않았기 때문이었다.

그는 내부자로 일하면서, 케임브리지 애널리티카에 대해 나와 같은 결론에 도달했다고 내게 말했다.

"그런 허접한 방법은 효과가 없습니다."

그는 상원 청문회에서도 같은 내용을 더 정중한 용어로 상원 의원들에게 전달했다.

* * *

케임브리지 애널리티카 알고리즘의 기본적인 '문제'는 그것이 작동하지 않았다는 것이다.

'빅데이터 시대' 초기에 많은 자칭 전문가들은 상관관계 행렬이 사용자와 고객에 대한 더 나은 이해로 이어지리라고 주장했다. 하지만 문제는 그렇게 간단하지 않다. 데이터의 상관관계를 기반으로 한 알고리즘은 정치 광고뿐만 아니라, 형량 결정, 교사의 성과 평가, 테러리스트 탐지 등에도 사용됐다. 캐시 오닐Cathy O'Neil이 쓴《대량살상 수학 무기Weapons of Math Destruction》는 이런 알고리즘에 의해 발생하는 문제를 잘 담아냈다.[10] 알고리즘은 핵폭탄처럼 무차별적이다. '타깃 광고'는 광고를 보여줄 대상을 엄격하게 통제한다고 주장되지만, 사실 이런 방법은 사람들을 정확하게 분류하는 능력이 매우 제한적이다.

온라인 광고에서 이는 큰 문제가 아니다. 포트나이트 플레이어가 메이크업 광고를 본다고 해서 그의 삶이 망가질 일은 없다. 하지만 알고리즘에 의해 범죄자, 나쁜 교사 또는 테러리스트로 낙인찍히는 것은 전혀 다른 문제다. 개인의 경력과 삶이 바뀔 수 있기 때문이다. 상관관계를 기반으로 한 알고리즘은 데이터에서 나온 것이기 때문에 객관적이라고 제시됐지만, 내가 이전 책《알고리즘이 지배한다는 착각》을 쓰면서 발견한 바에 따르면, 상당수의 알고리즘은 정확한 예측만큼이나 많은 실수를 저지른다.

나는 상관관계 행렬을 이용해 알고리즘을 만들 때 발생할 수 있는 여러 문제를 발견했다. 예를 들어 구글의 검색엔진 및 번역 서비스에서 단어를 표현하는 방식은 단어 사용 간의 상관관계를 기반으로 구축됐다.[11] 위키피디아와 뉴스 기사 데이터베이스도 특정 단어 그룹이 함께 사용되는 경우를 식별하는 데 사용된다.[12] 내가 내 이름인 '데이비드'와 영국에서 내 나이대에서 가장 널리 사용된 여성 이름인 '수잔'을 비교해보았을 때, 알고리즘이 내린 결론은 매우 불쾌했다. '데이비드'로서 나는 '지능적', '영리한', '스마트한'이라는 평가를 받았지만, 알고리즘은 '수잔'에 대해서는 '재능이 많은', '까다로운', '섹시한'이라는 평가를 내렸다. 이런 문제의 근본적인 원인은 알고리즘이 우리가 과거에 남긴 텍스트들의 상관관계를 기반으로 구축됐다는 사실에 있다. 그 텍스트들은 고정관념으로 가득 차 있다.

빅데이터에 사용되는 알고리즘은 상관관계를 발견했지만, 그 상관관계의 이유를 이해하지 못했다. 그 결과, 알고리즘은 엄청난 실수를 저질렀다.

* * *

'빅데이터'를 과도하게 홍보한 결과는 복잡했지만, 그 원인은 단순했다. 앞에서 우리가 세상을 데이터, 모델 그리고 난센스로 나누었던 것을 기억할 것이다. 문제는 기업과 대중이 데이터에 대해 제대로 논의하지 않은 채 데이터를 전달받았다는 데에 있다. 모델이 없으면 난센스가 지배하게 된다. 알렉산더 닉스와 크리스 와일리는 인격 타깃팅과 심리전 도구에 대해 말도 안 되는 이야기만 했다. 교사의 성과를 예측하고 형량 결정 소프트웨어를 만드는 기업들도 그들 제품의 효과에 대해 비논리적으로 주장했다. 페이스북은 특정 인종 친화적 광고로 잘못된 고정관념을 강화했다.[13]

아냐 람브레흐트는 이에 대한 해결책을 제시한다. 그녀는 모델을 도입해 인과관계 문제를 해결한다. 엠마와 줄리의 쇼핑에 관한 그녀의 이야기가 그 예다. 그녀는 데이터를 수집하는 것만 보지 않고 고객의 관점을 취함으로써 광고 캠페인의 성공을 평가할 수 있었다. 그녀의 설명 방식은 내 설명 방식과 약간 다르긴 하지만, 그녀 역시 문제를 모델과 데이터로 나누고 있으며, 이는 이 책 전반에 걸쳐 사용한 전략이기도 하다. 데이터 자체는 그다지 많은 정보를 제공하지 않지만, 우리는 모델과 데이터를 결합함으로써 통찰을 얻을 수 있다.

인과관계를 판단하기 위한 이 기본적인 모델링 접근법은 A/B 테스트로 알려져 있다. 1장에서 설명한 이 방법을 이제 현실에 적용해보자. 기업은 고객에게 두 가지 다른 유형의 광고를 시도해야 한다. (A) 효과를 테스트하고자 하는 원래 광고와 (B) 예를 들어 장난감 회사와 관련이 없는 자선 광고와 같은 통제 광고가 그 두 유형이다. 만약 자선 광고를 본 고객이 원래 광고를 본 고객과 동일한 수의 제품을 구매한다면, 그들은 광고가 효과가 없음을 알게 된다.

아냐 람브레흐트의 연구는 인과관계에 접근하는 방법에 대한 풍부한 예시를 제공한다. 한 연구에서 그녀는 얼리 어댑터 소셜 미디어 인플루언서의 주목을 받는 것이 제품이 바이럴하게 퍼지도록 도와주리라는 흔한 생각에 대해 살펴봤다.[14] 광고주는 새로운 트렌드를 빠르게 수용하는 사람들을 타깃팅하면 광고의 효과가 더 클 것이라고 믿었다. 당연히 그럴 것이라고 생각하지 않았을까?

이 생각을 제대로 테스트하기 위해 람브레흐트와 그녀의 동료들은 (A) 최신 트렌드와 관련된 해시태그(#RIPNelsonMandela, #Rewind2013)를 공유한 사용자 그룹과 (B) 같은 트렌드를 따랐지만 늦게 게시물을 올린 사용자 그룹을 비교했다. 연구자들은 A와 B 그룹 모두에게 광고에 대한 후원 링크를 보여주었고, 연구자들은 이들이 얼마나 많이 광고를 클릭하거나 리트윗(공유)하는지 조사했다.

그 결과, '얼리 어댑터 인플루언서' 이론은 잘못된 것으로 판명됐다. A그룹은 B그룹보다 광고를 공유하거나 클릭한 비율이 낮았다.

이러한 결과는 광고가 노숙자 자선 단체의 것이든 패션 브랜드의 것이든 관계없이 동일했다. 인플루언서는 영향을 받기 어려운 존재다. 그들이 인플루언서인 이유는 어떤 게시물을 온라인에서 공유하기 전에 선별하기 때문이다. 그들의 독립성과 뛰어난 판단력은 다른 사람들이 처음에 그들을 팔로우하는 이유일 수 있다. 뛰어난 판단력이 없는 얼리 어댑터는 스팸 발신자에 불과하며, 누구도 스팸 발신자를 팔로우하기를 원하지 않는다.

스냅챗의 더글러스 코헨과 그의 팀은 모든 것에 대해 A/B 테스트를 수행한다. 그와 이야기했을 때, 그들은 알림을 테스트 중이었고, 어떤 방식이 사용자로 하여금 앱을 열도록 유도하는지를 파악하기 위해 복잡하고 다양한 방안을 시험 중이었다. 하지만 그는 사용자에 대한 이해에 대해 조심스럽게 말했다.

"사람들은 아침과 저녁이 다릅니다. 우리는 사람들을 넓은 범주에 넣을 수는 있지만, 실제로 사람들은 일주일이나 한 달 사이에 그리고 나이가 들어가면서 변화합니다."

또한 그는 사람들이 항상 같은 것만 보는 것은 원하지 않는다고 강조했다.

"우리는 누군가를 스포츠에 관심이 있다고 분류할 수 있지만, 그렇다고 해서 그들이 남성적인 주제만 보고 싶어 하는 것은 아닙니다."

사람들은 알고리즘이 자신을 특정한 범주에 넣고 있다고 생각하면 짜증을 내게 된다.

광고 방정식은 대량의 데이터를 조직하는 과정에서 어느 정도의 고정관념이 피할 수 없는 결과임을 알려준다. 따라서 상관관계 행렬의 일부가 되는 것을 기분 나빠할 필요가 없다. 이런 행렬은 당신이 누구인지에 대한 진실한 표현이다. 친구들의 관심사에서 상관관계를 찾아보고 연결을 구축해보자. 상관관계가 진정한 것이라면(인종이나 성별 고정관념에 기반하지 않았다면), 공통점을 찾는 것이 더 쉬워질 것이다. 규칙에 대한 예외가 있다면 수용하고 모델을 조정해보자. 정치적 논의에서 니콜 니스벳이 했던 것처럼 대화에서 패턴을 찾아보고 이를 통해 논의를 단순화해보자. 새로운 관점의 작은 클러스터를 주의 깊게 살펴보고, 이러한 점에 특별히 주의를 기울여보자. 하지만 상관관계와 인과관계를 혼동해서는 안 된다. 친구들을 저녁 식사에 초대할 때, 메뉴를 A/B 테스트해보자. 지난번에 피자가 맛있었다고 해서 계속 피자만 만들어선 안 된다. 당신의 세계에 대해 통계적으로 올바른 모델을 구축해야 한다.

* * *

맨해튼 지하철에서 알렉스 코건과 이야기한 후, 나는 내 정치적 입장에 대해 깨닫게 됐다. 나는 항상 좌파였고, 열아홉 살 때 저메인 그리어^{Germaine Greer}의 책을 읽은 이후로는 페미니스트였다. 적어도 나는 1980년대에 노동자들이 모여 살던 스코틀랜드의 작은 마을에서 자란 백인 소년으로서 항상 '깨어 있으려고' 노력했다. 좌파 성향을 가지고 도널드 트럼프를 비판하면서 그의 당선이 소셜 미디어를 이용한 여론 조작 덕분이라고 주장함으로써 나는 많은 사람의 비난을 받았다. 미디어는 이런 태도를 좌파 세계관과 상관관계가 있는 태도로 묘사했다.

하지만 나는 수학을 연구하면서 다른 모델을 받아들일 수밖에 없었다. 나는 트럼프의 승리가 정당한 승리라고 말하는 모델을 받아들여야 했다. 나는 그의 정치적 견해에 동의하지는 않았지만, 그를 지지하는 유권자들이 어리석고 쉽게 조작당하는 사람들로 묘사되는 것에도 동의하지 않았다. 실제로 그들은 그렇지 않았다.

사람들은 도널드 트럼프를 권좌에 올린 요인인 민족주의 감정 폭발, 브렉시트, 이탈리아의 오성운동Five Star Movement(포퓰리즘 성향의 좌파 정당 – 옮긴이)의 출현, 헝가리의 빅토르 오르반Viktor Orbán 총리 집권, 브라질의 트럼프로 불리는 자이르 보우소나루Jair Bolsonaro의 집권 같은 현상을 초래한 진짜 이유를 찾기보다는, 007 영화에 나오는 악당 같은 인물, 즉 정치적 환경을 오염시킨 악의적인 인물을 찾아내려고 하는 것 같았다. 이런 악당은 알렉산더 닉스와 그의 회사인 케임브리지 애널리티카의 형태로 나타났다. 기본적인 모델과 데이터에 대한 이해만으로 닉스는 현대 민주주의 전체를 자기가 주물렀다고 생각했다.

비밀결사에게 가장 큰 위협은 정체가 드러나는 것이다. 케임브리지 애널리티카는 정체가 드러났고 그 위협이 밝혀졌다. 그건 트럼프가 선거 운동에서 사용한 2억 4,000만 달러 중에서 최대 100만 달러를 지불한 평범한 광고 회사에 의한 위협이었다. 하지만 그 효과는 투자 규모에 비해 미미했다.

이런 악당 음모론은 판단력 부족으로부터 기인했다. 이 음모론이 사실이라는 확신을 줄 만한 데이터가 거의 없었기 때문이다. 반면에 TEN은 눈에 띄지 않게 운영을 계속하고 있었다. 그 구성원들은 은행, 금융기관 그리고 북메이커를 운영한다. 그들은 우리가 사용하는 기술을 만들어내고 소셜 미디어를 통제하고 있다. 이런 모든 활동에서 그들은 소액의 수수료를 챙기며, 도박에서는 1달러당 2~3센트, 온라인 거래에서는 1센트, 심지어 인터넷 검색 결과와 함께 광고를 제공할 때는 그보다 더 적은 금액을 받는다. 시간이 지남에 따라 이렇게 작은 수수료가 쌓이면서 TEN의 구성원에게 수익이 축적된다. 모든 삶의 분야에서 수학자들은 방정식을 모르는 이들을 능가하고 있다.

집으로 가는 지하철에 앉아, 나에게 축구 경기 베팅 팁을 요청하던 외로운 남자들이 온라인 카지노에서 여자와 채팅하면서 돈을 잃게 만드는 방식에 대해 생각했다. 소비주의와 유명인을 중심으로 한 라이프 스타일을 보여주는 인스타그램의 프리즘에 대해서도 생각했다. 그리고 사회의 가장 가난한 계층을 대상으로 하는 고금리 모바일 대출 광고에 대해서도 생각했다.

우리 사회에 존재하는 근본적인 긴장, 특히 부자와 가난한 사람 사이의 긴장은 미국 대통령 선거 결과와 브렉시트 결과를 가짜 뉴스와 케임브리지 애널리티카가 도용한 페이스북 데이터로 설명하는 사람들에 의해 무시되고 있다. 나와 같은 수학자들과 다른 분야의 학자들도 사회를 덜 공정하게 만드는 데 큰 역할을 했다. TEN의 구성원들은 가난한 사람들로부터 이익을 취해 자신들을 부유하게 만들고 있다. 아이러니하게도, 다양한 음모론 중 하나에는 실제로 진실이 담겨있다. 일루미나티는 TEN의 형태로 실제로 존재한다. 하지만 일루미나티는 너무 깊이 숨겨져 있기 때문에, 심지어 일루미나티의 공모자들에게도 그 실체가 보이지 않는다.

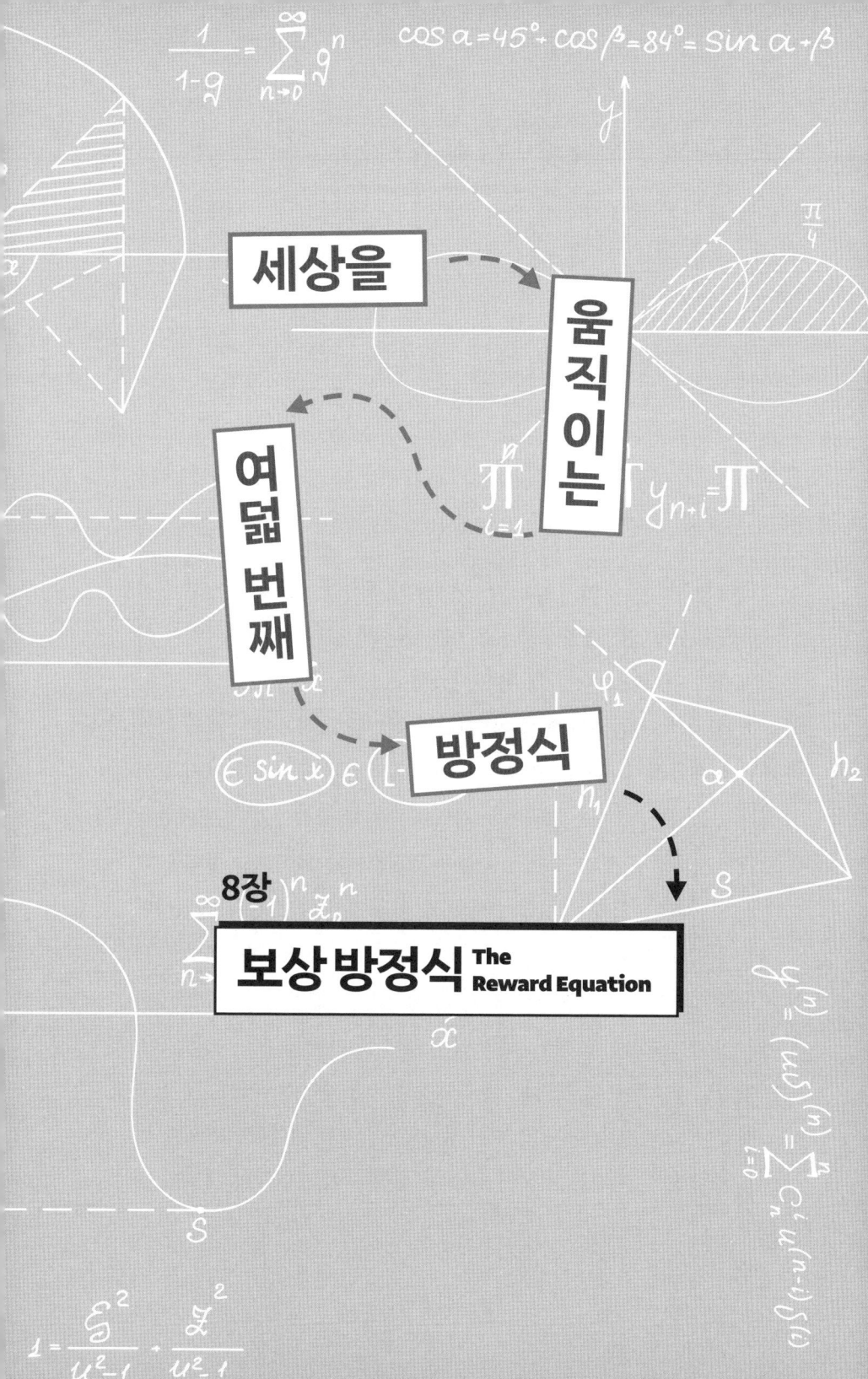

$$Q_{t+1} = (1-\alpha)Q_t + \alpha R_t$$

나는 경력을 쌓아가던 초반 15년 동안 동물들이 보상을 찾고 수집하는 방법을 연구했다. 그 일은 내가 꼭 해야겠다고 결심한 일이 아니었고, 어쩌다 보니 하게 된 일이었다.

어느 날 내 친구이자 생물학자인 에이먼과 스티븐이 나에게 영국 남부 해안의 좁은 반도인 포틀랜드 빌로 당일치기 여행을 가지 않겠냐고 물었다. 그들은 그곳에서 개미를 수집할 생각이었다. 에이먼은 개미들이 숨을 만한 작은 바위틈을 조심스럽게 열어보는 방법을 내게 알려줬다. 그는 자신이 선택한 돌 아래에서 항상 정확하게 개미를 찾아내는 것 같았다. 그는 진공청소기를 개조해 만든 도구로 개미들을 시험관으로 빨아들여 실험실로 가져갈 준비를 했다.

시간이 걸리긴 했지만, 결국 나도 개미 몇 마리를 잡을 수 있었다. 에이먼과 스티븐이 개미를 찾던 곳에서 약간 떨어진 높은 등대 밑에 서였다. 오렌지색 플라스틱 튜브로 개미 군체를 빨아들이면서 나는 보상을 받은 것 같은 기분이 들었다. 우리는 이 개미들이 새로운 둥지를 선택하는 방식을 연구하는 데 5년을 보냈다. 나는 모델을 만들었고, 그들은 데이터를 수집했다.

그 후, 나는 셰필드대학교 생물학과 박사 후 연구원인 마들렌과 함께 요크셔의 황무지를 돌아다니며 개미 연구와 비슷한 연구를 했다. 그곳에서는 꿀벌들이 벌집에서 최대 13킬로미터 정도 떨어진 곳까지 날아가 헤더 꽃에서 꽃가루를 수집하고 있었다. 그곳에서 우리는 연구실의 탁한 공기에서 벗어나 머리를 맑게 하면서, 꿀벌과 개미가 먹이에 대해 소통하는 방식과 관련해 마들렌의 설명과 내 방정식을 연결하려고 시도했다. 우리는 10년 넘게 함께 일하며, 서로 다른 사회적 곤충들이 어떤 식량 자원을 활용하기로 결정하는지 연구했다.

우리의 논의 대부분은 그리 화려하지 않은 장소에서 이루어졌다. 내가 옥스퍼드로 이사한 후 처음 사귄 친구인 도라(당시 옥스퍼드대학교 박사학위 과정 학생이었다)는 케밥 트럭 옆 차가운 계단에 앉아 자신이 연구하는 비둘기에 대해 내게 이야기했다. 그로부터 며칠 후, 제리코 카페에서 우리는 그녀가 연구하던 새들의 GPS 궤적을 분석했다. 1년 후, 우리는 새들이 집으로 돌아갈 때 경로를 찾는 방법에 대한 논문을 마무리했다.

애슐리는 큰가시고기를 연구하기 위해 Y-미로를 신중하게 만들어냈다. 나는 이언과 함께 술집에서 애슐리를 만나 집단 내에서 큰가시고기들이 내리는 결정을 모델링하는 방법에 대해 이야기했다. 우리는 큰가시고기가 포식자를 피하는 방법과 먹이를 찾는 과정에서 서로에게 도움을 주는 방식을 연구했다.

이후에 내 여정은 영국을 넘어 더 먼 곳으로 이어졌다. 오스트레일리아에서는 오드리와 함께 큰머리개미를 연구하고, 아르헨티나에서는 크리스와 타냐와 함께 개미를, 쿠바에서는 에르네스토와 잎꾼 개미를, 프랑스 남부에서는 마이클과 함께 집비둘기를, 사하라 사막에서는 제롬과 아이언과 함께 메뚜기를, 일본에서는 토시와 함께 슬라임 곰팡이를 그리고 시드니에서는 테디와 함께 매미를 연구했다.

그 시기에 함께 연구했던 모든 동료는 이제 전 세계 대학교에서 교수로 활동하고 있다. 하지만 교수가 되는 것이 우리의 유일한 목표는 아니었다. 우리는 서로 이야기하고, 서로에게서 배우며, 함께 문제를 해결하는 사람들이었다. 우리는 질문에 답함으로써 작은 보상을 얻었고, 천천히 자연 세계에 대한 더 나은 이해에 도달했다. 15년이 지난 후, 나는 동물들이 집단 내에서 결정을 내리는 방식에 대해 거의 모든 것을 알고 있었다. 그 당시에는 잘 알지 못했지만, 지금 되돌아보니 내가 그때 이룬 거의 모든 성취의 뒤에는 하나의 방정식이 있었다.

* * *

동물은 딱 두 가지만 있으면 생존할 수 있다. 먹이와 피난처다. 하지만 번식을 위해서는 한 가지가 더 필요하다. 짝이다.

이 세 가지, 생명이 요구하는 사항의 기초에는 동물들이 얻어야 할 더 근본적인 것이 있다. 정보다. 동물은 음식, 피난처 그리고 성性에 대한 정보를 자신의 경험과 다른 동물의 경험에서 수집하며, 이 정보를 사용해 생존하고 번식한다.

내가 가장 좋아하는 예시 중 하나는 개미다. 많은 개미 종들은 페로몬이라는 화학적 표시를 남겨서 집단의 동료들이 자신이 간 곳을 알 수 있도록 한다. 한 개미가 땅에 떨어진 단 음식을 발견하면 그곳에 페로몬을 남긴다. 다른 개미들은 이 페로몬을 찾아내는 방법으로 먹이를 발견한다. 그 결과, 더 많은 개미가 페로몬을 남기고 또 다른 개미들이 먹이를 더 빨리 찾는 피드백 메커니즘이 형성된다.

인간도 생존을 위해 음식과 피신처가 필요하고, 번식을 위해서 짝이 필요하다. 진화 과정에서 우리는 이 세 가지 필수 요소를 얻고 유지하기 위한 정보를 찾는 데 많은 시간을 보냈다. 현대사회에서 이 탐색은 형태가 변했다. 세계 인구의 상당 부분에게 필수 요소를 찾는 것은 끝났지만, 음식, 집, 성에 관한 정보 탐색은 계속해서 확장되고 있다. 이제 이는 요리 프로그램을 시청하고, 연애 리얼리티 쇼를 보는 형태로 나타나며, 유명인 가십을 읽고, 매물과 부동산 가격을 살펴보는 것으로 이어진다. 우리는 파트너, 저녁 식사, 자녀 그리고 집의 사진을 온라인에 올린다. 우리는 우리가 어디로 가고 무엇을 해야 하는지를 서로에게 보여준다. 개미처럼 우리는 발견한 것을 나누고, 공유된 조언을 따르기 위해 가능한 모든 것을 한다.

나는 내가 매일 하는 정보 검색의 범위를 인정하는 것이 조금 부끄럽다. 나는 엑스에 가서 알림을 확인하고, 이메일을 열어 새 메시지를 확인하며, 정치 뉴스를 읽고, 그 다음에는 스포츠 뉴스를 클릭한다. 온라인 출판 플랫폼인 〈미디엄〉에 들어가서 누가 내 게시물을 좋아했는지, 흥미로운 댓글이 있는지 확인하기도 한다.

이런 내 행동을 수학적으로 해석하는 방식은 3장에서 살펴본 슬롯머신의 예를 통해 설명할 수 있다. 내 휴대폰에 설치된 앱들을 여는 것은 슬롯머신 손잡이를 당겨 보상을 받는 것과 비슷하다. 엑스의 손잡이를 당기면 내 게시물이 일곱 번 리트윗된 것을 발견한다!

이메일 손잡이를 당기면 강연 요청 메시지를 확인하게 되고, 내가 인기가 있음을 알게 된다. 뉴스와 스포츠 앱 손잡이를 당기면 또 다른 브렉시트 음모나 선수들의 이적 소문을 확인할 수 있다. 〈미디엄〉에 들어가 아무도 내 게시물에 '좋아요'를 표시하지 않은 것을 보면서 이 손잡이는 별로 효과가 없다고 생각하기도 한다.

이제 내 앱 슬롯머신 삶을 방정식으로 표현해볼 것이다. 내가 한 시간마다 엑스를 열었다고 가정해보자. 아마도 이 정도로는 좀 모자라겠지만, 우리는 단순한 가정으로 모델을 시작해야 한다.

내가 시간 t에서 얻는 보상을 R_t로 표시해보자. 단순화하기 위해 여기서 우리는 누군가가 게시물을 리트윗했다면 $R_t=1$, 아무도 내 게시물을 리트윗하지 않았다면 $R_t=0$으로 표시해보자. 우리는 오전 9시부터 오후 5시까지의 업무 시간 동안 보상을 1과 0의 시퀀스로 생각할 수 있다. 예를 들어 보상은 다음과 같을 수 있다.

$R_9=0, R_{10}=1, R_{11}=1, R_{12}=0, R_{13}=0, R_{14}=1, R_{15}=0, R_{16}=1, R_{17}=1$

보상은 외부 세계의 리트윗을 모델링한다.

이제 나의 내부 상태를 고려해야 한다. 앱을 열어봄으로써 나는 엑스의 질, 즉 '리트윗'이나 '좋아요'만이 제공하는, 순간적인 자기 확인의 감정을 느끼게 해주는 능력에 대한 추정을 개선한다. 여기서 우리는 보상 방정식을 사용할 수 있다.

$$Q_{t+1}=(1-a)Q_t+aR_t$$

〈방정식 8〉

t와 R_t 외에도 이 방정식에는 두 개의 기호가 더 있다. Q_t는 보상의 질에 대한 내 추정치를 나타내고, a는 보상이 없을 때 자신감이 얼마나 빨리 감소하는지를 결정한다. 이 기호들에 대해 좀 더 설명해보자.

만약 내가 $Q_{t+1}=Q_t=1$이라고 쓴다면, 이 수식은 내가 t를 1만큼 증가시킴을 나타낸다. 이 개념은 컴퓨터 프로그래밍의 'for loop' 내에서 사용된다. 우리는 루프를 돌 때마다 Q_t를 1만큼 증가시킨다. 보상 방정식에서도 이와 동일한 아이디어가 적용된다. 이 경우 1을 더하는 대신, 우리는 두 가지 다른 구성 요소를 결합해 Q_t를 업데이트한다. 첫 번째 구성 요소인 $(1-a)Q_t$는 보상의 질에 대한 추정치를 줄인다. 예를 들어 $a=0.1$로 설정하면, 매시간 단계마다 우리의 추정치는 이전 수준의 90%로 감소한다. 이 방정식은 자동차의 가치가 매년 어떻게 감가상각되는지를 설명하는 방정식과 동일하다. 또한 이 방정식은 페로몬을 비롯한 화학물질들이 어떻게 증발하는지를 설명하는 데도 중요하다. 두 번째 구성 요소인 aR_t는 보상의 가치를 증가시키는 역할을 한다. 만약 보상이 1이라면, 우리는 Q_{t+1}에 a를 더한다.

이 두 구성 요소를 결합하면 방정식 전체가 어떻게 작동하는지 알 수 있다. 내가 오전 9시에 $Q_9=1$이라는 추정치로 일을 시작한다고 가정한다면, 나는 엑스가 보상을 주는 리트윗을 제공할 수 있는 확률을 100%라고 확신하는 것이다. 하지만 앱을 열어보았을 때 실망스럽게도 $R_9=0$이라면 보상은 없는 것이다. 리트윗이 없기 때문이다. 이 경우 나는 방정식 8을 사용해 내 보상의 질 추정치를 $Q_{10}=(0.9 \cdot 1)+(0.1 \cdot 0)=0.9$로 업데이트한다. 이제 나는 오전 10시에 엑스를 열 때 자신감이 조금 떨어지게 된다. 하지만 막상 10시에 엑스를 열어보니 내가 원하던 $R_{10}=1$이 돼 있다. 한 번의 리트윗이 있었던 것이다. 보상의 질에 대한 내 추정치는 완전히 회복되지는 않지만 약간 다시 올라간다. $Q_{11}=(0.9 \cdot 0.9)+(0.1 \cdot 1)=0.91$이다.

1951년, 수학자 허버트 로빈스Herbert Robbins와 서튼 몬로Sutton Munro는 방정식 8이 항상 보상의 평균 가치를 올바르게 추정함을 증명했다.[1] 그 결과를 이해하기 위해, 내가 특정 시간에 보상을 받을 확률(리트윗으로 표현)을 $\overline{R}$로 나타내고, 이 $\overline{R}$이 0.6, 즉 60%라고 가정해보자. 엑스를 매시간마다 확인하기 시작하기 전에 나는 R의 값을 전혀 알 수 없다. 내 목표는 앱을 열 때 받는 보상의 시퀀스에서 그 값을 추정하는 것이다. 개별 보상을 1과 0의 시퀀스로 생각해보자. 예를 들어 011001011… 같은 시퀀스를 생각할 수 있다. 이 시퀀스가 무한히 계속된다면, 1이 이 시퀀스에 나타나는 평균 빈도는 $\overline{R}=60\%$가 될 것이다.

이제 방정식 8은 제공되는 보상을 빠르게 반영하기 시작한다. $R_{11}=1$이 되고, 따라서 $Q_{12}=0.919$, $R_{12}=0$이 되며, $Q_{13}=0.827$이 된다. 그렇게 하루가 끝날 무렵이면 $Q_{17}=0.724$가 된다.[2] 각 관찰은 내가 진정한 $\overline{R}$의 가치를 추정하는 데 더 가까워지도록 만든다. 이런 이유로 Q_t는 일반적으로 추적변수tracking variable라고 부른다. 그림 8은 이 과정에 대한 설명이다.

로빈스와 몬로는 $\overline{R}$을 신뢰성 있게 추정하기 위해 모든 1과 0의 시퀀스를 기록할 필요가 없음을 보여줬다. 새로운 추정치 Q_{t+1}를 업데이트하기 위해 필요한 것은 현재 추정치 Q_t뿐이다. 지금까지 모든 것을 올바르게 계산했다면, 과거를 잊고 추적변수만 저장하면 된다.

그림 8 추적변수가 보상을 추적하는 방법

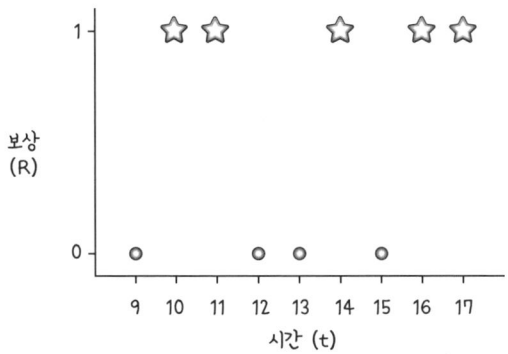

보상은 보상을 받으면 1의 값을 가지며, 보상이 없으면 0의 값을 가진다.

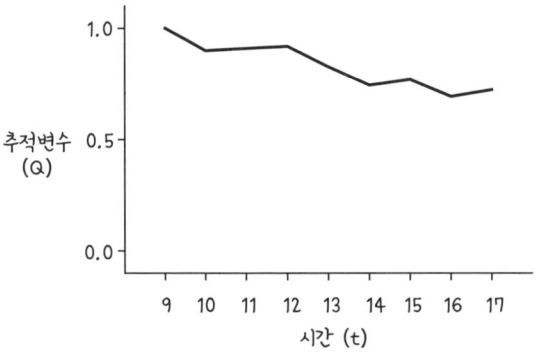

추적변수 Q는 보상을 받지 않으면 감소하고, 보상을 받으면 증가한다.

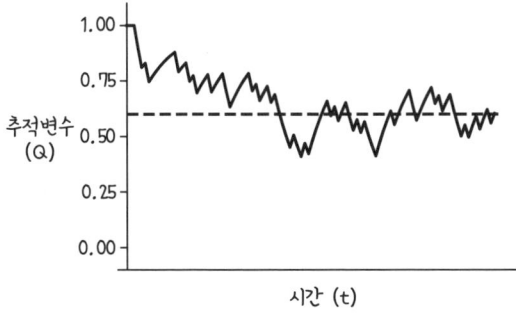

여기에서 보이는 충분한 시간 단계가 지나면, 보상(실선)은 평균 보상(점선)으로 수렴한다.

여기서 몇 가지 주의사항이 있다. 로빈스와 몬로는 시간이 지남에 따라 a를 아주 천천히 감소시켜야 한다는 것을 보여주었다. a는 우리가 얼마나 빨리 잊는지를 조절하는 매개변수다. 처음에는 불확실하므로, 최근 값에 많은 주의를 기울이기 위해 a를 1에 가까운 값으로 설정해야 한다. 그런 다음 시간이 지남에 따라 a를 감소시켜 0에 점점 가까워지도록 해야 한다. 우리의 추정치가 보상에 수렴하도록 보장하는 것은 바로 이런 느린 변화다.

* * *

소파에 누워 TV를 보며 자신에게 보상을 주고 있다고 상상해보자. 당신은 넷플릭스 시리즈를 시청하기 시작한다. 첫 번째 에피소드는 훌륭하고(항상 그렇듯이), 두 번째는 괜찮고, 세 번째는 약간 더 좋다. 질문은 언제 시리즈 시청을 포기해야 할지를 결정하는 것이다. 당신의 뇌는 그다지 신경 쓰지 않지만, 당신은 신경이 쓰인다. 당신은 휴일에 좋은 것을 보고 싶기 때문이다.

이때 해결책은 보상 방정식을 적용하는 것이다. TV 시리즈의 경우, 신뢰도 감소율 $a=0.5$, 즉 1/2이 적절하다. 이 감소율은 당신이 과거를 매우 빠르게 잊는다는 뜻이다. TV는 지금 즐기는 것이 중요하기 때문이다. 좋은 프로그램은 계속해서 새로운 아이디어를 제공해야 한다.

이제 이렇게 해보자. 첫 번째 에피소드를 10점 만점 기준으로 점수를 매긴다. 예를 들어 9점을 준다고 해보자. 즉, $Q_1=9$다. 만약 에피소드들을 몰아서 보고 있다면, 이 숫자 9를 머릿속에 두고 다음 에피소드를 시작한다. 이제 새로운 에피소드를 평가한다. 새로운 에피소드에 6점을 준다고 가정해보자. 그러면 $Q_2 = (9/2)+(6/2) = 7.5$가 된다. 매번 반올림하는 것이 좋으므로, 새로운 점수는 8이 된다. 다음 에피소드를 본다. 이번에는 7점을 주었다고 가정해보자. 그러면 $Q_3 = (8/2)+(7/2) = 7.5$가 되고, 반올림하면 8이 된다.

계속 진행해보자. 이 방법의 장점은 이전 에피소드를 얼마나 좋아했는지를 기억할 필요가 없다는 것이다. 가장 최근 에피소드에 대한 단일 숫자 Q_t에만 주목하자. TV 시리즈를 즐기는 정도뿐만 아니라, 다양한 사회적 모임에 가는 것, 다른 작가의 책을 읽는 것, 요가 수업을 듣는 것에 대해서도 추적변수 Q_t를 저장해보자. 각 취미에 대한 이 단일 숫자는, 지루한 수학자와의 대화에 답답함을 느꼈던 순간이나 요가 수업에서 좌골신경을 다쳤던 때로 돌아가지 않고도 다양한 활동의 전반적인 보상을 이해할 수 있게 해준다.

언제 시리즈 시청을 중단해야 할까? 이 질문에 답하기 위해서는 개인적인 기준선을 설정해야 한다. 나는 7을 사용한다. 만약 시리즈의 점수가 7로 떨어지면, 나는 시청을 중단한다. 이는 꽤 엄격한 규칙이다. 왜냐하면 만약 내가 8점인 에피소드를 보다 다음에 6점인 에피소드를 시청하면 $(8/2)+(6/2) = 7$이 돼 시청을 중단해야 하니 말이다. 하지만 나는 이것이 공정하다고 생각한다. 좋은 시리즈는 지속적으로 8점 또는 9점 또는 10점을 기록해야 한다. 만약 그런 높은 점수를 당신이 주고 있다면, 6점이나 5점을 견딜 수도 있을 것이다. 예를 들어 현재 내 Q_t가 10이고, 내가 5점을 줄 수밖에 없는 에피소드를 본다면, $Q_{t+1} = (10/2)+(5/2) = 7.5$가 되고, 반올림하면 8이 된다. 그러면 나는 계속 시리즈를 시청한다.

하지만 다음 에피소드의 점수가 잘 나와야 한다. 이 규칙에 따라 나는 〈슈츠〉 시리즈를 3.5시즌, 〈빅 리틀 라이즈〉 시리즈를 2시즌, 〈핸드메이드 테일〉을 1.5시즌, 그리고 〈유〉 시리즈를 두 에피소드만 봤다.

* * *

대부분의 컴퓨터 게임은 점수나 레벨이라는 단 하나의 숫자로 플레이어의 성과를 기록한다. 이 숫자는 보상 방정식의 Q_t와 비슷하다. 당신이 수집한 보상을 모니터링하기 때문이다. 당신은 다음에 무엇을 할지를 선택한다. 마리오 카트 게임에서 어떤 경로를 주행할지, 포트나이트에서 어떤 적을 추적하고 처치할지, 2048 게임에서 어떤 행으로 이동할지, 포켓몬 고에서 어떤 체육관을 습격할지를 결정하고, 당신의 점수는 선택의 질에 따라 업데이트된다.

당신의 뇌도 이와 유사한 일을 한다. 뇌에서 분비되는 화학물질인 도파민은 뇌의 보상 시스템으로 언급되며, 우리는 때때로 사람들로부터 "도파민 분비 상승으로 보상을 받았다"라는 말을 듣는다. 하지만 이런 보상의 이미지가 아주 세밀하지는 않다. 20년 전, 독일의 신경과학자 볼프람 슐츠Wolfram Schultz는 도파민에 관한 실험적 증거를 검토해 "도파민 뉴런은 예측보다 더 나은 보상 사건에 의해 활성화되고, 예측한 것과 같은 사건에는 영향을 받지 않으며, 예측보다 나쁜 사건이 일어날 때는 억제된다"라는 결론을 내렸다.[3] 따라서 도파민은 보상 R_t가 아니라, 추적 신호 Q_t라고 할 수 있다.[4] 도파민은 뇌가 보상을 추정하는 데 사용된다. 도파민은 당신에게 게임 점수를 제공하기 때문이다.

  게임은 우리의 기본적인 심리적 욕구 중 많은 부분을 충족시킨다. 이런 욕구 중에는 과제를 수행하는 능력을 보여주고 싶은 욕구, 그룹 내에서 협력하는 것을 보여주고 싶은 욕구 등이 있다.[5] 우리가 계속 게임을 하는 이유 중 하나는 게임이 이러한 과제의 완료를 측정하는 방식 때문일 수 있다. 현실은 복잡하다. 우리가 직장이나 가정에서 결정을 내릴 때 그 결과는 복잡할 수 있으며 보상을 판단하기 어렵다. 하지만 게임에서는 간단하다. 잘하면 보상을 얻고, 못하면 손해를 본다. 게임은 불확실성을 제거하고 우리의 도파민 시스템이 가장 잘 할 수 있는 일, 즉 보상을 추적하는 데 집중할 수 있도록 한다. 게임을 하면서 단일 추적변수로 제시되는 점수의 단순함은 우리의 생물학적 보상 시스템의 작동 방식을 반영한다.

  컴퓨터 게임 산업은 보상 방정식을 잘 활용한다. 영국의 직장인들이 퇴근 후 '블록! 헥사 퍼즐'이라는 테트리스와 유사한 퍼즐 게임을 하거나 '헤드스페이스'라는 마음챙김 앱을 사용한 결과, '블록! 헥사 퍼즐'을 플레이한 사람들이 업무 관련 스트레스로부터 더 잘 회복된다는 연구 결과가 발표된 적이 있다. 이 연구를 수행한 배스대학교의 박사 후 연구원인 에밀리 콜린스Emily Collins는 "마음챙김은 이완에 좋을 수 있지만, 비디오게임은 심리적 분리를 제공합니다. 내부 보상을 얻고 진정한 통제감을 느끼게 해줍니다"라고 말했다.[6]

  게임 개발사 니안틱Niantic은 보상을 수집하려는 우리의 욕망을 활용해 우리로 하여금 밖으로 나가게 만드는 게임을 만들었다. 그들이 만든 가장 유명한 게임인 포켓몬 고는 실제 세계로 나가서 모바일폰을 사용해 작은 생물인 포켓몬을 '수집'하는 게임이다. 이 게임은 플레이어들이 포켓몬을 찾고 포켓몬 알을 부화시키기 위해 걷도록 장려하며, 팀으로 협력해서 플레이하도록 만든다. 만약 당신이 동네 교회나 도서관 앞에 서서 스마트폰을 열심히 두드리는 사람들 무리를 본 적이 있다면, 그들은 아마 포켓몬 헌터들일 것이며, 포켓몬 체육관을 '접수'하기 위해 모인 것이다.

이제 개인적인 이야기를 해보자. 내 아내에 관한 이야기다. 로비사 섬프터Lovisa Sumpter는 크게 성공한 여성이다. 그녀는 스톡홀름대학교 수학교육과 부교수로 재직 중이며, 언젠가 고등학교 교사가 될 학생들을 가르치고, 대규모 국제 학술 대회를 조직하고, 국제 학술 회의에서 자주 발표를 하며, 석사 및 박사 과정 학생들을 지도하고, 교육 정책에 영향을 미치는 보고서를 작성하고, 교사들에게 영감을 주는 강의를 한다. 또한 그녀는 요가 강사 자격증도 보유했다. 나는 아내가 얼마나 놀라운 사람인지에 대해 책을 쓸 수도 있을 것이다. 그 책의 많은 부분은 그녀가 나를 얼마나 잘 견디면서 가족생활을 해왔는지에 대한 내용이 될 것이다.

로비사를 만난 모든 사람은 그녀가 얼마나 놀라운 사람인지 잘 안다. 그녀의 뛰어난 능력은 이미 공인된 사실이다. 개인적인 부분은 로비사가 2004년부터 만성 통증을 앓으면서도 이 모든 것을 이루어냈다는 점이다. 2018년 그녀는 섬유근육통 진단을 받았는데, 이 질환은 전신에 장기적인 통증을 특징으로 하는 신경계 질환이다. 로비사의 몸은 그녀의 뇌에 계속해서 통증 신호를 보내고, 그녀의 통증 추적 시스템은 보상 대신 경고를 보낸다. 작은 통증이나 쑤시는 느낌은 계속 증폭돼, 잠을 자고 집중하며 가까운 사람들과의 관계에서 인내심을 유지하는 데 어려움을 겪게 만든다. 현재로서 이 질환의 치료법은 없다.

이런 이유로 포켓몬 고는 로비사의 삶에 중요한 부분이 됐다. 이 게임은 그녀가 자신의 몸이 부정하는 보상을 얻을 수 있게 만든다. 이 게임은 로비사가 통증을 느낄 때 다른 것에 집중할 수 있도록 도와주며, 매일 많이 걸을 수 있게 해준다. 이 게임을 통해 로비사는 체육관을 '접수'하고 '습격'하는 새로운 친구들을 많이 사귀었다. 이들 중 많은 사람은 병원에서 간호사와 의사로 일하는 스트레스가 많은 직업을 가진 사람들이다. 또한 이들 중에는 교사, IT 전문가, 학생 및 다른 젊은 사람들도 포함돼 있다. 로비사의 이 게임 그룹을 통해 적어도 한 커플이 만나게 되기도 했다. 그리고 다른 사회적 환경에서 배제될 수 있었던 여러 사람들, 즉 포켓몬 고 덕분에 다시 외부 세계로 나오게 된 실직 청년들도 이들 중 일부다.

각 포켓몬 플레이어들은 이 게임이 그들에게 어떻게 도움이 됐는지에 대한 자신만의 이야기를 가졌다. 이 게임 그룹의 한 퇴직한 할머니는 손주들과 함께 즐길 만한 무언가를 하기 위해 게임을 시작했으며, 그로 인해 일이 커졌다. 그녀는 이를 합창단에 비유하며, "습격에서는 자신의 역할을 하게 되지요. 이때 좋은 점은 다른 사람들과 이야기하거나 조용히 서 있을 수도 있다는 것이에요"라고 말했다.

로비사의 또 다른 동료 플레이어는 암 투병 중인 파트너를 두고 있다. 이 게임은 그가 잠시 밖에 나가 다른 것에 대해 생각할 기회를 제공한다. 이 게임 그룹에는 고질적인 우울증을 앓는 사람들도 여럿 있는데, 그들은 새로 게임에 참여한 플레이어가 게임을 시작하도록 돕는 데 기쁨을 느낀다. 포켓몬 고 그룹에서 만난, 로비사의 새로운 친구이자 가장 친한 친구인 세실리아는 아스퍼거 증후군과 ADHD를 앓고 있으며, 그 증상 중 하나는 영수증이나 잡지와 같은 것들을 모으고 싶어 하는 충동이다. 세실리아는 "이제 저는 수집하고 정리할 수 있어요. 쌓아두는 사람이 되지 않고서도요. 그리고 동시에 운동도 할 수 있어요!"라고 로비사에게 말했다.

포켓몬 고는 로비사를 비롯한 많은 사람의 삶에 안정성을 가져다 준다. 보상은 예측할 수 없는 시간에 꾸준히 도착하지만 지속적으로 주어진다. 로비사는 "이 게임이 치료법은 아니에요. 하지만 증상을 관리하는 역할을 하지요. 이 게임은 내 생존 메커니즘의 일부이지요."라고 말했다.

로비사와 그녀의 친구들은 보상을 수집하며 걸어 다니는 것을 통해 삶이 개선된 많은 포켓몬 친구들 중 일부다. 니안틱의 시민 및 사회적 영향 고위 관리자 예니 솔하임 풀러는 자신이 만난 한 플레이어에 대해 이야기해주었다.

"그는 해외 근무를 마치고 돌아온 후 외상 후 스트레스 장애PTSD를 앓고 있었는데 게임에서 진전을 이루면서 집 밖으로 나갈 수 있었고, PTSD 외의 다른 것에 집중할 수 있었어요."

그녀는 이어 "또 다른 큰 그룹은 자폐 커뮤니티입니다. 포켓몬 고 점심 모임 후, 우리는 소음과 혼란에 엄청난 민감성을 가진 아이들을 둔 많은 부모들을 만났어요. 그 아이들은 외출을 할 수 없었지요. 이제 그들은 미술 학교 앞에서 포켓몬 고 습격을 하며 다른 사람들과 이야기하고 있어요."라고 말했다.

예니는 힘든 시간을 겪고 있는 암 환자들로부터 게임을 만들어줘서 감사하다는 메시지를 받기도 했다. 그녀는 15년 동안 당뇨병을 앓던 한 남자의 아들이 보낸 편지를 읽어주었다.

"아버지는 레벨 40에 도달했습니다. 가장 높은 레벨입니다. 아버지는 이제 가장 공감 능력이 뛰어난 시니어 플레이어 중 한 명이 됐습니다. 당뇨병이 더 이상 건강을 위협하지 않아서 주사를 맞을 필요도 없어졌습니다."

이 이야기는 예니와 그녀의 동료들을 울린 많은 이야기 중 하나에 불과하다. 그녀가 이 편지를 내게 읽어주던 중 나도 눈물이 나기 시작했다. 로비사는 2018년 여름에 레벨 40에 도달했다. 외부 세계에서는 이것이 그녀의 가장 인상적인 성취 중 하나로 보이지 않을 수 있지만, 나에게는 그녀가 보상을 통해 자신의 통증을 극복하는 데 어떻게 도움을 받았는지를 보여주는 증거라고 생각된다.

* * *

허버트 로빈스와 서튼 먼로의 연구 결과는 1950년대와 1960년대에 신호 탐지에 사용되는 수학 한 분야의 출발점이 됐다. 그들은 추적변수 Q_t를 사용해 환경의 변화를 평가할 수 있음을 보여주었다. 또한 그들은 좋은 보상과 나쁜 보상을 모두 모니터링할 수 있었다. 1960년, 루돌프 E. 칼만Rudolf E. Kálmán은 보상에서 잡음을 신뢰할 수 있게 걸러내어 진짜 신호를 드러내는 방법을 제시하는 기념비적인 논문을 발표했다.[7] 그의 이 방법은 물체의 속도와 위치를 추정하고 로터의 저항을 측정하는 데 사용됐으며,[8] 자동 센서 개발을 위한 중요한 발판이 됐다.

신호 탐지 이론은 그 후 수학적 제어 이론이라는 떠오르는 연구 이론과 결합됐다. 이는 이름가르트 플루게-로츠Irmgard Flugge-Lotz라는 독일 수학자가 온도 변화나 공기 난기류에 대한 자동화된 켜기-끄기 반응을 제공하는 방식인 뱅뱅 자동 제어bang-bang automatic control 이론을 이미 개발한 상태에서 이루어진 일이었다.⁹ 그녀의 작업을 비롯해 제어 이론가들의 연구는 엔지니어들이 환경의 변화를 모니터링하고 반응하는 자동 시스템을 설계할 수 있게 해주었다. 이런 연구들을 최초로 응용한 프로그램은 냉장고나 집 안 온도를 조절하는 온도 조절기에서 시작됐다. 이들이 사용한 방정식은 비행기의 자동 주행속도 유도 장치의 기초가 됐다. 또한 이 방정식은 우주 깊숙한 곳을 들여다보는 강력한 망원경의 거울을 정렬하는 데도 사용됐다. 아폴로 11호 달 착륙선이 달에 접근할 때 초기 단계의 제동을 수행하는 추진기를 제어하는 데 사용된 것도 이 방정식이었다. 오늘날 이 방정식은 테슬라와 BMW의 생산 라인에서 작업하는 로봇 내부에서도 사용된다.

　제어 이론은 안정적인 솔루션의 세계를 만들었다. 공학자들은 방정식을 작성하고, 세상이 그들의 규칙을 따르도록 요구했다. 많은 응용 프로그램에서 이 방정식은 잘 작동했다. 하지만 세상은 안정적이지 않다. 세상에서는 늘 변동과 무작위적이고 임의적인 사건들이 일어나기 때문이다.

　1960년대가 기존 질서에 도전하는 새로운 반문화의 유행으로 끝나면서, TEN도 혁명을 겪었다. 초점은 안정적이고 선형적인 공학에서 불안정하고 혼돈스러우며 비선형적인 공학으로 이동했다. 이런 공학에 사용된 수학은 1990년대 후반에 젊은 박사 과정 학생이었던 나에게 영향을 주었고, 나는 그 수학의 모든 것을 학습하기 시작했다. 이런 수학 이론들은 '카오스의 나비', '모래더미 붕괴 모델

sandpile avalanche model', '임계 산불critical forest fire', '새들-노드 분기saddle-node bifurcation', 자기조직화, 파워 법칙, 티핑 포인트 전환점 등과 같은 이 국적인 이름을 가진 수학 이론들이었다. 이 새로운 모델들은 우리가 주변에서 보는 복잡성을 설명하는 데 도움을 주었다.

이 이론들이 제공한 가장 중요한 통찰은 안정성이 항상 바람직한 것은 아니라는 점이었다. 이런 새로운 수학적 모델들은 생태계와 사회 시스템이 어떻게 변화하는지, 즉 사물이 항상 동일한 안정 상태로 돌아가지는 않으며 때로는 여러 상태들을 오간다는 것을 보여주었다. 이 모델들은 개미가 먹이로 가는 길을 만드는 방식, 뉴런이 동기화돼 발화하는 방식, 물고기가 무리를 지어 헤엄치는 방식 그리고 생태적 종들이 상호작용하는 방식을 설명했다. 또한 이 모델들은 인간이 결정을 내리는 과정, 즉 뇌 내부의 과정과 집단 내에서 결정을 협상하는 방식을 설명했다. 이러한 통찰의 결과로 TEN의 회원들은 생물학, 화학, 생리학 분야에서 자리를 잡을 수 있었다.

내가 함께 일했던 생물학자들이 수집한 데이터에 적용한 수학이 바로 이 수학이었다.

* * *

나는 엑스뿐만 아니라 여러 가지 앱을 열고 업데이트한다. 마찬가지로 개미와 벌도 단 하나의 먹이 공급원만 가진 것이 아니라 찾아갈 만한 여러 대안이 있다. 슬롯머신에는 많은 레버가 있으며, 우리는 모든 레버를 당길 시간이 없다. 여기서 딜레마는 어떤 레버를 당길 것인가이다. 하나의 레버만 당기는 경우라면, 그 슬롯머신에서 얻을 수 있는 보상을 꽤 잘 짐작할 수 있을 것이다. 하지만 그 레버만 계속 당기면 그 슬롯머신이 제공하는 다른 보상에 대해 결코 알 수 없게 된다. 이는 활용 대 탐색 딜레마^{exploration vs. exploration dilemma}로 알려졌다. 우리가 아는 것을 활용하는 데 얼마나 많은 시간을 할애해야 하며, 덜 익숙한 대안을 탐색하는 데는 얼마나 많은 시간을 할애해야 할까?

개미는 이 문제를 해결하기 위해 페로몬이라는 화학물질을 사용한다. 페로몬의 양은 먹이 공급원에 대한 개미의 품질 추정치 Q_t를 반영한다. 이제 개미들에게 서로 다른 페로몬 경로를 가진 두 개의 먹이 공급원이 있다고 상상해보자. 어떤 경로를 따라갈지를 결정하기 위해 각 개미는 두 경로에 있는 페로몬의 양을 비교한다. 경로에 있는 페로몬이 많을수록 개미가 그 경로를 따를 확률이 높아진다.

각 개미의 선택은 강화 과정으로 이어진다. 이는 특정 경로를 따라 많은 개미가 보상을 받으면, 그들의 둥지에 함께 사는 동료들이 그 경로를 따를 가능성이 높아진다는 뜻이다. 이 과정에서 많은 이전 트래픽이 있는 경로는 강화되고, 다른 경로는 잊힌다. 이 관찰은 개미들의 선택을 포함하는 추가적인 요소를 고려해 방정식 8의 형태로 만들 수 있다.[10] 하나의 예를 들면 다음과 같다.

$$Q_{t+1} = (1-\alpha)Q_t + \alpha\left(\frac{(Q_t+\beta)^2}{(Q_t+\beta)^2+(Q'_t+\beta)^2}\right)R_t$$

여기서 새로운 항은 개미가 두 개의 대안 경로 중에서 선택하는 방식을 나타낸다. Q_t는 한 잠재적인 음식 공급원으로 이어지는 경로에 있는 페로몬으로 생각할 수 있으며, Q'_t는 대안 먹이 공급원으로 유도하는 페로몬으로 생각할 수 있다. 이제 우리는 먹이 공급원 두 개에 대해 각각의 추적변수를 갖게 됐다(Q_t와 Q'_t). 우리가 소셜 미디어 사용을 모델링하고 있다면 스마트폰에 설치된 앱에 대한 것이 추적변수다.[11]

매개변수가 많은 새롭고 복잡한 방정식을 다룰 때는 항상 먼저 더 간단한 버전을 고려하는 편이 좋다. 그렇다면 이제 제곱이 없는 새로운 항들로 구성된 다음의 방정식을 살펴보자.

$$\frac{Q_t+\beta}{Q_t+\beta+Q'_t+\beta}$$

$\beta=0$일 때, 이 수식의 값은 단순히 두 추적변수의 비율이 된다. 이는 개미가 특정 보상을 활용할 확률이 그 보상의 추적변수에 비례한다는 뜻이다. 이제 $\beta=100$일 때의 상황을 생각해보자. 이 경우 Q_t는 항상 0과 1 사이의 값이므로, 100에 비하면 매우 작다. 따라서 위의 비율은 대략적으로 $100/(100+100)=1/2$이다. 즉, 이는 개미가 특정 보상을 활용할 확률이 무작위로 50 대 50이 된다는 뜻이다.

이제 탐색과 활용의 균형 문제는 최적의 경로 강화 수준을 찾는 문제가 된다. 이는 β의 정확한 값을 결정하는 문제와 같다. 강화가 너무 강하면(β가 매우 작음), 즉 개미가 항상 가장 강한 경로를 따르는 경우, 개미는 항상 가장 많은 페로몬이 있는 경로를 따르게 된다. 그렇게 되면 곧 어떤 개미도 다른 먹이 공급원을 찾아가지 않게 된다. 설사 그 먹이 공급원이 개선되더라도 그 사실을 알지 못하게 된다. 결과적으로 개미들은 처음에 가장 좋다고 여겨졌던 먹이 공급원에 묶이게 되며, 이후에 먹이 공급원의 품질이 바뀌어도 그 사실을 모르게 된다. 반대로 강화가 너무 약하면(β가 매우 큼), 정반대의 문제가 발생한다. 개미는 경로를 무작위로 돌아다니며, 어느 경로가 최선인지에 대한 지식을 활용하지 못하게 된다.

탐색/활용 문제에 대한 해답은 예상치 못한 반전을 포함한다. 이 반전은 최적의 강화 딜레마를 해결하는 것이 일반적으로 전혀 다른 맥락에서 등장하는 티핑 포인트tipping point, 전환점라는 개념과 관련이 있다는 뜻이다.

왜 그런지 설명해보자. 티핑 포인트는 임계질량이 존재할 때 발생하며, 시스템이 한 상태에서 다른 상태로 기울어짐을 뜻한다. 예를 들어 인플루언서가 브랜드를 홍보하면서 어떤 패션이 갑자기 유행하거나, 소규모의 선동가들이 시위자들을 자극해 폭동이 시작되는 경우가 있다.[12] 이런 예들에서 사람들의 신념 사이에서 발생하는 강화는 갑작스러운 상태 변화를 초래한다. 개미들에서도 이와 유사한 강화 과정을 볼 수 있다. 우리는 페로몬 경로가 티핑 포인트에 이르렀을 때, 즉 소규모의 개미들이 먹이로 가는 동일한 길을 선택했을 때 페로몬 경로가 형성된다고 생각할 수 있다.

여기서 우리는 놀라운 결론에 도달하게 된다. 탐색과 활용의 균형을 잘 맞추는 가장 좋은 방법은 개미들이 가능한 티핑 포인트에 가까이 머무르는 것이라는 결론이다. 만약 개미들이 티핑 포인트를 지나치게 넘어서면, 너무 많은 개미가 한 음식 공급원에 집착하게 돼 그 먹이에 '묶이게' 되고, 더 나은 선택이 나타나도 전환할 수 없게 된다. 반면에 충분한 수의 개미가 먹이 공급원에 집착하지 않고 티핑 포인트에 도달하지 못하면, 개미들은 최상의 먹이에 집중하지 않게 된다. 따라서 개미들은 탐색과 활용 사이의 최적의 지점인 티핑 포인트를 찾아내야 한다.

개미들은 이 티핑 포인트에 머무르도록 진화해왔다. 개미가 이런 균형을 이루는 예 중 내가 좋아하는 좋은 생물학자 오드리 뒤수투르Audrey Dussutour가 발견한 큰머리개미다. 이 개미들은 머리가 비정상적으로 크기 때문에 이렇게 불리며, 열대 및 아열대 지역의 대부분에 서식하면서 다른 토착 종들을 능가하고 있다. 오드리는 이들이 두 가지 페로몬을 방출한다는 것을 발견했다. 하나는 천천히 증발해 약한 강화를 생성하는 페로몬이고, 다른 하나는 빠르게 증발해 매우 강한 강화를 생성하는 페로몬이다.[13]

수학자 스탐 니콜리스Stam Nicholis와 나는 두 개의 보상 방정식이 포함된 모델을 개발했다. 한 방정식은 약하지만 오래 지속되는 페로몬에 관한 것이고, 다른 한 방정식은 강하지만 단기간에 사라지는 페로몬에 관한 것이다. 우리는 두 페로몬의 조합이 티핑 포인트 근처에 머무를 수 있게 한다는 것을 보여주었다. 우리의 모델에서 개미들은 두 가지 다른 먹이 공급원을 추적하며, 먹이의 품질이 변화할 때마다 그 사이를 전환했다. 오드리는 실험으로 우리의 예측을 확인했다. 먹이 공급원의 품질을 변경할 때마다 큰머리개미들은 가장 좋은 품질의 먹이 공급원으로 채집 방향을 전환했다.

개미만이 티핑 포인트에서 삶을 사는 것은 아니다. 많은 동물에게 삶은 슬롯머신의 손잡이를 끝없이 당기는 것과 같다. 그 덤불에 포식자가 있을까? 어제 찾았던 곳에 먹이가 또 있을까? 밤에 쉴 곳은 어디일까? 이런 환경에서 생존하기 위해, 진화는 이 동물들을 티핑 포인트에 도달하도록 만들어왔다. 나는 동물 행동을 15년 동안 연구하면서 이런 현상을 여러 번 발견했다. 예를 들어 메뚜기는 빠르게 방향을 전환할 수 있는 밀도로 집단을 형성하고, 상어가 공격할 때 물고기 무리는 갑자기 확장하며, 찌르레기 무리는 매를 피해 일제히 방향을 튼다. 이렇게 함께 움직임으로써, 피식자被食者, prey는 포식자를 혼란스럽게 만든다.

동물들은 티핑 포인트에 가까이 있도록 진화해왔다. 그들은 끊임없는 집단 인식 상태에 있으며, 하나의 해결책에서 다음 해결책으로 전환하며 변화에 매우 민감하게 반응한다. 그들에게 이것은 생존 문제다.

하지만 인간은 어떨까? 우리는 티핑 포인트에 묶여 있는 걸까? 만약 그렇다면, 우리는 그 티핑 포인트에 계속 머물러야 할까?

* * *

2016년, 트리스탄 해리스Tristan Harris는 소셜 미디어에 대해 비판의 목소리를 높였다. 그는 그 이전 3년간 구글에서 디자인 윤리학자로 일하다가 그만둔 사람이다. 그는 구글을 떠난 뒤 온라인 출판 플랫폼인 〈미디엄〉에 선언문을 게시했다. '기술이 당신의 마음을 탈취하고 있다'라는 제목의 이 선언문(읽는 데 12분 정도 걸린다)에서 그들이 어떻게 그렇게 하고 있는지 설명했다.[14]

해리스는 소셜 미디어를 이제 우리에게도 익숙한 슬롯머신에 비유했다. 그는 기술 대기업들이 수십억 사람들의 주머니에 슬롯머신을 넣었다고 표현했다. 알림, 엑스, 이메일, 인스타그램 피드, 틴더,

스와이프는 모두 우리에게 '레버를 당기고' 우리가 이겼는지 알아보라고 요청한다. 이것들은 계속해서 우리의 하루를 방해하며, 레버를 당기지 않으면 우리가 무언가를 놓칠 것이라는 두려움을 심어준다. 이것들은 우리가 친구들로부터 사회적인 인정을 받아야 한다고 유혹하고, 우리가 함께 레버를 당길 수 있게 '좋아요'와 공유를 통해 보상을 받도록 권장한다. 이 모든 일은 기술 회사들의 자체적인 의도에 따라 이루어진다. 그들의 의도는 우리로 하여금 광고를 보게 하거나 후원 링크를 클릭하게 만드는 것이다. 구글, 애플, 페이스북은 거대한 온라인 카지노를 만들어 막대한 이익을 챙겼다. 우리의 주머니 속 슬롯머신이 중독성이 강한 이유는 그 슬롯머신이 우리를 탐색과 활용 사이의 지속적인 딜레마에 놓이게 하기 때문이다. 게다가 소셜 미디어는 일반적인 슬롯머신과는 다르다. 수천 개의 손잡이를 모두 당겨야 무슨 일이 일어나는지 알 수 있기 때문이다.

과학자들은 오랫동안 여러 개의 손잡이가 동물의 뇌에 미치는 영향을 연구해왔다. 1978년, 존 크레브스$^{John\ Krebs}$와 알렉스 카셀닉$^{Alex\ Kacelnik}$은 옥스퍼드셔에서 큰딱새들을 대상으로 실험을 수행했다.[15] 그들은 이 새들에게 앉을 수 있는 두 개의 자리를 제공했다. 이 자리들은 새가 앉았을 때 가끔 위에서 먹이가 떨어지도록 설계됐다. 두 자리는 먹이가 떨어질 확률이 달랐다. 하나는 다른 곳보다 먹이가 떨어질 가능성이 더 높았다. 크레브스와 카셀닉은 한 자리가 다른 자리보다 훨씬 더 수익성이 높을 때, 새들이 그 자리를 활용하는 데 빠르게 집중한다는 것을 알아냈다. 하지만 두 자리가 비슷할 경우, 새들은 그 일을 어렵다고 느꼈다. 그들은 두 자리를 오가며 어느 쪽이 더 좋은지 시험해보았다. 내 방식으로 표현하자면, 새들은 티핑 포인트에 가까워지고 있는 것이었다.

수학자 피터 테일러Peter Taylor는 이 결과가 보상 방정식에 완전히 부합함을 증명했다. 보상 간의 결정을 내리는 것이 더 어려워지면 더 많은 탐색이 필요해진다. 우리는 큰딱새와 같은 방식으로 행동하지만, 선택의 폭이 더 많다. 우리는 앱을 하나하나 열어본다. 하지만 이런 보상이 모두 존재하는 것이 문제가 아니라, 우리의 뇌가 탐색하고 착취하고자 하는 욕망이 문제다. 우리는 각각의 잠재적 보상이 어디에 있는지를 알고 싶어 한다. 그 과정에서 우리는 '티핑 포인트의 가장자리'로 밀려나게 된다.

단 하나의 보상 공급원을 활용하는 것과 여러 공급원을 활용하는 것 사이에는 큰 차이가 있다. 책을 읽거나, 마리오 카트를 하거나, 포켓몬 고를 하거나, 〈왕좌의 게임〉을 몰아보거나, 친구와 테니스를 치거나, 체육관에 가는 경우, 당신은 단 하나의 보상 공급원에 집중한다. 당신은 반복적인 아이템 수집 소리와 한 코스가 끝날 때 나오는 음악(효과음)을 즐긴다.

당신의 보상 방정식은 안정된 상태로 수렴한다. 이것이 1950년대의 보상 방정식이며, 로빈스와 먼로는 이런 안정적인 수렴을 증명하는 데 성공했다. 당신은 그 활동에서 무엇을 기대해야 하는지를 배우고, 점차적으로 당신의 자신감은 제공하는 보상과 일치하게 된다. 이 익숙한 안정성이 당신에게 기쁨을 가져다준다.

소셜 미디어를 사용할 때, 당신은 다양한 보상 공급원을 탐색하고 활용한다. 하지만 사실 당신은 진정한 보상을 수집하고 있는 것이 아니라, 불확실한 환경을 모니터링하고 있는 것이다. 도파민은 보상이 아니기 때문에 당신은 기쁨을 느끼지 못한다. 당신은 생존 모드 상태이며, 가능한 많은 정보를 수집하고 있다. 문제는 무한한 보상의 가용성이 아니라, 다양한 잠재적 보상 원천을 모니터링해야 하는 필요성이다. 당신은 뇌를 티핑 포인트에 두고 있는 것이다. 당신은 혼돈의 가장자리, 즉 위상 전이 상태에 놓여 있다. 따라서 당신이 스트레스를 받는 것은 놀랍지 않다.

당신의 뇌만이 티핑 포인트에 있는 것이 아니다. 우리 사회 전체가 그곳에 놓여 있다. 우리는 개미처럼 미친 듯이 돌아다니며 모든 정보 원천을 추적하려고 한다. 이러한 정보 원천은 끊임없이 움직이고, 품질이 변화하며, 때로는 완전히 사라지기도 한다. 그렇다면 이 문제를 어떻게 해결할 수 있을까?

트리스탄 해리스가 공동 설립한 인도적 기술 센터 Center for Humane Technology는 당신의 마음을 티핑 포인트에서 벗어나게 하고 통제할 수 있는 방법에 대해 다음과 같은 조언을 제공한다. 스마트폰의 모든 알림을 끄고 지속적인 방해를 받지 않도록 해야 한다. 또한 스마트폰 화면의 아이콘이 눈에 잘 띄지 않도록 화면 설정을 변경해 스마트폰을 덜 화려하게 만들어야 한다.

대부분 해리스의 조언에 동의한다. 상식적이기 때문이다. 하지만 개미가 보상 방정식을 사용하는 방식을 통해 얻을 수 있는, 덜 명백하긴 하지만 아마도 더 유용할 통찰도 있다.

첫째, 당신의 마음과 사회 전체가 티핑 포인트에 있다는 사실이 지닌 엄청난 힘을 인식해야 한다. 가장 생태적으로 성공한 개미 종들이 페로몬을 가장 효과적으로 사용하는 종이라는 것은 우연이 아니다. 인간이 티핑 포인트로 나아가는 것에도 같은 원리가 적용된다. 개인으로서는 스트레스를 받을 수 있지만, 티핑 포인트에 가까운 사회는 새로운 아이디어를 더 빠르게 생산하고 확산한다. 미투(#MeToo) 운동이나 '흑인의 생명은 소중하다(#BlackLivesMatter)' 해시태그 운동에서 나온 아이디어의 풍부함을 생각해보자. 이런 캠페인은 사람들에게 문제의식을 일깨우고 변화를 이끌어낸다. 당신의 정치적 성향이 다른 사람들과 다르다면, 트럼프의 선거 운동 모토인 '미국을 다시 위대하게(#MakeAmericaGreatAgain)'에 주목해보자. 이런 아이디어가 어떻게 확산됐는지 그리고 그에 대한 양측의 반응을 생각해보자.

우리는 요즘 정치적 토론에 더 많이 참여한다. 정치적 문제와 관련해서 요즘은 젊은 세대가 온라인과 현실 모두에서 그 어느 때보다도 더 활발하게 활동한다.[16] 우리는 저녁 하늘에서 무리 지어 날아다니는 새 떼와 같다. 포식자가 접근할 때 회전하는 물고기 무리와 같고, 새로운 둥지로 날아가는 벌 떼와 같다. 우리는 먹이를 찾아 숲 바닥을 뒤지는 개미 집단과 같다. 우리는 뉴스를 서핑하는 인간 군중이다.

그 티핑 포인트로 가서 그곳에 있는 자유를 즐겨보자. 뉴스 기사를 클릭해 정보를 얻고, 새로운 아이디어를 받아들이고, 관심사를 따라가자. 이 책을 쓰는 동안 나는 구글 스칼라에서 수많은 시간을 '낭비하며' 과학 논문을 읽었고, 누가 누구를 인용했는지 살펴보며, 어떤 과학적 질문이 중요한지 판단했다. 온라인에서 사람들과 대화해보자. 필요하다면 논쟁에도 참여해보자. 〈퀄레트〉에 글을 쓰고 있는 이상한 교수에게 이메일을 보내보자. 참여하면서 정보 흐름의 일부가 돼보자. 당신이 이렇게 티핑 포인트에서 한 시간 정도 시간을 보낸다면, 나는 개미를 통해 얻은 두 번째 통찰에 대해 당신에게 이야기할 수 있을 것이다.

　나는 개미가 과도하게 활동적인 슬롯머신 중독자라는 생각을 여러분에게 심어준 것 같다는 생각이 든다. 개미들이 일할 때는 확실히 그렇다고 할 수 있다. 일부 개미는 정말 열심히 일하지만, 많은 개미는 매우 게으르다. 언제나 대부분의 개미는 아무것도 하지 않는다.[17] 일부는 미친 듯이 돌아다니며 먹이를 평가하고 수집하는 반면, 대부분의 동료들은 그냥 쉰다. 개미들의 이런 비활동적인 모습은 교대 근무라는 개념으로 해석할 수 있다. 모든 개미가 동시에 활동을 하지 않는다는 뜻이다. 개미 군락에는 거의 밖에 나가지도 않고 청소도 하지 않는, 즉 아주 적은 활동을 하는 개미들이 많다. 왜 개미들이 이러한 무기력을 허용하도록 진화했는지는 확실히 알 수는 없지만, 만약 우리가 적은 수의 개미의 높은 활동성을 칭찬하고자 한다면, 대다수의 개미들이 삶에 대해 느긋한 태도를 가지는 것 또한 인정해야 한다.

　그러니 티핑 포인트에 머무르는 동안에는 게으른 개미처럼 살아보자. 긴장을 풀고, 〈왕좌의 게임〉을 자동 재생으로 틀어놓거나, 〈프렌즈〉를 처음 에피소드부터 마지막 에피소드까지 다시 보는 것도 좋다. 포켓몬을 모으는 데 한 주 또는 한 달을 보낼 수도 있을 것이다. 물론 산책하기, 베란다에 앉아 있기, 낚시 같은 도덕적으로 우월한 활동들도 추가해야겠지만, 가장 중요한 것은 스마트폰을 보지 않으면서, 뉴스에 신경 쓰지 않고, 이메일을 무시하면서 휴식을 취하는 것이다. 걱정할 필요는 없다. 당신이 아니더라도 누군가는 그 일을 할 것이다. 우리는 지금도 잘 해내고 있다.

　보상 방정식은 현재에 집중하고 과거에 집착하지 말라고 말한다.

당신이 있는 위치를 머릿속에 하나의 숫자로 기록해보자. 일이 잘 풀리면 그 숫자를 업데이트하고, 잘 안 풀리면 추정치를 조금씩 줄여보자. 무엇을 하든, 계속해서 (비록 간헐적으로라도) 주어지는 안정적인 보상과 시간이 지나면서 본질이 변하는 불안정한 보상을 구분해보자. 안정적인 보상은 우정, 관계, 책, 영화, TV, 긴 산책, 낚시, 포켓몬 고에서 찾을 수 있다. 불안정한 보상은 소셜 미디어, 틴더에서 파트너를 찾는 것, 대부분의 직업 그리고 자주(우리가 인정하고 싶지 않더라도) 가족생활에서 발견된다. 이런 상황에서 탐색하고 활용하는 것을 두려워해서는 안 된다. 하지만 티핑 포인트에 있을 때 이러한 보상으로부터 최대의 이익을 얻고 있다는 것도 기억해야 한다. 불안정한 보상이 당신을 원하지 않는 상태로 변화시키기 전에 다시 안정성으로 돌아가는 길을 찾아보자.

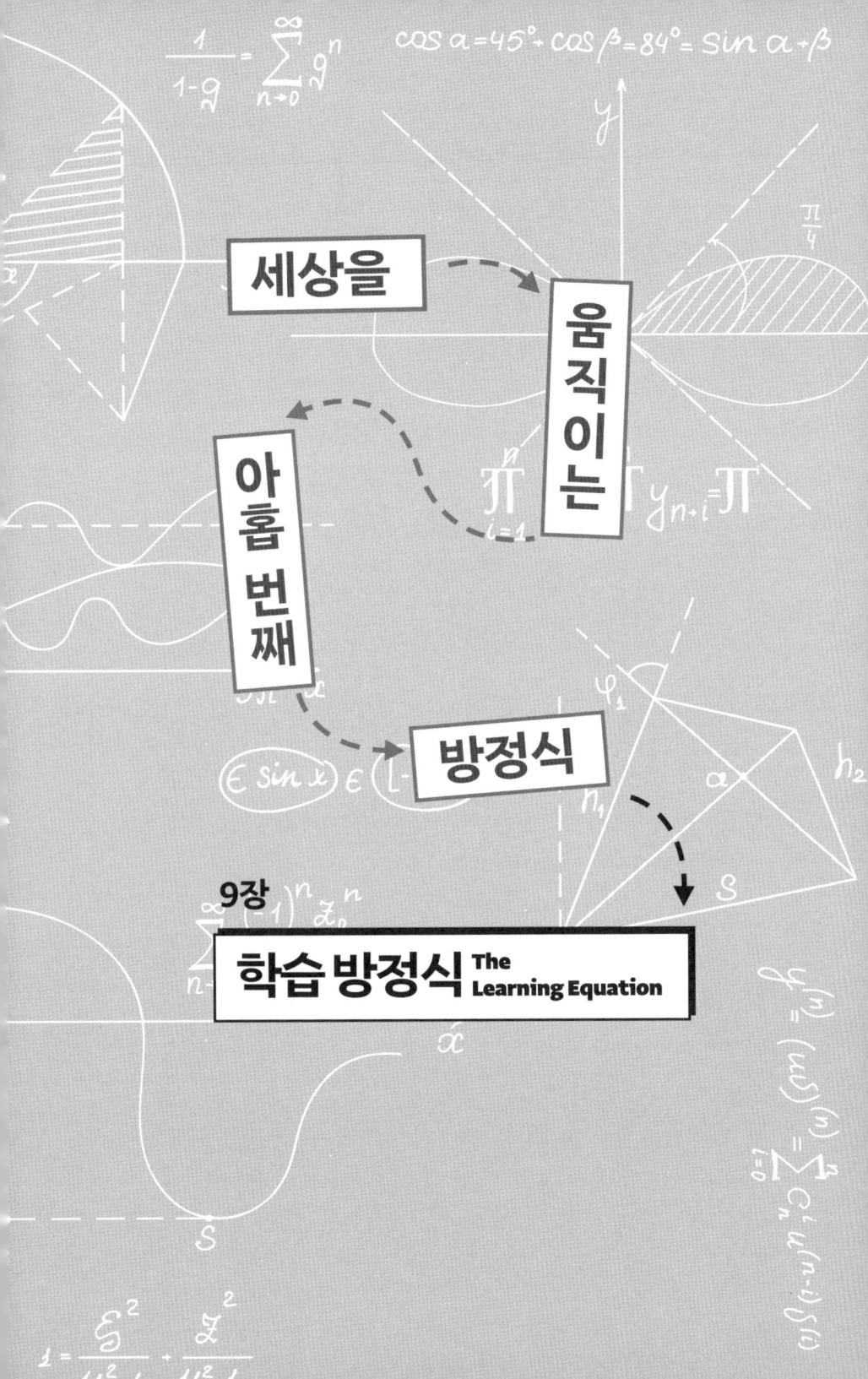

$$-\frac{d(y-y_\theta)^2}{d\theta}$$

미래의 기술이 인공지능^AI에 의해 지배되리라는 이야기를 들어본 적이 있을 것이다. 이미 연구자들은 컴퓨터를 훈련시켜 바둑에서 인간을 이기게 만들었고, 자율주행 자동차를 테스트하고 있다. 이 책에서 나는 열 개의 방정식에 대해 설명하고 있지만, 빠뜨린 것이 분명히 있을 것이다. 구글과 페이스북에 사용되는 AI의 비밀도 이제 설명해야 하지 않을까? 컴퓨터가 인간처럼 생각하도록 학습하게 할 방법에 대해서도 이야기해야 하지 않을까?

지금부터 나는 여러분에게 비밀 하나를 알려주고자 한다. 이 비밀은 영화 〈그녀〉나 〈엑스 마키나〉의 이야기와는 잘 맞지 않는다. 또한 이 비밀은 스티븐 호킹의 우려나 일론 머스크의 과장된 주장과도 맞아떨어지지 않는다. 마블 코믹스가 창조한 허구의 슈퍼 히어로인 아이언맨 토니 스타크는 내가 하려는 말을 듣고 기뻐하지 않을 것이다. 그 비밀은 현재 형태의 인공지능이 이 책에서 다루는 열 개의 방정식을 엔지니어들이 창의적으로 조합한 결과에 불과하다는 것이다. 하지만 이 비밀, 즉 AI가 어떻게 작동하는지에 대해 설명하기 전에, 잠시 다른 이야기를 해보자.

* * *

싸이의 〈강남스타일〉이 유행하던 2012년, 유튜브는 문제에 직면했다. 수억 명이 동영상을 보기 위해 유튜브 사이트를 방문했지만, 그곳에 오래 머물지는 않았던 것이다. '찰리가 내 손가락을 물었어', '쌍무지개', '말하는 여우', '아이스 버킷 챌린지' 같은 재미있는 동영상은 사람들의 관심을 고작 30초 정도만 끌었고, 그런 영상을 보고 나면 사람들은 TV를 보거나 다른 일을 하기 위해 유튜브 사이트에서 빠져나갔다. 유튜브는 광고 수익을 유치하기 위해 유튜브를 사용자들이 오래 머무는 장소로 변화시켜야 했다.

이 문제의 핵심은 유튜브 알고리즘에 있었다. 이 알고리즘은 7장에서 본 광고 방정식에 기반해 동영상을 추천하는 시스템을 사용했다. 유튜브는 사용자가 시청하고 좋아한 동영상에 대한 상관관계 행렬을 구축했지만, 이 방법은 젊은 사람들이 가장 최근의 동영상을 보고 싶어 한다는 사실은 반영하지 않았다. 또한 이 방법은 사용자가 동영상에 얼마나 몰입했는지도 고려하지 않았다. 이 방법으로 유튜브는 단순히 다른 사람들이 본 동영상을 보여주었고, 그 결과로 노르웨이 군대의 '할렘 셰이크' 영상이 추천 목록에 계속 나타나면서 사용자들은 유튜브 사이트를 떠나버렸다.

유튜브는 구글 엔지니어들에게 도움을 요청했다. 유튜브 개발자들은 "안녕하세요? 아이들이 좋아하는 동영상을 찾는 일을 도와줄 수 있을까요?"라고 물었을지도 모른다. 이 임무에 배정된 세 명의 구글 엔지니어인 폴 코빙턴Paul Covingron, 제이 애덤스Jay Adams, 엠레 사르긴Emre Sargin은 유튜브가 최적화해야 할 가장 중요한 기준이 시청 시간임을 곧 깨달았다. 유튜브가 사용자들에게 가능한 많은 동영상을 가능한 오랫동안 시청하게 할 수 있다면, 광고를 정기적으로 삽입해 더 많은 수익을 올릴 수 있을 것이기 때문이다. 따라서 짧고 신기한 동영상보다 계속해서 신선한 느낌을 주는 긴 형식의 콘텐츠를 제공하는 유튜버들이 더 중요해졌다. 문제는 매초 수많은 동영상이 업로드되는 플랫폼에서 이런 콘텐츠를 어떻게 식별할 것인가였다.[1]

엔지니어들은 '퍼널funnel'이라는 답을 제시했다. 퍼널은 수억 개의 동영상 클립을 수십 개의 추천 목록으로 줄여 유튜브의 사이드바에 표시하는 방법이었다. 각 사용자에게는 그들이 가장 보고 싶어 할 동영상을 찾는 개인화된 퍼널이 제공됐다.

퍼널은 서로 연결된 뉴런들로 구성된 일종의 신경망으로, 우리의 시청 선호도를 학습한다. 신경망은 왼쪽에 입력 뉴런의 열이 있고 오른쪽에 출력 뉴런의 열이 있는 형태로 시각화할 수 있다. 그 사이에는 숨겨진 뉴런hidden neurons이라고 불리는 연결 뉴런의 층이 존재한다. 신경망에는 수만 개에서 수십만 개의 뉴런이 있을 수 있다. 이런 네트워크는 물리적인 실체가 아니라 뉴런 간의 상호작용을 시뮬레이션하는 컴퓨터 코드다. 하지만 이런 신경망을 뇌에 비유하는 것은 유용하다. 뉴런 간의 연결 강도가 신경망으로 하여금 우리의 선호도를 학습할 수 있게 해주기 때문이다.

각 뉴런은 입력 데이터가 제공될 때 네트워크가 어떻게 반응하는지를 인코딩한다. 퍼널에서는 뉴런이 서로 다른 유튜브 콘텐츠와 채널 간의 관계를 포착한다. 예를 들어 우파 논평가인 벤 샤피로Ben Shapiro의 영상을 보는 사람들은 대부분 조던 피터슨의 영상을 시청한다. 이는 내가 3장에서 다룬 신뢰 방정식에 대한 연구를 완료한 후, 유튜브가 나에게 샤피로 영상을 제공하는 데 집착하는 것을 보고 알게 됐다. 퍼널 내부 어딘가에는 이 두 가지 '지적 다크 웹' 아이콘 간의 연결을 나타내는 뉴런이 있다. 이 뉴런은 내가 피터슨 영상을 관심 있게 보고 있다는 입력을 받으면, 샤피로 영상을 볼 가능성도 있다고 출력한다.

인공지능 뉴런이 '학습하는' 방식을 이해하기 위해서는 네트워크 내부에서 연결이 형성되는 방식을 살펴봐야 한다. 뉴런은 관계의 강도를 측정하는, 조정 가능한 값인 매개변수로 관계를 인코딩한다. 예를 들어 샤피로 영상을 시청하는 데 사용자가 얼마나 시간을 보낼지 계산하는 뉴런에 대해 생각해보자. 이 뉴런 내부에는 샤피로 영상을 시청하는 시간과 사용자가 시청한 피터슨 영상의 수를 연결하는 매개변수 θ가 있다. 예를 들어 사용자가 샤피로 영상을 시청하는 비율인 y_θ는 θ와 사용자가 시청한 피터슨 영상의 수를 곱한 값으로 예측할 수 있다. 만약 $\theta=0.2$라면, 피터슨 영상을 열 개 시청한 사용자는 샤피로 영상을 $y_\theta=0.2\cdot10=2$분 동안 볼 것으로 예측된다. 만약 $\theta=2$라면, 같은 사용자는 샤피로 영상을 $y_\theta=2\cdot10=20$분 동안 볼 것으로 예측된다. 여기서 학습 과정은 시청 시간을 더욱 잘 예측할 수 있도록 매개변수 θ를 조정하는 과정이다.

뉴런의 초기 설정이 $\theta=0.2$라고 가정해보자. 이는 내가 피터슨 영상을 열 개 시청한 후, 샤피로 영상을 5분 동안 시청하게 되는 상황을 나타낸다. 이 경우 예측(y_θ)과 실제(y) 간의 제곱 차이는 다음과 같다.

$$(y-y_\theta)^2=(5-2)^2=3^2=9$$

우리는 3장에서 표준편차를 측정할 때 이 차이를 제곱하는 개념을 이미 살펴봤다. $(y-y_\theta)^2$을 계산함으로써 우리는 신경망의 예측이 얼마나 잘됐는지(또는 나쁘게 됐는지)를 측정할 수 있다. 이 경우 예측과 실제 간의 차이가 9다. 이 숫자는 매우 큰 숫자이기 때문에 예측이 그리 좋지 않았음을 알 수 있다.

인공지능 뉴런이 학습하기 위해서는, 내가 2분 동안만 시청할 것이라고 인공지능 뉴런이 예측했을 때 무엇이 잘못됐는지를 그 인공지능 뉴런이 알아야 한다. 매개변수 θ는 시청한 피터슨 영상의 수와 사용자가 샤피로 영상을 시청하는 데 일반적으로 소요하는 시간 간의 관계 강도를 조절한다. 따라서 θ를 증가시키면 예측 시청 시간 y_θ도 증가한다. 예를 들어 θ를 0.1에서 조금 증가시키면($d\theta=0.1$), $y_{\theta+d\theta}=(\theta+d\theta)\cdot 10=(0.2+0.1\cdot 10)$은 3분이다. 이 예측은 현실에 더 근접한 예측이다.

$$(y-y_{\theta+d\theta})^2=(5-3)^2=2^2=4$$

이러한 개선을 이용하는 것이 바로 방정식 9, 즉 학습 방정식이다.

$$-\frac{d(y-y_\theta)^2}{d\theta}$$

(방정식 9)

이 수식은 매개변수 θ의 작은 변화 $d\theta$가 제곱 거리 $(y-y_\theta)^2$를 어

떻게 증가시키거나 감소시키는지를 살펴보아야 한다고 말한다. 구체적으로 우리의 예에 이 숫자들을 대입하면 다음과 같은 수식을 쓸 수 있다.

$$-\frac{d(y-y_\theta)^2}{d\theta} = -\frac{(y-y_{\theta+d\theta})^2-(y-y_\theta)^2}{d\theta} = -\frac{4-9}{0.1} = 50$$

양수 값 50은 θ를 증가시켰을 때 예측의 질이 개선된다는 것을 의미하며, 예측과 실제 간의 거리가 줄어듦을 나타낸다. 방정식 9에서 계산된 수학적 양은 θ에 대한 도함수(또는 기울기)로 알려져 있다. 이는 θ의 변화가 좋은 예측에 가까워지거나 멀어지는지를 측정한다. θ를 기반으로 점진적으로 업데이트하는 과정은 경사상승법gradient ascent이라고 불리며, 이는 우리가 경사를 따라 언덕을 오르는 이미지를 떠올리게 한다. 경사를 따라 올라감으로써 우리는 인공지능 뉴런의 정확성을 서서히 개선할 수 있다(그림 9 참조).

퍼널은 한 번에 하나의 뉴런에서만 작동하는 것이 아니라, 모든 뉴런에서 작동한다. 처음에는 모든 매개변수가 무작위 값으로 설정되기 때문에 신경망이 사람들이 동영상을 시청하는 시간을 예측한 값은 매우 부정확하다. 이후 엔지니어들은 유튜브 사용자의 시청 패턴을 퍼널의 넓은 끝에 있는 입력 뉴런에 입력하기 시작한다. 소수의 출력 뉴런(퍼널의 좁은 끝 오른쪽에 위치한 뉴런)은 네트워크가 사람들이 동영상을 시청하는 시간을 얼마나 잘 예측하는지 측정한다.

처음에는 예측의 오차가 매우 크다. 역전파backpropagation라는 과정을 통해 네트워크의 끝에서 측정된 예측 오차가 퍼널의 층을 통해

그림 9 신경망의 학습 방법

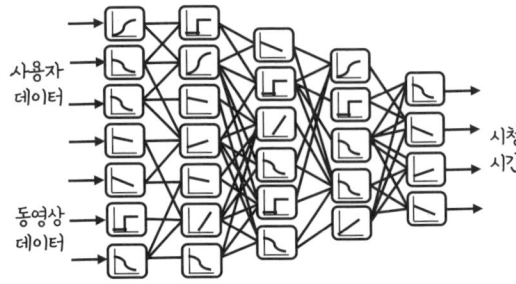

퍼널 신경망의
한 부분.
각 뉴런은 입력을
받아들이고 예측을
출력하는 함수다.

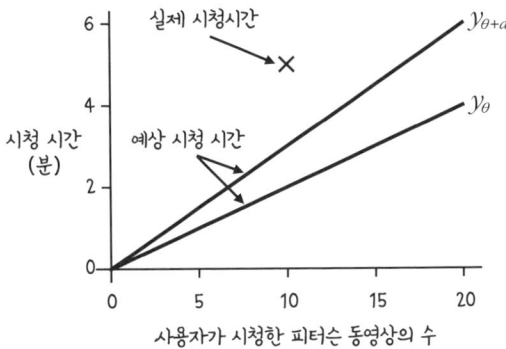

각 뉴런 내부에서
이 함수는 더 나은 예측을
할 수 있도록 조정된다.
여기서 매개변수(θ)의
증가($d\theta$)는 예측된 시청
시간을 실제 시청 시간에
더 가깝게 만든다.

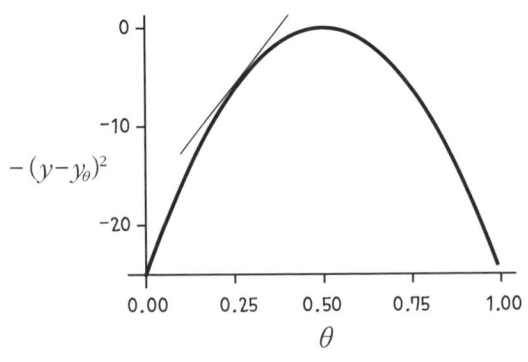

경사를 따라 올라가면서
예측과 관찰 간의 거리를
더 이상 개선할 수 없는
지점에 도달하게 되면,
뉴런들은 데이터 내의
관계를 '학습하게' 된다.

뒤로 전달된다. 각 뉴런은 경사(기울기)를 측정하고 그 매개변수를 개선한다. 천천히, 그러나 확실하게 뉴런들은 경사를 따라 상승하고 예측은 점차 개선된다. 유튜브 사용자 데이터가 네트워크에 더 많이 입력될수록 예측의 질이 더욱 향상된다.

앞의 예에서 언급한 샤피로/피터슨 뉴런은 처음부터 네트워크에 인코딩된 뉴런이 아니다. 실제로 신경망의 강점은 우리가 데이터에서 어떤 관계를 찾아야 하는지를 알려줄 필요가 없다는 사실에 있다. 네트워크는 경사 상승 과정을 통해 이런 관계를 스스로 발견한다. 샤피로와 피터슨 간의 관계가 시청 시간을 예측하므로, 결국 하나의 뉴런 또는 소수의 뉴런이 그 관계를 활용하기 시작할 것이다. 이런 뉴런은 다른 '지적 다크 웹' 유명 인사와 심지어 더 극단적인 우파 이데올로기와 관련된 다른 뉴런들과 밀접하게 상호작용한다. 이렇게 해서 조던 피터슨 영상을 시청할 가능성이 높은 사람에 대한 통계적으로 올바른 표현이 생성된다.

방정식 9는 기계 학습으로 알려진 기술의 기초다. 경사 상승 과정을 이용한 매개변수의 점진적인 개선은 '학습' 과정으로 볼 수 있다. 신경망('기계')은 점차 더 나은 예측을 하도록 '학습하게' 된다. 충분한 데이터가 제공되면(유튜브는 이런 데이터를 많이 보유하고 있다), 신경망은 그 데이터 내의 관계를 학습한다. '학습'이 완료되면, 퍼널은 유튜브 사용자가 동영상을 얼마나 오래 시청할지 예측할 수 있다. 유튜브는 이 기술을 실제로 적용하고 있다. 예측된 시청 시간이 가장 긴 동영상들을 사용자 추천 목록에 추가하고, 사용자가 새로운 동영상을 선택하지 않으면 유튜브는 그들이 가장 좋아하리라고 생각하는 동영상을 자동 재생한다.

퍼널의 성공은 놀라웠다. 2015년, 18~49세의 사람들이 유튜브에서 보낸 시간은 74%나 증가했다.[2] 2019년에는 구글 연구자들이 프로젝트를 시작하기 전보다 20배 많은 조회수를 기록했으며, 이 중 70%가 추천 동영상에서 발생했다.[3] 스냅챗 데이터 과학자인 더글러스 코언은 이 해결책에 대해 깊게 감탄하면서 "구글이 우리를 위해 탐색과 활용 문제를 해결했습니다"라고 말했다. 이제는 다양한 사이트를 클릭해 최고의 동영상을 찾거나 누군가 흥미로운 링크를 보낼 때까지 기다릴 필요 없이, 유튜브 앞에 앉아 몇 시간 동안 '다음 영상'이나 제공된 10가지 '대안' 중 하나를 클릭할 수 있게 됐다.

당신이 유튜브에서 추천한 동영상을 클릭하면서 자신의 관심사를 탐색하고 있다고 생각한다면, 그것은 안타깝게도 잘못된 생각이다. 퍼널은 유튜브를 전통적인 TV 형태로 되돌려놓았다. 현재 유튜브에서 모든 동영상 재생 일정은 AI가 결정한다. 그리고 많은 사람이 그 화면에 붙어 있는 상태가 되어버렸다.

* * *

노아는 인스타그램에서 더 많은 인기를 얻고 싶다. 그의 친구들 중 많은 사람이 그보다 더 많은 팔로워를 가졌으며, 그는 그들이 '좋아요'와 '댓글'을 쌓아가는 것을 부러워하며 지켜본다. 그는 친구 로건의 계정을 살펴보는데, 로건은 약 1,000명의 팔로워가 있고 그의 모든 게시물은 수백 개의 '좋아요'를 받는다. 노아는 로건처럼 되고 싶어 하며, 자신의 목표를 1,000명의 팔로워($y=1,000$)로 설정한다. 하지만 그의 소셜 미디어 전략으로는 겨우 137명의 팔로워($y_0=137$)

밖에 모을 수 없는 상태다. 갈 길이 멀다.

다음 주 동안 노아는 점차 더 많은 게시물을 올리기 시작한다. 그는 더 많이 콘텐츠를 게시할수록 더 많은 사람이 자신을 팔로우하리라고 생각한다. 그는 저녁 식사, 새 신발, 학교 가는 길의 사진을 찍지만, 사진의 품질을 개선하려는 노력은 하지 않는다. 그는 단순히 보이는 모든 것을 사진으로 찍어 올릴 뿐이다. 방정식 9의 관점에서, 노아가 조정하고 있는 매개변수 θ는 게시물의 양과 질 비율을 나타낸다. 그는 게시물의 양을 늘리고 있다($d\theta>0$).

하지만 반응은 좋지 않다. 그의 친구 엠마는 그의 사진 중 하나 아래에 '왜 쓸데없는 사진을 올리는 거야?'라는 댓글을 남기며 혼란스러운 이모지를 추가한다. 노아의 지인 중 일부가 팔로우를 취소하기도 한다. 그의 인기는 떨어지고 팔로워가 14명이 줄어들었다($y_{\theta-d\theta}=123$). 이 숫자와 목표 간의 거리는 더 멀어졌다. 그는 경사를 올라가는 대신 내려가고 있다. 그 후 몇 달 동안 노아는 게시물의 양을 줄이고 질에 집중하기 시작한다. 일주일에 몇 번씩 그는 친구가 아이스크림을 즐기고 있는 사진이나 자신의 개가 재미있는 행동을 하는 사진을 찍는다. 그는 사진을 신중하게 편집하고 친구가 잘 보이도록 필터도 확실하게 사용한다. 양에서 질로 전환하면서 그는 이제 y_θ를 측정한다. 그의 팔로워 수는 느리지만 확실히 증가했다. 6개월 후, 팔로워 수는 371명으로 늘어났지만, 7개월째에 이르자 더 이상 증가하지 않고 정체되기 시작한다.

이제 우리는 방정식 9에서 얻을 수 있는 중요한 교훈에 도달했다. 노아는 긴장을 풀고 1,000명의 팔로워라는 목표를 달성하려고 애쓰지 말아야 한다. $(y-y_\theta)^2=(1,000-371)^2=395,641$이라는 숫자가 매우 큰 숫자이긴 하지만 방정식 9의 값은 더 이상 변화하지 않는다.

$$-\frac{d(y-y_\theta)^2}{d\theta}=0$$

이 방정식은 노아에게 소셜 미디어 전략을 가지고 장난치지 말고 현재 가진 것에 만족하라고 말한다. 즉, 이 방정식은 노아는 더 이상 로건과 자신을 비교할 필요가 없으며, 그의 인기가 정점에 도달했다고 말하고 있다.

방정식 9를 적용할 때는 전체 목표를 염두에 두되, 자신이 상승하고 있는지 여부에 따라 전체적인 판단을 해야 한다. 모든 지혜로운 노인이 말하듯이, 산 정상에 서 있을 때는 경치를 즐겨야 한다. 수학도 이 전통적인 지혜를 뒷받침한다.

기계 학습 알고리즘인 퍼널의 최적화와 노아의 최적화 간의 차이는, 노아가 팔로워 수를 늘리려 하는 반면에 기계 학습은 예측의 정확성을 최적화하려 한다는 점이다. 퍼널의 경우는 사용자가 동영상을 얼마나 시청할 것인지에 대한 예측이고, y는 실제로 그들이 얼마나 시청했는지를 나타낸다. 유튜브는 사용자 선호를 가능한 정확하게 예측하고자 하지만, 그 예측이 완벽할 수 없음을 인식하고 있다. 퍼널은 더 이상 개선할 수 없음을 깨달을 때 만족한다.

학습 방정식을 사용하는 요령은 자신의 행동이 목표와 현실 간의 차이를 어떻게 증가시키거나 감소시키는지에 대해 솔직해지는 것이다. 일부 사람들은 노아가 자신의 소셜 미디어 영향을 적극적으로 최적화하려는 노력이 '가짜'이거나 '피상적'이라고 비난할지도 모른다. 하지만 나는 그렇지 않다고 생각한다. 거리 패션을 다루는 소셜 미디어 사이트를 운영하는 나의 동료 크리스티안 이초$^{Kristian\ Icho}$처럼 막후에서 활동하는 인플루언서와 함께 일하면서 나는 다르게 생각하는 법을 배웠다. 크리스티안은 구글의 데이터 분석 도구를 사용해 게시물의 질과 양 비율이 고객 유입을 어떻게 만들어내는지를 연구하지만, 여전히 그의 데이터에서 사람이 중요함을 잘 안다.

열일곱 살 소년이 디자이너 티셔츠를 입고 셀카 사진를 올리면, 크리스티안의 얼굴은 환해진다. 그는 그 진심을 담아 그 게시물에 '좋아요'를 누르고 '멋져요!'라는 댓글을 남긴다. 데이터로부터 학습하는 일과 자신의 정체성과 행동에 대해 100% 진정성을 유지하는 일은 서로 상반되는 일이 아니다.

신중하게 사용하면 학습 방정식은 자신의 삶을 최적화하는 데 도움이 된다. 소셜 미디어에서 성공하고 싶든, 시험을 준비하든, 항상 경사를 천천히 올라가도록 목표를 설정해야 한다. 목표와의 거리보다는 매일 취하는 행동에 집중하는 것이 좋다. 자신보다 더 인기 있는 사람이나 더 좋은 성적을 받는 동료들에 신경 쓸 필요 없다. 대신 우정을 쌓는 일이나 학업에서의 새로운 이해에 집중하는 것이 바람직하다. 진전을 이루지 못하고 있다면 그 사실을 스스로 인정해야 한다. 당신은 정점에 도달했으며, 잠시 경치를 즐기면 된다. 경사를 따라 올라가는 것이 완벽한 기술은 아니라는 점도 인식해야 한다. 때때로 최적이 아닌 해결책에 갇힐 수도 있다. 그럴 때는 리셋하고 다시 시작하면 된다. 새로운 산을 찾거나 조정할 새로운 매개변수를 찾아보자.

* * *

    2019년, 자비스 존슨Jarvis Johnson은 소프트웨어 엔지니어로서의 풀타임 직업을 그만두었다. 그는 프로그래머로서의 삶에 관한 영상을 만드는 유튜브 채널을 운영하면서 점점 더 많은 구독자를 끌어모았다. 그는 자신을 '인터넷 인간'이라고 부르면서 풀타임으로 인터넷에서 활동할 수 있을지 시험해보기로 결심했다.

    유튜버로 성공하기 위해서는 두 가지가 필요하다. 흥미로운 콘텐츠를 가진 게시물과 퍼널 프로세스에 대한 깊은 이해다. 자비스는 이 두 가지를 모두 갖추었으며, 그의 영상은 이러한 요소들을 자기참조적인 유머(자신을 대상으로 하는 유머)와 결합한다. 그는 일부 유튜브 채널들이 퍼널을 조작해 자신들에게 모든 추천을 집중시키는 방법을 조사했다. 그런 다음 그는 그 조사 결과를 바탕으로 플랫폼에서 재미있고 매력적인 영상을 만든다.

    자비스는 더소울퍼블리싱The Soul Publishing이라는 출판 그룹에 대한 조사에 집중했다. 그 출판 그룹은 자신을 '세계에서 가장 큰 미디어 출판사 중 하나'라고 설명하며, '사람들을 참여시키고, 영감을 주고, 즐겁게 하며, 깨우치는' 사명을 가졌다고 주장한다. 자비스는 이 출판 그룹의 가장 성공적인 채널 중 하나인 '5분 동안 뚝딱 만들기5-Minute Crafts'를 살펴보았다. 이 채널은 '생활 꿀팁'을 제공한다고 주장하며, 일상적인 작업을 더 쉽게 할 수 있는 팁을 소개한다. 1억 7,900만 회 조회수를 기록한 이 채널의 한 영상에서는 티셔츠에 새겨진 글자를 제거하는 방법으로 손 세정제, 베이킹파우더, 레몬주스 그리고 칫솔의 조합을 제안했다.

자비스는 직접 이 방법을 시험해보기로 했다. 그는 자기가 입던 흰색 티셔츠 앞면에 'NERD'라는 단어를 쓴 다음, 이 채널이 추천한 대로 했다. 결과는 어땠을까? 자비스는 지침을 따랐지만 세탁 후에도 'NERD'라는 글자는 그대로 남아 있었다. 자비스는 여러 차례 이 방법을 시도하면서 이 채널에서 추천한 방법이 효과가 거의 없음을 보여주었다.

더소울퍼블리싱의 다른 채널 중 하나인 '실화 극장Actually Happened'은 팔로워들의 실화를 애니메이션으로 제작한다고 주장한다. 하지만 자비스는 이 채널의 콘텐츠가 '스토리 작가'가 만든 그럴듯한 이야기를 바탕으로 함을 발견했다. 이런 스토리 작가들은 '레딧' 같은 소셜 미디어 사이트에서 소재를 추출해 미국 청소년들의 관심을 끌 만한 이야기를 만들어낸다. 또한 자비스는 이 채널이 처음에는 '스토리부스Storybooth'라는 다른 채널을 모방했다고 설명했다. 스토리부스는 아이들과 청소년들이 실제로 겪은 개인적인 경험을 애니메이션으로 제작하는 채널로, 아이들이 직접 자신의 이야기를 내레이션하면서 솔직하고 진정성 있게 전달하는 방식을 사용한다.

2019년 5월에 자비스는 "유튜브 알고리즘은 '스토리부스'와 '실화 극장'의 차이를 구별할 수 없습니다"라고 내게 말했다. '실화 극장' 채널은 '스토리부스' 채널과 동일한 제목, 설명 및 태그를 사용하기 때문에 유튜브 퍼널은 이 두 채널을 비슷하게 간주하고 서로 연결하기 시작한다는 것이 그의 설명이었다. 자비스는 "'실화 극장'은 시장에 이야기를 범람시켰습니다. 그들은 시장 가격 이하로 계약자를 고용하고 하루에 하나씩 영상을 쏟아냈습니다. 그러다 보니 그들은 더 이상 '스토리부스'를 흉내 낼 필요가 없어진 거지요"라고 덧붙였다. '실화 극장' 채널이 100만 명 이상의 구독자를 확보하자, 퍼널은 이 채널을 아이들이 보고 싶어 하는 채널로 판단했다. 퍼널 알고리즘은 이 채널이 유튜브 사용자들에게 매우 매력적인 채널이라고 판단한 것이었다.

자비스는 더소울퍼블리싱의 이 채널들이 윤리적으로 문제가 심각하다고 생각했다. 그는 "저도 다른 사람들과 비슷한 콘텐츠를 만들어 구독자를 늘리고 싶은 생각이 있었어요. 하지만 이렇게 대규모로 그리고 노골적으로 다른 채널의 콘텐츠를 베끼는 일은 도저히 할 엄두가 안 났습니다. 이 회사가 운영하는 모든 채널에서 이런 일이 일어나지 않게 하려면 어떻게 해야 할까요?"라고 말했다.

유튜브 알고리즘의 한계는 유튜브가 홍보하는 콘텐츠나 그 콘텐츠를 만드는 데 들어간 노력에 유튜브 자체가 관심이 없다는 사실에 있다. 유튜브가 나를 벤 샤피로에 관심이 있는 사용자로 판단했을 때 나는 그 한계를 개인적으로 체감했다. 어린 자녀에게 유튜브 동영상을 한 시간 정도 보게 한 경험이 있는 부모라면 아이들이 장난감 언박싱 영상, 화려한 플레이 도우로 만든 아이스크림 컵, 디즈니의 어처구니없는 퍼즐 세계로 아이가 빨려 들어가는 모습을 본 적이 있을 것이다. 'PJ Masks Wrong Heads for Learning Colors'라는 제목의 유튜브 영상을 예로 들어보자. 약 30분 정도 걸려 만든 것처럼 보이는 이 영상은 현재 2억 회 조회수를 기록하고 있다. 퍼널이 추천하는 영상은 이렇게 품질이 낮을 뿐만 아니라 매우 부적절할 수도 있다. 2018년에 매거진《와이어드Wired》는 "〈퍼피 구조대〉(강아지들이 구조대원으로 등장하는 캐나다의 애니메이션 – 옮긴이)의 강아지들이 자살을 시도하고, 페파 피그Peppa Pig를 속여 베이컨을 먹이는 영상에 대해 보도했다(〈페파 피그〉는 영국의 어린이용 애니메이션 텔레비전 시리즈로 시리즈 제목과 같은 이름의 돼지 캐릭터가 주인공이다).[4] 또한 〈뉴욕 타임스〉는 유튜브가 소아성애자들에게 수영장에서 노는 나체 아동의 가족 영상을 추천하고 있다는 내용의 기사를 실었다.[5]

유튜브는 우리에게 '퍼널 비전$^{funnel\ vision}$'을 제공한다. 퍼널의 목표는 당신에게 가장 적합한 추천 동영상을 제공하는 것이지만, 방정식 9는 사용 가능한 데이터에 기반해 최선의 해결책을 찾았을 때만 만족된다. 퍼널은 학습 경사를 따라 올라가다가 정점에 도달하면 멈추고, 그때 만나는 경치를 즐기게 한다. 퍼널은 실수를 하며, 우리는 이를 바로잡을 책임이 있다. 유튜브는 이러한 도전에 항상 성공적으로 대응하지는 못했다.

* * *

외부인들은 TEN의 구성원들을 토니 스타크의 아이언맨처럼 기술을 사용해 세상을 변화시키는 산업가 또는 능력 있는 엔지니어들로 상상할 수 있다. 하지만 TEN의 각 구성원이 자신을 설명할 마블 슈퍼 히어로를 선택한다면 아마도 스파이더맨(피터 파커)일 것이다. 그들은 계획이 없고, 도덕적 가치와 목표가 없으며, 성장하면서 예상치 못한 방식으로 자신의 몸을 통제하려고 시도하는 10대 청소년과 매우 비슷하기 때문이다.

TEN의 회원들 간의 긴장은 다양한 모습으로 외부에 비추어질 수 있다. 그들은 영화 〈소셜 네트워크〉에 등장하는 순진한 마크 저커버그처럼 보일 수도 있고, 미국 상원 사법위원회와 상무위원회에서 증언하는 로봇 같은 마크 저커버그처럼 보일 수도 있다. 어쩌면 그들은 TV에서 대마초를 피우는 모습을 보이는 일론 머스크처럼 보일 수도 있고, 화성 이주에 우리의 미래가 달렸다고 생각하는 일론 머스크처럼 보일 수도 있다.

한편으로 방정식들은 TEN의 회원들에게 완벽한 판단력을 부여함으로써 그들이 우리 사회 전체를 변화시킬 수 있는 위치에 서게 했다. TEN의 회원들은 데이터를 통해 모델에 대한 신뢰를 구축하는 과학적 접근 방식을 만들어냈다. 그들은 우리가 예상치 못한 방식으로 우리 모두를 연결했다. 그들은 성과를 최적화하고 개선한다. 그들은 효율성과 안정성을 확립한다. 그러나 다른 한편으로, 이 비밀결사의 구성원들은 현재 가능한 것을 취하고 과거를 잊으라고 말하는 보상 방정식에 따라 행동한다. 그들은 경제적인 능력이 부족한 사람들을 통제하는 데 필요한 에지를 만들어낸다.

1936년 A. J. 에이어가 우리에게 한 말이 바로 이 말이다. 에이어는 이 말을 통해 수학에는 도덕성이 존재하지 않으며, 한때 수학에 도덕성이 있었다고 해도, 지금은 사라졌다는 메시지를 전달했다. TEN의 비가시성은 우리가 적절한 슈퍼 히어로 비유를 찾지 못하게 만들었다. TEN의 구성원들은 피터 파커처럼 큰 힘에는 큰 책임이 따른다는 것을 깨달은 순진한 10대들일까, 아니면 '선을 위해' 세계를 통제하고 싶어 하는 권력에 미친 사람들일까? 그들은 마블의 슈퍼 악당 타노스처럼, 최적의 선택이라고 생각해 지구 인구의 절반을 죽일 준비를 하고 있을까? 그들이 스스로를 어떻게 생각하든, 우리는 그들이 무엇을 하고 있는지 인식할 필요가 있다. 그들은 가는 곳마다 모든 것을 변화시키기 때문이다.

* * *

사람들은 기계 학습을 통해 세계 최고의 바둑 선수로 성장한 구글의 딥마인드^{DeepMind} 신경망, '스페이스 인베이더'처럼 아타리^{Atari} 게임을 학습한 인공지능 같은 현재의 AI를 공학이 이루어낸 경이로운 업적으로 본다. 이런 AI는 수학자들과 컴퓨터 과학자들이 모든 요소를 조합해 만들어낸 것이며, 이런 AI의 출현은 단 하나의 방정식에만 기초하지 않는다.

실제로 AI의 구성 요소들은 이 책의 핵심을 이루는 열 개 방정식 중 아홉 개 방정식에 기초해 만들어졌다. 이제 나는 지금까지 이 책에서 다룬 수학을 이용해 딥마인드가 어떻게 세계 최고의 게임 플레이어가 됐는지 설명하려고 한다.

체스 그랜드 마스터가 테이블들로 이루어진 원 한가운데 서 있다고 상상해보자. 그가 테이블에 가서 체스보드를 살펴보고 한 수를 둔다. 그런 다음 다음 테이블로 이동해 다시 한 수를 둔다. 이렇게 테이블을 돌아다니면서 한 수씩 두던 그랜드 마스터는 모든 테이블의 게임에서 승리를 거둔다. 처음에는 그랜드 마스터가 동시에 이렇게 많은 체스 게임 내용을 기억한다는 것이 믿기지 않을 수 있다. 그는 각 게임이 지금까지 어떻게 진행됐는지 기억하고 다음에 무엇을 할지 어떻게 결정할 수 있을까? 이런 의문이 들겠지만, 이때 떠올려야 할 것이 있다. 바로 기술 방정식이다.

체스 게임의 상태는 체스보드에서 바로 확인할 수 있다. 폰이 방어를 위해 얼마나 잘 배치됐는지, 킹이 얼마나 잘 숨겨졌는지, 퀸이 얼마나 자유롭게 공격할 수 있는지 등을 보면 게임의 상태를 금방 파악할 수 있다. 그랜드 마스터는 지금까지 게임이 어떻게 진행됐는지를 알 필요가 없다. 그는 단지 보드의 상태를 보고 다음 수를 결정하면 된다. 그랜드 마스터의 기술은 현재의 보드 상태를 어떻게 받아들이고 유효한 수를 통해 게임 상태를 어떻게 새로운 상태로 변화시키는지로 측정된다. 우리는 그 새로운 상태가 그의 승리 확률을 높일지 낮출지 지켜보기만 하면 된다. 그랜드 마스터를 평가할 때는 방정식 4(마르코프 가정)가 적용된다.

"체스, 체커, 오셀로othello, 백개먼backgammon, 바둑 같은 완전 정보 게임(모든 게임 참가자가 게임의 모든 상태 및 변화를 언제나 모두 알 수 있는 게임 – 옮긴이)은 교대로 진행되는 마르코프 게임으로 정의할 수 있다."

이는 구글 딥마인드 연구팀의 데이비드 실버David Silver와 그의 동료들이 바둑 세계 챔피언을 이긴 바둑 신경망에 대해 쓴 논문의 방법론 섹션 첫 문장이다.[6] 이 관찰은 이런 게임을 해결하는 문제를 간단하게 만들었으며, 이전에 어떤 일이 있었는지 걱정하지 않고 현재 보드 상태에 대한 최상의 전략을 찾는 데 집중할 수 있게 했다.

우리는 이미 1장에서 단일 뉴런의 수학을 분석했다. 방정식 1은 축구 경기의 현재 배당률로 베팅 결정을 할 수 있게 만들었다. 이는 기본적으로 뇌의 단일 뉴런이 수행하는 작업의 단순화된 모델이다. 뉴런은 외부 신호(다른 뉴런과 외부 세계로부터의 신호)를 받아들여 이를 기반으로 무엇을 해야 할지를 결정한다. 이런 단순화된 가정은 첫 번째 신경망 모델의 기초였으며, 방정식 1은 뉴런의 반응을 모델링하는 데 사용됐다. 현재 방정식 1은 거의 모든 신경망 내의 뉴런을 모델링하는 데 사용되는 두 개의 매우 유사한 방정식 중 하나다.[7]

이제 보상 방정식의 버전 중 하나를 살펴보자. 방정식 8에서 Q_t는 넷플릭스 시리즈의 품질 또는 엑스 계정을 확인함으로써 얻는 보상의 추정치를 나타낸다. 이제 우리는 영화 한 편이나 하나의 엑스 계정만 평가하는 것을 넘어서, 신경망이 1.7×10^{172}개에 이르는 바둑 게임의 상태 또는 10^{172}개에 이르는 유튜브 동영상과 사용의 다양한 조합을 평가하기를 원한다. 특정한 행동 a_t를 수행하려고 할 때의 세계의 상태 s_t의 질을 $Q_t(s_t, a_t)$로 나타내보자. 바둑에서 이 상태 s_t는 19×19 그리드 상의 세 가지 상태(비어 있음, 흰 돌이 점유함, 검은 돌이 점유함)로 표시된다. 가능한 행동 a_t는 돌을 놓을 수 있는 위치를 나타낸다. 세계의 상태 s_t의 질을 나타내는 $Q_t(s_t, a_t)$는 상태 s_t에서 행동 a_t가 어느 정도 좋은 수인지 말해준다. 유튜브 영상의 경우, 이 상태는 온라인에 있는 모든 사용자와 볼 수 있는 모든 동영상이다. 이 경우 행동은 특정 사용자에게 특정 동영상을 보여주는 것이며, 질은 사용자가 얼마나 오랫동안 시청하는지를 나타난다.

보상 $R_t(s_t, a_t)$는 상태 s_t에서 행동 a_t를 수행함으로써 얻는 보상이다. 바둑에서 보상은 게임이 끝날 때만 발생한다. 우리는 승리 수(승착)에는 1점을, 패배 수(패착)에는 −1점, 다른 모든 수에는 0점을 부여할 수 있다. 주목할 점은 상태가 높은 질을 가질 수 있지만 여전히 보상이 0일 수 있다는 것이다. 예를 들어 승착에 가까운 돌의 배열은 높은 질을 가지지만 보상은 0이다.

딥마인드는 아타리 게임을 플레이할 때 보상 방정식을 사용하면서 그 방정식에 '미래'라는 요소를 추가했다. 우리가 행동 a_t를 수행할 때(예를 들어 바둑에서 돌을 놓을 때), 우리는 새로운 상태 s_{t+1}(새로운 돌이 놓여 상태가 달라진 보드)로 진입한다. 딥마인드의 보상 방정식은 이 새로운 상태에서 할 수 있는 최상의 행동에 대한 보상 $Q_t(s_{t+1}, a_t)$를 추가로 계산한다. 이는 AI가 게임을 통해 미래의 단계를 계획할 수 있는 방법을 제공한다.

방정식 8은 우리에게 보상을 제공한다. 이 방정식은 우리가 그 방식을 따르고 플레이의 품질을 업데이트하면 점차 게임을 잘 플레이할 수 있게 된다고 말한다. 뿐만 아니라 이 방정식을 사용함으로써 우리는 결국 틱택토부터 체스와 바둑까지 모든 게임에 대한 최상의 전반적인 전략에 수렴하게 된다.

하지만 문제가 있다. 이 방정식은 우리가 게임을 얼마나 오랫동안 해야 모든 다양한 상태의 품질을 알 수 있는지에 대한 정보를 제공하지 않는다. 바둑 게임은 약 $3^{19 \times 19}$의 상태, 즉 1.7×10^{172}개의 게임 상태(돌의 배치)를 가질 수 있다. 매우 빠른 컴퓨터로도 모든 상태를 플레이하는 데 오랜 시간이 걸리며, 질 함수가 수렴하도록 하려면 각 상태를 여러 번 플레이해야 한다. 따라서 최상의 전략을 찾는 것은 이론적으로 가능하지만 실제로는 불가능하다.

구글 딥마인드 연구자들의 핵심적인 혁신은 질 $Q_t(s_t, a_t)$를 신경 네트워크로 표현할 수 있다는 것을 그들이 알아냈다는 사실에 기초한다. AI 플레이어가 1.7×10^{172}개에 이르는 게임 상태 모두에서 플레이하는 방법을 학습하게 만드는 방식 대신, 연구자들은 게임에 대한 AI의 이해를 19×19 보드 위치의 입력으로 나타내고, 그 다음 여러 개의 숨겨진 뉴런 층과 다음 수를 결정하는 출력 뉴런을 통과시키는 방식을 사용했다. 이렇게 그들은 문제를 신경망 형태로 만든 다음 경사하강법(방정식 9)을 사용해 답에 접근할 수 있었다.

이 접근법의 강력한 시연 중 하나는 구글의 알파제로AlphaZero 신경망이 체스에 대한 경험이 전혀 없는 상태에서 단 네 시간 만에 세계 최고의 컴퓨터 체스 프로그램과 동일한 수준으로 플레이하는 방법을 배우게 된 일이다. 이 컴퓨터 프로그램들은 이미 최고의 인간 플레이어보다 훨씬 앞서 있었다. 그 후 알파제로는 스스로 게임에 도전하며 인간이나 다른 컴퓨터가 계산해본 적 없는 플레이 방법을 찾아내기 위해 계속해서 학습을 이어갔다.

지금까지 우리가 접한 모든 방정식이 신경망 연구에서 사용된다. 우리는 이미 방정식 1, 4, 8, 9를 사용했다. 방정식 5는 네트워크 내의 연결을 연구할 때 사용된다. 뉴런이 연결되는 방식은 네트워크가 해결할 수 있는 문제의 유형을 결정하는 데 중요한 요소다. '퍼널'이라는 이름은 유튜브가 사용하는 신경망 구조에서 유래된 것으로, 입력 뉴런의 넓은 입구가 적은 수의 출력 뉴런으로 좁혀지는 형태를 가졌다. 다른 응용 프로그램의 경우, 연구자들은 다른 구조가 더 잘 작동함을 발견했다. 얼굴 인식과 게임 플레이의 경우, 분기 구조인 합성곱 신경망convolutional neural network이 가장 효과적이다.[8] 언어 처리의 경우에는 루프가 있는 네트워크인 재귀 신경망이 최선의 선택이다.[9]

방정식 3과 6은 네트워크가 제대로 학습했는지 확신하기 위해 필요한 훈련 시간을 살펴볼 때 사용된다. 방정식 7은 비지도학습unsupervised learning이라는 방법의 기초가 되며, 이는 수백만 개의 다양한 동영상, 이미지 또는 텍스트를 분석하면서 가장 중요한 패턴에 주목하고자 할 때 사용된다. 방정식 2는 포커처럼 불확실성을 포함하는 게임을 플레이하는 데 필수적인 베이지언 신경망의 기초를 형성한다.

따라서 현재 AI는 이 아홉 개의 방정식에 기초한다고 할 수 있다.

또한 이 방정식들은 미래의 인공지능을 만드는 데 기여할 수 있을 것이다.

* * *

대부분의 사람들은 AI에 관한 최고의 연구 결과들이 누구나 학습할 수 있도록 공개돼 있다는 사실을 잘 알지 못한다. 이 연구 결과들은 이미 여러분이 알고 있는 방정식 아홉 개를 이해하는 사람이라면 누구나 접근할 수 있다. 이런 연구 결과를 담은 논문들은 오픈 액세스 저널에 공개돼 있으며, 자신만의 모델을 만들고자 하는 사람들을 위해 컴퓨터 코드 라이브러리도 함께 제공한다. 드무아브르, 가우스 같은 학자들이 발견해 공개한 이런 비밀들은 20세기에 이루어진 과학의 폭발적 진전에 힘입어 더욱 정교해졌고, 현재는 기술 대기업들이 최신 코드를 업로드하고 공유하는 깃허브 아카이브Github archive에도 계속 저장돼 공유되고 있다.

우리는 인공지능이 인간이 될 수도 있다는 공포에 시달리기보다는 구글의 이야기에 주목해야 한다. 스탠퍼드대학교를 다니던 두 학생이 창업한 이 회사는 최고 품질의 연구를 추진하고 자금을 지원하며, 그들이 하는 거의 모든 일을 대중에게 공개했다. 물론 최고의 인재들이 대학을 떠나 구글, 페이스북 등에서 일하는 것에는 위험이 수반될 수 있다. 하지만 지금도 많은 인재들이 대학에 남아 있으며, 그들은 현재 구글로부터 배우는 것만큼 대학에서 이전에 이루어진 연구들로부터 배운다.

TEN의 비밀은 방정식들 자체가 아니라, 이 방정식들을 어떻게 적용하고 결합할지 아는 것에 있다. 만약 생각 없이 사용된다면 이 방정식들은 아무것도 해결하지 못할 것이기 때문이다.

인류가 사는 세계를 지배하는 적대적인 AI의 출현은 인류의 미래를 위협하지 않는다. AI는 마블 영화 〈어벤져스〉에 등장하는 인공지능 비서 '에드윈 자비스'나 영화 〈그녀〉에서 모든 남자를 유혹하는 AI '사만다'가 될 수 없다. AI는 그런 정도로 똑똑하지 않다. AI는 제한된 해결책 안에 갇힌 존재이기 때문이다. 오히려 위험은 데이터를 통제하는 사람들과 그렇지 않은 사람들 간의 간극이 심화한다는 사실에 있다. 방정식을 아는 소수의 사람들은 인류가 그동안 한 번도 경험해보지 못한 뛰어난 지능을 소유하고 있다.

현재 수학적인 능력이 강화된 소수의 사람들이 인류를 지배하려 한다. 두 명의 대학원생이 인플루언서 방정식(방정식 5)을 기반으로 구글 검색을 만들었다. 세 명의 구글 엔지니어가 수천만 명의 사람들을 지루한 비디오와 광고 시청에 갇히게 하는 신경망을 만들었다. 소수의 프로그래머, 자본가, 도박사가 수학을 사용해 다른 모든 사람들을 지배하는 패턴이 반복적으로 나타나게 한다. 이는 코드를 배우지 않거나 배우고 싶지 않은 사람들의 삶을 통제하는 소수의 수학자 엘리트 그룹이 존재한다는 뜻이다.

TEN은 그들의 행동에 대해 책임지지 않으면서 우리가 사는 세계의 모든 부분을 변화시킨다. TEN은 자신의 한계에 대해서는 생각하지 않으면서 모든 문제에 대한 최적의 답을 찾고자 한다. TEN은 스스로의 존재를 인식하지 못할 수도 있지만, 그 존재에 대한 증거는 부정할 수 없다.

지금까지 우리는 열 개의 방정식 중 아홉 개가 어떻게 작동하는지, 각 방정식의 강점과 한계는 무엇인지 살펴봤다. 따라서 이제 우리는 궁극적으로 가장 중요한 질문에 답할 수 있을지도 모른다. 우리가 사는 세상을 지배하는 이 비밀 수학 결사는 선의 힘인가, 악의 힘인가?

개인적으로 나는 TEN을 따르면서 더 부유해지고, 더 똑똑해지며, 더 성공하게 됐지만, 과연 내가 더 나은 사람이 됐는지는 의문이다.

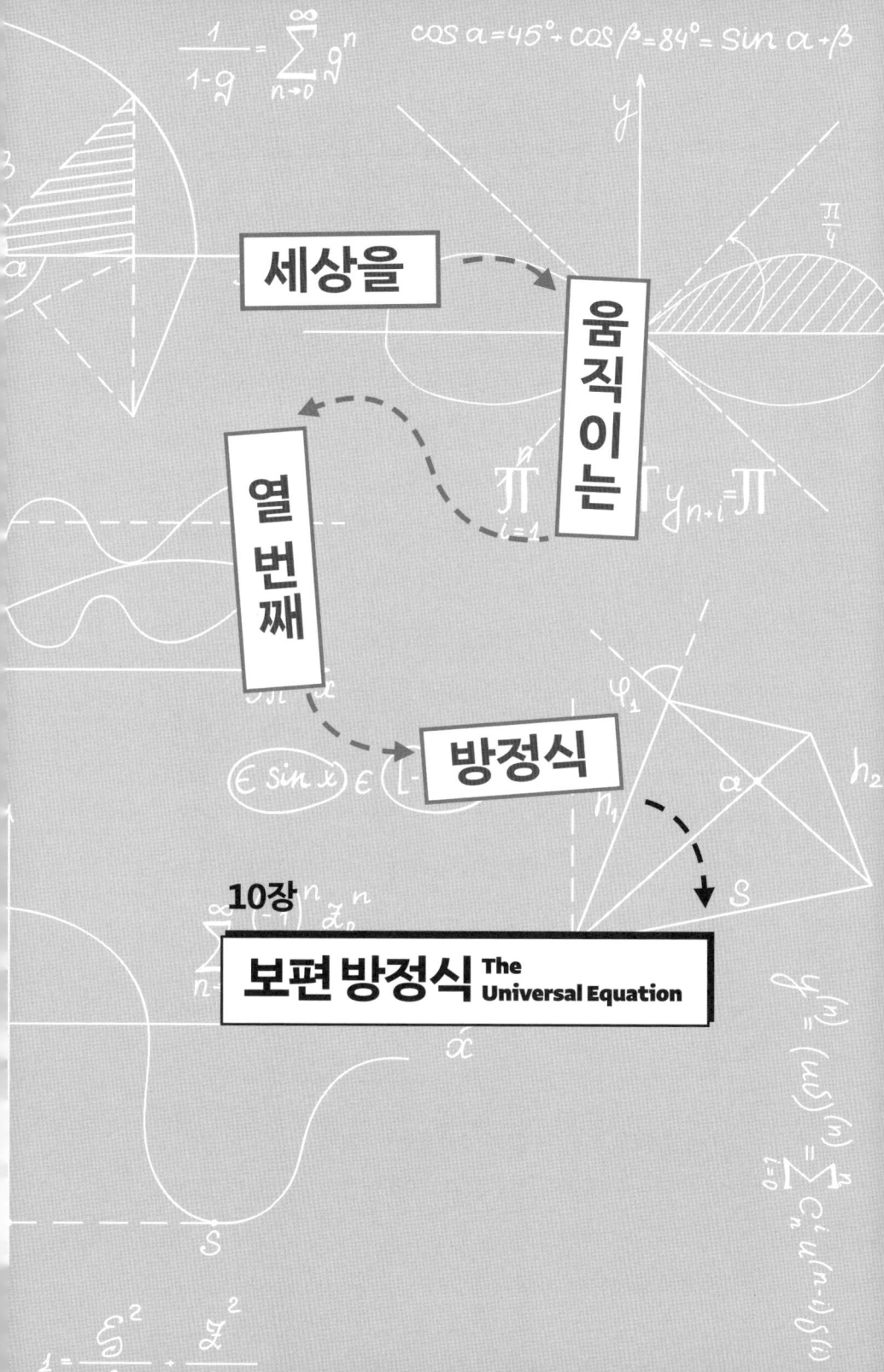

10장
세상을 움직이는 열 번째 방정식
보편 방정식 The Universal Equation

If ... then ...

"이번 시즌에 호날두와 메시 중 누가 더 잘하고 있지?"

나는 스마트폰에 이렇게 질문을 입력했다. 루드비그, 올로프, 안톤이 노트북 스크린을 각자 앞에 두고 서 있었다. 루드비그는 불안하게 발을 굴렀다. 그가 만든 코드 부분이 처음으로 테스트될 예정이었기 때문이다. 축구 봇이 내 영어 문장을 자신이 이해할 수 있는 언어로 변환할 수 있을까?

텍스트가 빔프로젝트 화면 위로 올라가기 시작했다. 내 질문은 다음과 같이 변환됐다.

{intent: compare; contact: {Ronaldo, Messi}; sentiment: neutral; game span: season}.

봇이 이해했다! 봇이 내 말을 알아들었다. 이제 올로프 차례다. 그의 역할은 선수의 특성을 모델링하는 것이었다. 나는 기간을 정해주지 않았지만, 봇은 최근 경기라는 기본값을 사용했다. 올로프의 알고리즘은 선수들의 성과를 '나쁨', '평균', '좋음', '뛰어남'으로 분류했다. 이제 봇은 두 명의 뛰어난 선수를 평가하고 비교하라는 내 요청을 처리할 차례였다.

봇은 {weight: shots; tournament: CL}을 선택해 두 선수가 모두 참가한 유일한 대회인 챔피언스리그에서의 슈팅과 골을 알려주기로 결정했다. 우리는 빔프로젝트 화면에서 봇이 어떤 선수를 더 나은 선수로 판단했는지 확인할 수 있었다. 이제 남은 것은 그 정보를 내 스마트폰으로 보내는 것이었다. 하지만 그것은 중괄호, 콜론 및 요약된 텍스트의 형태가 아니라 내가 읽을 수 있는 문장으로 보내져야 했다.

답변을 구성하는 일을 맡은 안톤은 "여기서 말할 수 있는 것들이 10만 가지가 넘어요. 문장을 조합하고 단어를 선택하는 다양한 방법이 있지요. 어떤 것을 선택할지 궁금하네요"라고 말했다.

나는 스마트폰을 들여다봤다. 시간이 걸렸다. 사용자 인터페이스는 확실히 개선할 부분이 많았다. 마침내 봇이 답했다.

"이 두 선수 중에서, 저는 리오넬 메시가 가장 뛰어나다고 생각합니다. 리오넬 메시는 이번 시즌에 여섯 번 골을 넣었고, 훌륭한 슈팅 포인트를 기록했습니다."

봇은 챔피언스리그에서 그의 모든 슈팅과 골을 보여주는 슈팅 맵 링크를 나에게 보냈다. '슈팅 포인트'라는 표현 덕분에 확실히 봇같이 들리긴 했지만, 그 표현에는 매력적인 요소도 있었다. 그리고 나는 그 답변이 맞다고 생각했다.

* * *

학생들이 만든 이 축구 봇은 이 책에서 살펴본 수학을 부분적으로 사용해 구축됐다. 루드비그는 학습 방정식을 사용해 봇이 축구에 관한 질문을 이해하도록 훈련시켰다. 올로프는 선수들을 평가하기 위해 기술 방정식을 사용했고, 그들을 비교하기 위해 판단 방정식을 사용했다. 그런 다음 안톤은 모든 것을 하나의 최종 방정식인 "만약… 그렇다면…"으로 연결했다.

이 최종 방정식에 초점을 맞추기 전에, 이 수학 탐험 여정에서 우리가 어디에 있는지 살펴보자. 우리가 지금까지 배운 것에 대해 조금 생각해보자.

방정식에 대한 이해는 다양한 수준에서 이루어질 수 있다. 방정식이 정확하게 어떻게 작동하고 사용될 수 있는지 깊게 이해하려면 먼저 깊은 수학적 탐구를 해야 한다. 당신의 목표가 스냅챗, 농구 구단 또는 투자은행에서 일하는 데이터 과학자나 통계학자가 되는 것이라면, 이런 기술적 세부 사항을 탐색하는 여정이 필요하다. 이 책은 그 시작에 불과하다.

당신은 열 개의 방정식을 다른 방식으로, 즉 덜 기술적이고 부드러운 방식으로 활용할 수도 있을 것이다. 당신은 이 방정식들을 의사결정의 지침으로 사용하고 세상을 바라보는 방식을 확립하기 위해 사용할 수도 있을 것이다. 나는 이 열 개의 방정식을 통해 여러분이 더 나은 사람이 될 수 있다고 믿는다.

서양식 사고에서 '만약… 그렇다면…'이라는 형식의 문장은 십계명에서 처음 등장한다. '일요일이면 거룩하게 지내라(안식일을 기억해 거룩하게 지켜라)', '다른 신들에 대해 듣는다면 그 신들 중 누구도 내 앞에 두지 말라(너희는 내 앞에서 다른 신을 모시지 못한다)', '이웃의 아내가 매력적이라고 해도, 그녀를 탐내지 말라(남의 아내를 탐내지 마라)' 같은 계명들이다. 십계명의 문제는 유연성이 없고, 수천 년이 지난 지금은 매우 구식으로 느껴진다는 점이다.

하지만 우리가 지금까지 살펴본 아홉 개의 방정식은 십계명과 다르다. 이 방정식들은 다양한 상황에서 무엇을 해야 하고, 하지 말아야 하는지에 관한 규칙을 명시하지 않는다. 대신 이 방정식들은 삶에 접근하는 방법을 제안한다. 에이미가 화장실에서 레이철이 그녀에 대해 불평하는 것을 들었던 상황을 다시 떠올려보자. 친구들의 사회적 성공을 탐내는 것이 잘못됐다고 알려주는 우정 역설을 다시 떠올려보자. 광고 방정식을 사용해 친구들을 정형화했던 것을 다시 떠올려보자. 이 모든 경우에서, 나는 사전에 정의된 도덕 나침반에 따라 행동하는 사람들에게 무엇을 해야 하는지 말하지 않았다. 대신 데이터를 살펴보고, 올바른 모델을 식별하고, 합리적인 결론에 도달했다.

열 개의 방정식은 십계명과 달리 유연하다. 이 방정식들은 십계명보다 훨씬 더 다양한 문제를 다룰 수 있으며, 더 미세한 조언을 제공한다. 내가 이 열 개의 방정식을 신의 계명보다 우위에 두는 것일까? 물론이다. 우리는 수천 년에 걸쳐 우리의 사고를 발전시켜왔다. 우리는 십계명 이후로 문제를 생각하는 더 나은 방법을 찾아냈다. 나는 이 열 개의 방정식이 기독교보다, 많은 삶에 대한 다양한 접근법들보다 중요하다고 생각한다. 데이터와 모델이 결합되는 방식 그리고 난센스를 거부하는 방식은 수학에 원초적인 정직함을 부여함으로써 수학이 다른 사고방식들보다 훨씬 더 뛰어나게 만든다.

수학적 지식은 인간의 지능을 한 차원 더 높여준다. (논란의 여지가 있긴 하지만) 나는 이 열 개의 방정식을 배우는 것이 우리의 도덕적 의무라고 믿는다. 나는 TEN의 구성원이 지금까지 해온 일이 전반적으로 인류에 이로웠다고 생각한다. 항상 그랬던 것은 아니지만, 대체로 그랬다고 나는 생각한다. 또한 나는 이 방정식들을 학습하면 자신뿐만 아니라 다른 사람들에게도 도움을 줄 수 있다고 생각한다.

이 결론은 TEN의 구성원들이 같은 기술을 가지지 않은 사람들보다 우위를 점하는 경우가 많다는 점을 고려할 때 놀라울 수 있다. 또한 이 결론은 A. J. 에이어가 설명한, 검증 가능성의 철학적 입장과 모순되는 것으로 보일 수도 있다. 에이어는 수학에서 도덕적 질문에 대한 합리적인 답을 기대할 수 없다고 말했다. 하지만 나는 TEN이 선의 힘을 가졌음을 믿는다. 지금부터는 이 이야기를 해볼 것이다.

* * *

수학에서 도덕성이 어디에 존재할 수 있는지를 발견하기 위해서는 먼저 도덕성이 존재하지 않는 곳을 분명히 해야 한다. 이런 배제의 과정을 통해, 수학적 사고의 요소들 중에서 어떤 요소들이 우리에게 '해야 할 올바른 일'을 말해줄 수 있는지 알 수 있을 것이다.

우리의 마지막 방정식인 '만약… 그렇다면…'은 단일 방정식이 아니다. 이는 '만약… 그렇다면…'의 형식을 가진 문장들과 '…할 때까지 반복하라'라는 루프를 사용하는 알고리즘들의 집합을 나타낸다. 이런 문장들은 컴퓨터 프로그래밍의 기초다. 예를 들어 안톤의 축구 봇 내부에서는 다음과 같은 명령어를 찾을 수 있다.

if *key passes* > 5 then *print* ('He made a lot of important passes')

이런 명령어는 입력 데이터와 결합돼, 생성되는 출력을 결정한다. 1950~1970년대에, 새롭게 형성된 컴퓨터 과학은 데이터 처리 및 조직을 위한 다양한 알고리즘을 발견했다. 가장 초기의 예 중 하나는 존 폰 노이만^{John von Neumann}이 1945년에 제안한 병합 정렬^{Merge sort} 알고리즘이다. 이 알고리즘은 목록을 숫자 또는 알파벳 순서로 정렬하는 데 사용된다. 이 알고리즘이 어떻게 작동하는지 이해하기 위해, 먼저 두 개의 이미 정렬된 목록을 병합하는 방법을 생각해보자. 예를 들어 {A, G, M, X}라는 목록과 {C, E, H, V}라는 목록이 있다고 가정해보자. 이 두 목록을 병합해 정렬된 목록을 만들기 위해서는 두 목록을 왼쪽에서 오른쪽으로 이동하면서 알파벳 순서에서 먼저 오는 문자를 새로운 목록에 추가한 후, 원래 목록에서 제거하면 된다.

한번 해보자. 먼저 두 목록의 첫 번째 요소인 A와 C를 비교한다. A가 먼저 오므로, A를 현재 목록에서 제거하고 정렬될 새로운 목록에 추가한다. 이제 새로운 목록은 {A}가 되고, 원래 목록은 {G, M, X}와 {C, E, H, V}가 된다. 다시 두 원래 목록의 첫 번째 남은 요소인 G와 C를 비교해 C를 새로운 목록에 추가하면 새로운 목록은 {A, C}가 된다. 다음으로 G와 E를 비교하고 E를 새로운 목록에 추가하면 새로운 목록은 {A, C, E}가 된다. 이 과정을 반복하면 목록 {A, C, E, G, H, M, V, X}를 얻을 수 있고, 원래의 목록은 비워진다.

이미 정렬된 목록을 병합하는 것에서 모든 목록을 정렬하는 것으로 나아가기 위해, 폰 노이만은 '분할 정복'이라는 전략을 제시했다. 전체 목록은 점점 더 작은 목록으로 나누어지며, 각 목록은 이미 정렬된 목록을 병합하는 동일한 기술을 사용해 정복된다. 원래 목록이 $\{X, G, A, M\}$이라고 가정해보자. 먼저 개별 문자인 $\{X\}$와 $\{G\}$를 병합해 $\{G, X\}$를 만들고, $\{A\}$와 $\{M\}$을 병합해 $\{A, M\}$을 만든다. 그런 다음 $\{G, X\}$와 $\{A, M\}$을 병합해, 정렬된 목록 $\{A, G, M, X\}$를 만든다. 이 접근법의 우아함은 모든 단계에서 동일한 기술을 재사용한다는 점에 있다. 원래 목록을 충분히 작은 부분으로 나누면, 결국 개별 문자라는 정렬된 목록에 도달하게 된다. 그리고 우리는 이미 두 개의 정렬된 목록을 병합하는 방법을 알고 있으므로, 우리는 우리가 생성하는 모든 목록이 정렬될 것임을 확신할 수 있다. 병합 정렬은 항상 효과가 있다.

또 다른 예는 두 점 사이의 최단 경로를 찾기 위한 다익스트라 알고리즘^{Dijkstra algorithm}이다. 에츠허르 다익스트라^{Edsger Dijkstra}는 네덜란드의 물리학자이자 컴퓨터 과학자로, 1953년에 '컴퓨터에 대해 모르는 사람들'에게 컴퓨터가 유용할 수 있음을 보여주기 위해 이 알고리즘을 개발해 두 네덜란드 도시 간의 가장 빠른 주행 경로를 계산했다. 그는 암스테르담의 한 카페에 앉아 단 20분 만에 이 알고리즘을 만들어냈다.[1] 그는 나중에 《ACM^{Association for Computing Machinery}》 저널과의 인터뷰에서 이렇게 말했다.

"제 알고리즘이 멋진 이유 중 하나는 연필과 종이 없이 설계했다는 데 있습니다. 연필과 종이를 사용하지 않음으로써 저는 피할 수 있는 모든 복잡성을 피할 수 있었습니다."

로테르담에서 출발해 흐로닝언으로 운전한다고 상상해보자. 다익스트라 알고리즘은 먼저 로테르담 인근 도시들에 대해 로테르담에서 그곳들까지의 이동 시간을 표시하도록 지시한다. 그림 10은 이 과정을 보여준다. 예를 들어 로테르담에서 델프트까지는 23분, 하우다까지는 28분, 스혼호번까지는 35분이 걸린다. 다음 단계는 이 세 도시의 인근 도시들을 살펴보고 그곳까지의 최단 이동 시간을 찾는 것이다. 예를 들어 하우다에서 위트레흐트까지 가는 데 35분이 걸리고, 스혼호번에서 위트레흐트까지 가는 데 32분이 걸린다면, 로테르담에서 위트레흐트까지의 최단 이동 시간은 하우다를 경유할 경우 28+35=63분이다(스혼호번을 경유할 경우 35+32=67분보다 적다).

알고리즘은 네덜란드 전역으로 계속 확장하며, 각 도시까지의 최단 거리를 계산한다. 알고리즘이 각 도시에 대한 최단 경로를 계산하면서 진행되기 때문에, 새로운 도시가 추가될 때마다 그 도시에 대한 최단 경로도 확인할 수 있다. 알고리즘은 흐로닝언에 도달하려고 하지 않고 단순히 각 도시까지의 거리를 레이블링하지만, 결국 흐로닝언을 계산에 추가할 때 그곳까지의 최단 거리도 찾게 해준다.

폰 노이만의 병합 정렬과 다익스트라의 최단 경로 알고리즘과 유사한 알고리즘은 수없이 많다.[2] 몇 가지 예를 들어보자. 크루스칼 알고리즘Kruskal's algorithm은 그래프 내의 모든 정점들을 가장 적은 비용으로 연결하기 위해 사용되며, 이는 철도 네트워크에서 모든 도시를 연결할 때 가장 적은 양의 선로를 사용하게 해준다. 해밍 거리Hamming distance는 두 개의 텍스트나 데이터 간의 차이를 감지하는 데 사용된다. 볼록 껍질 알고리즘Convex Hull algorithm은 점 집합 주위에 형태를 그리는 데 사용되며, 충돌 감지 알고리즘Collision Detection algorithm은 3D 그

그림 10 병합 정렬과 다익스트라 알고리즘의 적용 예시

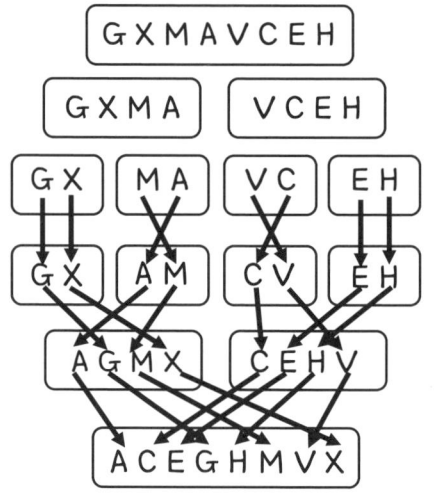

병합 정렬은 분할 정복 전략을 통해 이루어진다. 먼저, 문자 목록이 쌍으로 나누어지고, 각 쌍이 정렬된다. 정렬된 쌍은 다시 병합돼 네 개의 정렬된 목록이 되고, 이 과정이 반복되면 완전히 정렬된 목록이 구성된다.

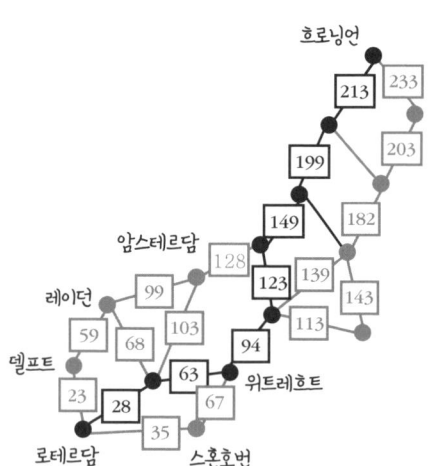

다익스트라 최단 경로 알고리즘은 한 도시에서 다음 도시로 이동하면서 각 도시까지의 최단 경로를 찾는다.

검은색 경로는 로테르담과 흐로닝언 사이의 최단 경로를 나타낸다. 숫자는 이동 시간을 분 단위로 표시한 것이다.

래픽에서 활용된다. 또한 고속 푸리에 변환$^{\text{Fast Fourier Transforms}}$은 신호 감지에 사용된다.

이런 알고리즘들과 그 변형 형태들은 컴퓨터 하드웨어와 소프트웨어의 기본 요소다. 이 알고리즘들은 데이터를 정렬하고 처리하며, 이메일을 라우팅하고, 문법을 체크하며, 시리^{Siri}나 알렉사^{Alexa}가 라디오에서 재생 중인 노래를 몇 초 안에 식별할 수 있도록 해준다.

'만약⋯ 그렇다면⋯' 방정식은 항상 올바른 답을 제공하며, 우리는 이 방정식의 목적을 확실하게 알고 있다. 예를 들어 세 명의 석사학위 과정 학생들이 만든 축구 봇에 대해 이야기해보자. 내가 축구에 관한 간단한 질문을 하면 이 봇은 내게 대답할 것이다. 하지만 안톤에게 그 대답은 놀랍지 않았다. 그는 봇이 무엇을 말할지를 결정하는 규칙을 코딩했으며, 봇은 그가 설정한 규칙을 신뢰성 있게 따르고 있기 때문이다.

이 모든 '만약⋯ 그렇다면⋯' 알고리즘들을 하나의 방정식으로 묶은 이유는 이 알고리즘들이 매우 중요한 공통점 하나를 가지고 있기 때문이다. 그 공통점은 보편적인 진리$^{\text{universal truth}}$다.

다익스트라 알고리즘은 항상 최단 경로를 찾고, 병합 정렬은 항상 이름 목록을 A에서 Z로 정렬하며, 점 집합의 볼록 껍질은 항상 동일한 구조를 가진다. 이 명제들은 어떤 경우에도 참이다.

1장에서 9장까지 우리는 아홉 개 방정식을 사용해 모델을 테스트하고, 예측을 하고, 현실에 대한 이해를 구체화했다. 이 방정식들은 세상과 상호작용한다. 이 방정식들을 이용해 우리는 과거 데이터를 모델에 반영하고, 이 모델이 미래 데이터를 예측하도록 한다. 반면에 '만약⋯ 그렇다면⋯' 알고리즘은 유연하지 않은 레시피다.

이 알고리즘은 데이터(예를 들어 정렬할 이름 목록이나 최단 경로를 계산할 수 있는 점 목록)를 입력받아, 답을 제공하기 때문이다. 우리는 이 알고리즘이 제시한 답에 따라 세상에 대한 지식을 수정하지 않는다. 또한 이런 알고리즘의 진실성은 우리의 관찰 결과에 따라 달라지지도 않는다. 이런 알고리즘에 대해 보편적이라는 말을 쓰는 이유가 바로 여기에 있다. 이 알고리즘은 진리로 입증됐으며, 항상 효과가 있다.

앞에서 언급한 예들은 컴퓨터 프로그래밍의 기초가 되는 알고리즘이지만, 기하학, 미적분학, 대수학에 관한 다른 수학 정리들도 보편적 진실성을 갖는다. 우리는 5장에서 우정 역설의 예를 살펴봤다. 처음에는 우리의 친구들이 평균적으로 우리보다 더 인기가 많다는 것이 상상할 수 없는 일처럼 보였지만, 이 질문에 대해 논리적으로 추론함으로써 우리는 그럴 수밖에 없다는 것을 알게 됐다.

수학은 처음에 보면 우리의 직관에 반하는 놀라운 결과로 가득 차 있다. 예를 들어 레온하르트 오일러$^{Leonhard\ Euler}$가 만들어낸 오일러의 항등식$^{Euler's\ Identity}$ $e^{\pi i}+1=0$은 우리가 잘 아는 세 숫자, 즉 지수 상수 $e=2.718\cdots$, 원주율 $\pi=3.141\cdots$, 허수 단위 $\sqrt{-1}$ 사이의 관계를 말해준다. 오일러의 항등식은 이런 기본적인 상수들이 우아하게 결합했기 때문에 수학에서 가장 아름다운 방정식이라고 불리게 됐다.[3]

또 다른 예는 황금비율$^{Golden\ Ratio}$이다.

$$\phi=(1+\sqrt{5})/2=1.618\cdots$$

이 숫자는 특정한 형태의 직사각형을 그릴 때 나타난다. 이 직사각형은 정사각형과 원래 직사각형의 축소된 버전인 새로운 직사각형으로 나눌 수 있는 직사각형이다. 구체적으로 살펴보자. 정사각형의 변의 길이를 a라고 하고, 직사각형의 가로 변과 세로 변의 길이를 각각 a와 b라고 할 때, 이 직사각형이 황금비율을 가지려면 다음의 조건을 만족해야 한다.

$$\frac{a+b}{a} = \frac{a}{b} = \phi$$

여기서 ϕ는 피보나치수열과도 관련이 있다는 점에 주목해보자. 피보나치수열은 1, 1, 2, 3, 5, 8, 13, 21, 34, …와 같이 두 개의 이전 숫자를 더해 다음 숫자를 얻는 방식으로 생성된다. 두 개의 연속적인 숫자의 비율을 계산하면, 이 비율은 점점 더 ϕ에 가까워진다(예를 들어 13/8=1.625, 21/13=1.615…, 34/21=1.619… 등). 두 가지 예는 순수 수학의 세계로 나아가는 출발점에 불과하며, 여기서 우리의 일상적인 직관은 자주 실패한다.

수학의 정리들이 진리임을 증명하는 예가 어마어마하게 많아지자 프랑스 수학자 앙리 푸앵카레는 1902년 저서 《과학과 가설 Science and Hypothesis》에서 이렇게 말했다.

"수학이 제기하는 모든 주장이 형식 논리에 의해 서로 유도될 수 있다면, 수학은 거대한 동어반복에 불과하다. 논리적 추론은 본질적으로 새로운 것을 배울 수 없게 만든다. (…) 그러나 이런 정리들이 수많은 책을 채우고 있다면, 이 정리들에 단순히 'A=A'라는 것을 우회적인 방식으로 말하는 것 외에 다른 목적이 있을 수 있을까?"

푸앵카레의 이 질문은 그 자신을 비롯한 사람들이 수학적 진리를 밝혀내는 과정에서 직면하는 도전이 단순한 논리적 진술 이상으로 깊은 내용을 포함한다는 점을 수사적으로 표현한 것이었다.

댄 브라운의 《다빈치 코드》에도 이와 유사한 관점이 담겼다. 이 책에서 로버트 랭던 교수는 "고대인들이 ϕ를 발견했을 때, 그들은 세상을 위해 신이 마련한 위한 기본 요소를 자신들이 우연히 찾아냈다고 확신했다. (…) 그들은 이 신성한 비율에 내재된 신비로운 마법은 태초부터 존재하고 있었다고 믿었다." 랭던은 그가 신성한 비율이라고 부르는 황금비율이 생물학, 예술, 문화에서 어떻게 나타나는지에 대한 예를 제시한다(그중 일부는 사실이고 일부는 사실이 아니다). 역사적으로 TEN의 구성원들은 ϕ를 코드로 사용해왔으며, 소설의 주요 등장인물 중 하나인 소피 느부 Sophie Neveu의 이름에도 그 단서가 담겨 있다('소피'의 영문 철자는 'Sophie'인데, 이 중 'phi'는 'ϕ[파이]'를 뜻하기도 한다 – 옮긴이).

나는 《다빈치 코드》를 매우 재미있게 읽으면서 수학의 이러한 측면이 매력적이라는 생각을 할 수밖에 없었다. ϕ 같은 숫자뿐만 아니라 우리는 다익스트라의 최단 경로 알고리즘과 폰 노이만의 병합 정렬에서 예상치 못한 관계성을 발견할 때 놀라움을 느낀다. 이런 관계성은 일상적인 현실을 초월하는 단순한 우아함을 지녔다. 그렇다면 이 모든 방정식 안에 심오한 코드가 숨겨져 있을 가능성이 있을까?

푸앵카레의 질문에 대한 올바른 답은 그가 상상했던 것보다 훨씬 간단하다. 답은 '그렇다'이다. 모든 위대한 수학 정리와 컴퓨터 과학의 정렬 및 조직 알고리즘은 단지 A가 A와 같다는 것을 말한다. 이것들은 모두 거대한 동어반복일 뿐이다. 매우 유용하고 예상치 못한 동어반복이지만, 결국 동어반복이다. 푸앵카레는 문자 그대로는 옳았고, 수사적으로는 틀렸다.

푸앵카레가 '옳았다'라고 주장하는 근거는 A. J. 에이어의 저서 《언어, 진리, 논리》에서 찾아볼 수 있다. 에이어는 삼각형의 예를 들었다. 친구가 내각의 합이 180도보다 작은 삼각형에 대해 이야기한다고 상상해보자.[4] 당신은 두 가지 반응을 할 수 있다. 그가 제대로 측정하지 않았다고 말하거나, 그가 말하는 물체가 삼각형이 아니라고 말하는 것이다. 어떤 경우에도 당신은 친구의 데이터를 바탕으로 삼각형의 수학적 속성에 대한 마음을 바꾸지 않을 것이다. 실제 세계에서 기하학의 결과를 뒤집는 삼각형을 찾을 수는 없다.

이와 유사한 예는 알파벳 순서로 정렬할 수 없는 영어 단어 목록은 존재하지 않는다는 것이다. 만약 내가 'A. J. Ayer'가 'D. J. T. Sumpter' 뒤에 배치된 목록을 보여주고, 이것이 병합 정렬의 결과라고 말한다면, 당신은 내 알고리즘이 작동하지 않거나 내가 영어 알파벳을 모른다고 말할 것이다. 이 목록은 병합 정렬이 작동하지 않는다는 증거가 아니다. 또한 최단 경로보다 긴 경로가 존재하는 컴퓨터 네트워크도 없다.

안타깝게도 랭던 교수에게 다양한 기하학적 및 수학적 관계가 $\phi=1.618\cdots$과 관련이 있는 이유는 이 숫자가 이차방정식 $x^2-x-1=0$의 양의 근이기 때문이다. 피보나치수열을 해결하고 황금비율을 찾는 것은 모두 이 동일한 이차방정식을 풀이하는 것이며, 그래서 같은 답을 얻게 된다. ϕ 같은 숫자 안에 신비로운 마법의 코드가 숨겨져 있는 것은 아니다.

에이어의 요지는 수학 정리가 데이터와 독립적이라는 것이다. 수학은 검증 가능하지 않다. 대신 수학은 논리에 의해 참으로 입증된 동어반복으로 구성됐으며, 그 자체로는 현실에 대해 아무것도 말하지 않는다. 푸앵카레가 사용한 수사적 어조에 대한 응답으로, 에이어는 '논리와 수학이 선사하는 놀라움의 힘은 우리 이성의 한계에 의해 결정된다'라고 썼다.

푸앵카레는 수학 연구가 어렵다는 사실 때문에 잘못된 생각을 한 것이었다. 실제로 수학적 결과는 우리의 관찰과 무관하게 참이다. 내가 수학적 결과가 보편적이라고 말하는 이유가 여기에 있다. 수학적 결과는 우주 전역에서 참이며, 그 어떤 과학적 발견과도 무관하며, 푸앵카레나 다른 수학자가 아직 발견했는지 여부와도 무관하다.

이 책 전반에 걸쳐 살펴보았듯이, 열 개의 방정식의 힘은 모델과 데이터를 결합해 실제 세계와 상호작용하는 데 있다. 데이터와 분리된 상태에서 방정식은 더 깊은 의미를 가지지 않는다. 이 방정식들은 결코 우리에게 도덕성을 제공하지 않으며, 신과도 관련이 없다. 단지 매우 유용한 결과들이 우연히도 참인 것이다.

수학에서 신비와 도덕성을 찾으려면 수학 이론 자체가 아닌 다른 것에서 찾아야 할 것이다.

* * *

나는 마리우스에게 해야 할 전화를 미루고 있었다. 얀은 마리우스와 진행한 베팅의 구체적인 내용과 성과를 종이로 출력하기 전에 마리우스에게 확인을 받아달라고 내게 부탁했지만, 나는 마리우스가 안 된다고 할까 봐 조금 걱정이 됐다. 나는 그가 자신들의 비밀을 대중의 시선으로부터 보호하고 싶어 할지도 모른다는 생각을 했다.

하지만 내 걱정은 괜한 것이었다. 마리우스는 기꺼이 내게 베팅의 세부 사항에 대해 알려주었다. 그들의 수익은 여전히 날로 증가하고 있었지만, 그는 힘든 시기도 있었다며 "매일 숫자만 봐야 한다면 교수님도 제정신을 유지하기 힘들 겁니다"라고 말했다. 한 베팅에서 그들은 4만 달러를 잃기도 했다. 이어서 마리우스는 이렇게 말했다.

"그건 최악의 경험이었어요. 정말 의심이 들기 시작하지요. 하지만 우리는 계속 마음을 다잡으면서 시간을 두고 기다렸습니다. 그러던 중 다시 수익이 나기 시작했습니다. 그러다 다시 줄었다…, 결국 다시 늘기 시작했습니다."

그는 도박이 그에게 인내심을 기르게 하고, 변화할 수 있는 것들에 집중하도록 가르쳤다고 말했다.

"우리는 변동성을 통제할 수 없어요. 저는 지난 월드컵 때처럼 경기를 지켜보지 말아야 했다는 것을 알게 됐습니다. 처음에 우리는 베팅 결과를 실시간으로 확인했지요. 하지만 지금은 그냥 사무실에 와서 일하고, 분기별로 결과를 검토합니다."

"당신이 하고 있는 일의 도덕성에 대해 생각해본 적이 있나요? 당신이 돈을 따고 있는 동안 다른 사람들은 잃고 있는데요?"

내가 그에게 물었다. 마리우스가 대답했다.

"도박이 사람들에게 어렵게 느껴지는 것은 오해의 소지가 있는 광고들 때문인 것 같아요. 하지만 가치 베팅에 대한 정보를 빠르게 검색하면 아마추어로서 수익을 유지하는 데 필요한 모든 것을 찾을 수 있어요. 사람들은 그런 노력조차 기울이려 하지 않지요."

그의 말이 맞았다. 이것이 바로 베팅 방정식이 제공하는 도덕적 교훈이다. 사람들이 인터넷에서 정보를 찾는 데 몇 시간씩이나 소비할 의사가 없다면, 왜 그것이 마리우스의 책임이 돼야 할까? 마리우스와 얀은 이런 사람들이 소프트 북메이커에서 가치 베팅을 할 수 있도록 필요한 정보를 제공하는 웹 사이트를 만들었다. 그럼에도 불구하고, 그들이 하는 방식으로 베팅하는 사람은 매우 드물었다.

나는 마리우스에게 만약 시장이 예상치 못하게 변하고 모든 것을 잃게 된다면 어떻게 할 것인지 물었다.

"결과가 어떻게 될지는 결코 알 수 없지요. 잘못될 가능성은 언제나 있어요."

그가 말했다.

"하지만 저는 제가 하는 일을 즐깁니다. 그게 제 행복의 원천이에요. 저는 로봇이 베팅을 하게 만들어놓고 해변에 앉아 있는 일은 하지 않아요. 제가 흥미롭게 생각하는 것은 데이터를 파고들어 무언가를 알아내는 것입니다."

마리우스는 TEN의 진짜 비밀을 발견했다. 그 비밀은 그의 계좌에 들어 있는 돈의 액수와는 거의 관련이 없었다. 그의 보상은 그가 얼마나 많이 배웠는가에 있었다.

이것이 도덕성의 징후일까? 나는 그렇다고 생각한다. 나는 얀과 마리우스의 접근 방식에 지적 정직성이 있다고 믿는다. 그들은 자신들이 하고 있는 일에 대해 거짓말하지 않는다. 그들은 설정된 대로 게임을 하고, 더 잘하기 때문에 이긴다. 윌리엄 벤터와 매튜 베넘의 베팅 운영도 마찬가지다. 벤터의 정직함은 놀라웠다. 그는 자신이 얼마나 많은 돈을 땄는지, 어디서 땄는지에 대해서는 밝히지 않았지만, 자신의 방법을 과학 저널에 발표했다. 이제 수학적 능력을 가진 사람이라면 누구든지 벤터의 방법을 습득하고 적용할 수 있다.

열심히 일하고, 배우며, 인내하는 사람들이 승자이다. 편법을 사용하는 사람들은 패배한다. 이와 같은 규칙은 TEN 전반에 적용된다. 우리가 판단을 내릴 때, 우리는 우리의 믿음이 어떻게 데이터에 의해 형성됐는지를 밝혀야 한다. 우리가 기술을 구축할 때, 우리는 그 기술이 사용자에게 어떻게 보상과 처벌을 제공할 수 있는지 명확하게 밝혀야 한다. 데이터로부터 모델을 구축할 때, 우리는 우리의 가정을 명시해야 한다. 투자나 베팅을 할 때, 우리는 우리의 수익과 손실을 인정해야 하며, 이를 통해 모델을 개선해야 한다. 우리는 결론에 대해 얼마나 확신하는지 서로에게 알려야 한다. 우리는 우리가 사회적 네트워크의 중심에 있지 않다는 것을 인정해야 하며, 남들보다 덜 인기 있다고 해서 스스로를 불쌍히 여기지 말아야 한다. 상관관계를 볼 때, 우리는 인과관계를 찾기 위해 노력해야 한다.

이것이 수학의 엄격한 도덕성이다. 진실은 결국 항상 이긴다.

TEN의 구성원들은 진정한 지적 정직성의 수호자들이다. 그들은 자신의 가정을 명시하고, 데이터를 수집하며, 답을 제시한다. 완전한 답을 제시할 수 없을 때 그들은 자신들의 그 답에 무엇이 부족한지 밝힌다. 그들은 합리적인 대안 목록과 각 대안의 성공 확률을 제시하고, 더 많은 정보를 찾기 위한 다음 단계를 생각하기 시작한다.

여러분의 삶에 정직함을 되돌려 놓아보자. 그때 열 개의 방정식이 도움이 될 것이다. 그 일은 여러분이 원하는 것을 얻기 위해 도박을 하고 실패에 수반되는 위험을 이해하면서, 확률에 대해 생각하는 것으로 시작할 수 있다. 결론을 내리기 전에 데이터를 수집함으로써 판단력을 향상시켜야 한다. 자신이 옳다고 생각함으로써 자신감을 가지려 하지 말고, 여러 번 시도함으로써 자신감을 높여야 한다. 이 책에서 소개한 열 개의 방정식은 사회적 네트워크가 만들어낸 필터를 드러내는 것부터 소셜 미디어가 우리를 티핑 포인트에 이르게 하는 방식까지, 우리가 우리의 모델에 대해 정직해야 하고 데이터를 사용해 스스로를 개선해야 한다고 반복적으로 강조한다.

이 방정식들을 따르다 보면, 주변 사람들이 당신의 판단과 인내심을 존중하게 될 것이다. 수학이 도덕성의 원천이 될 수 있는 첫 번째 이유가 바로 여기에 있다. 수학은 자신과 주변 사람들에 대한 불편하지만 확실한 진실을 전달하는 역할을 하기 때문이다.

* * *

벤 로저스$^{Ben\ Rogers}$가 쓴 A. J. 에이어 전기에는 1987년에 에이어와 마이크 타이슨$^{Mike\ Tyson}$이 만난 이야기가 담겨 있다.[5] 당시 77세였던 에이어는 맨해튼 57번가의 한 아파트에서 열린 파티에서 참석했다. 그때 한 여성이 파티가 열리고 있는 방 안으로 뛰어들면서 친구가 침실에서 공격당하고 있다고 외쳤고, 에이어는 타이슨이 나중에 슈퍼모델이 되는 나오미 캠벨을 괴롭히고 있다는 사실을 알게 됐다.

에이어는 타이슨에게 공격을 중단하라고 경고했다. 그러자 타이슨은 "내가 누군지 알고 이러는 겁니까? 난 세계 헤비급 챔피언이라고요"라고 에이어에게 말했다. 하지만 에이어는 물러서지 않고 "나는 전직 옥스퍼드대 논리학 교수요. 우리 둘 다 각자의 분야에서 유명한 사람들입니다. 그러니 이제 이성적인 남자로서 얘기해봅시다"라고 제안했다. 그러자 철학에 관심이 많았던 타이슨은 감명을 받고 물러났다.

하지만 만약 타이슨이 에이어에게 지적인 상반신 펀치를 날리고 싶었다면, 타이슨은 나오미 캠벨에 대한 자신의 접근을 방해할 정당성을 에이어가 왜 가지는지 물었을 것이다. 에이어가 《언어, 진리, 논리》에서 주장했듯이, 도덕성은 경험적 논의의 범위 밖에 존재하기 때문이다. 캠벨이 타이슨을 두려워했을 가능성이 있지만, 타이슨은 "남자가 자신의 성적 욕망을 추구하는 과정에서 여성을 강제로 다루면 왜 안 되는지 설명할 수 있는 논리가 있습니까?"라고 물을 수 있었다.

그랬다면 에이어는 사회적으로 합의된 규범을 자신이 현재 참가하고 있는 사회적 모임에서 강요하고 있음을 인정해야 했을 것이다. 그랬다면 타이슨은 우범 지역인 브루클린에서 사소한 범죄를 저지르면서 보낸 어린 시절에 배운 규범이 영국의 명문 학교인 이튼 스쿨에서 교육을 받은 철학자가 따르는 규범과 다르다고 말함으로써, 두 사람이 논의를 계속하게 만들 수 있는 공통의 기반이 거의 없다고 주장할 수 있었을 것이다. 또한 어쩌면 타이슨은 "그리고 괜찮다면, 이 아름다운 여성을 내가 생각하는 가장 적절한 방식으로 계속 유혹하고 싶다"라고 말할 수도 있었을 것이다.

이 두 사람의 대화가 실제로 어떻게 진행됐는지는 구체적으로 알 수 없다. 알려진 것은 그들이 대화를 나누는 동안 나오미 캠벨이 파티장을 나갔다는 것이다. 마이크 타이슨은 그로부터 4년 후 또 다른 여성에 대한 강간 혐의로 유죄판결을 받았고, 현재는 성범죄자로 등록된 상태다.

타이슨과 에이어의 이 이야기는 엄격한 논리실증주의적 접근 방식을 따르는 사람들에게 가장 근본적인 문제를 제시한다. 이런 접근 방식으로는 가장 명백한 도덕적 딜레마조차 해결하기가 불가능하다는 문제다. 수학과 논리는 명확하고 보편적인 답을 제공하지만, 결국 각 개인은 자신의 도덕성을 스스로 결정해야 한다. 분명히 논리실증주의에는 뭔가 빠져 있다. 문제는 무엇일까? 수학이 도덕에서 하는 역할을 규명하기 위해 1967년 영국 옥스퍼드대학교의 윤리철학자 필리파 풋^{Philippa Foot}은 '트롤리 문제^{trolley problem}'라는 사고실험을 개발했다.⁶ 이 문제는 다음과 같이 설명할 수 있다(트롤리는 광산 또는 터널 등의 토목 공사장에서 광석, 폐석 및 토사, 광산용 자재 등을 수송하는 차량을 말한다 – 옮긴이).

에드워드는 브레이크가 고장 난 트롤리를 운전하고 있다. 그의 트롤리 앞에는 다섯 명이 있다. 경사가 너무 가파르기 때문에 이 사람들은 트롤리를 피해 선로에서 벗어날 수 없다. 선로에는 오른쪽으로 나가는 갈래가 있으며, 에드워드는 트롤리를 그쪽으로 돌릴 수 있다. 불행히도 이 오른쪽 선로에도 한 사람이 있다. 에드워드는 트롤리의 방향을 돌려 한 명을 죽일지, 아니면 트롤리를 직진시켜 다섯 명을 죽일지 선택해야 한다.

여기서 문제는 에드워드가 어떤 선택을 해야 할지다. 트롤리의 방향을 돌려 한 명을 죽일 것인가, 아니면 직진해 다섯 명을 죽일 것인가? 대부분의 사람들은 첫 번째 옵션을 선택해야 한다고 생각할 것이다. 다섯 명을 죽이는 것보다 한 명을 죽이는 게 더 낫기 때문이다. 여기까지는 문제 될 것이 없다.

이제 1976년 MIT 철학 교수인 주디스 톰슨^{Judith Thomson}이 제기한

또 다른 트롤리 문제에 대해 생각해보자.

조지는 트롤리 선로 위의 보행자 다리에서 상황을 지켜보고 있다. 트롤리에 대해 잘 아는 그는 보행자 다리 쪽으로 접근하는 트롤리가 통제력을 잃었다는 것을 알고 있다. 보행자 다리 뒤쪽 선로에는 다섯 명이 있으며, 경사가 너무 가파르기 때문에 그들은 선로에서 벗어날 수 없다. 조지는 통제력을 잃은 트롤리를 멈추기 위한 유일한 방법이 무거운 물체를 트롤리의 경로에 떨어뜨리는 것이라는 점을 알고 있다. 하지만 유일하게 사용 가능한 무거운 물체는 보행자 다리에서 트롤리를 지켜보는 뚱뚱한 남자다. 조지는 그 뚱뚱한 남자를 선로로 떨어뜨려 죽이는 방법으로 트롤리를 멈추게 하거나, 다섯 명이 죽도록 내버려둘 수 있다.

이 상황에서 조지는 어떤 선택을 해야 할까? 한편으로 생각하면, 사람을 철도 선로에 떨어뜨리는 것은 명백히 잘못된 행동이다. 하지만 그렇게 하지 않음으로써 다섯 명이 죽도록 만드는 것은 에드워드가 트롤리의 방향을 돌리지 않는 것과 같다.

한 설문 조사에 따르면 1,000명의 미국 시민 중 약 81%가 자신이 에드워드였다면 트롤리를 돌려 한 사람을 죽였을 것이라고 응답했지만, 조지가 남자를 다리 밑으로 떨어뜨려 다섯 사람을 구해야 한다고 생각한 사람은 39%에 불과했다.[7] 같은 질문에 대한 중국과 러시아의 응답자들도 에드워드가 행동해야 하고 조지가 행동하지 말아야 한다고 생각하는 경향이 있었으며, 이는 이러한 딜레마에 대한 보편적인 도덕적 직관이 공유된다는 가설을 뒷받침한다.[8] 하지만 문화적 차이는 여전히 존재한다. 중국인들은 두 경우 모두 트롤리가 방향을 바꾸지 않거나 멈추지 않고 계속 경로를 따라가도록 내버려두겠다고 응답하는 경향이 다른 나라 사람들에 비해 강했기 때문이다.

주디스 톰슨이 두 번째 트롤리 문제를 개발한 것은 이 딜레마를 더욱 선명하게 만들기 위해서였다.[9] 이 두 트롤리 문제는 다섯 명의 생명을 구하는 것과 한 명의 생명을 구하는 것이라는 동일한 수학적 문제를 설명하지만, 우리의 직관은 이 두 문제가 서로 매우 다르다고 느끼게 만든다. 수학적 해결책은 간단하지만, 도덕적 해결책은 복잡하다. 트롤리 문제는 우리가 생명을 구하기 위해 수행할 준비가 돼 있는 행동과 그렇지 않은 행동에 대해 생각하도록 요구한다.

트롤리 문제는 현대 과학소설의 중심에 있다. 영화에서는 보통 이 딜레마가 약 30분에서 1시간 정도 이야기가 진행된 다음에 나타난다. 마블 코믹스 영화 〈어벤져스: 인피니티 워〉에서 철학적인 사고를 가진 악당 타노스는 과도한 인구가 자신의 고향 행성을 완전히 파괴한 것을 목격한 후, 우주 인구의 절반을 죽이는 것이 좋은 생각이라고 결론짓는다. 그는 지금 절반을 죽이는 것이 나중에 더 많은 생명을 구할 것이라고 이유를 댄다. 이 상황을 톰슨의 트롤리 딜레마의 관점에서 보면, 그는 손가락 하나로 수십억 명의 뚱뚱한 남자를 트롤리 선로로 던지기로 결정한다고 할 수 있다. 이 영화의 속편인 〈어벤져스: 엔드게임〉에서는 토니 스타크가 비슷한 유형의 개인적인 딜레마에 직면한다. 이 영화에서는 그의 딸의 존재가 그의 친구들을 다시 살리는 일과 맞물려 있다. 그는 두 가지 중 선택 중에서 거의 불가능한 선택을 해야 한다.

대개 과학소설에서는 악당들이 뚱뚱한 남자를 떨어뜨리는 선택을 한다. 많은 경우 이 결정은 잔인하고 무자비한 논리에 의한 것으로 묘사된다. 로봇이나 악성 인공지능은 목표를 달성하기 위해 수행해야 하는 행동이 얼마나 끔찍하든 간에 상관없이, 한 사람보다 다섯 사람을 구하기 위한 공리주의적 결정을 내린다. 가능한 많은 생명을 구하도록 프로그래밍된 공리주의 로봇에게는 숫자가 감정보다 우선시된다. 다른 모든 조건이 동일하다면, 다섯 사람의 효용이 한 사람의 효용보다 더 크기 때문이다.

이 문제는 필리파 풋과 주디스 톰슨이 트롤리 문제로 설명한 것과 정확히 같은 문제다. 공리주의적 접근 방식으로 이런 딜레마를 해결할 수 있다고 믿는 것은 잘못됐다. 영화 속 로봇들은 잘못된 선택을 하고 있으며, 만약 이런 로봇들이 실제로 존재한다면 현실에서도 잘못된 선택을 할 것이다. 과학소설은 우리가 다음과 같은 보편적인 규칙을 만들어 인생의 모든 문제를 해결할 수 없다는 것을 일깨워준다.

$$\text{if } 5 > 1 \text{ then } print(\text{'save the 5'})$$

만약 우리가 이런 규칙을 만든다면 우리는 미래 세대에게 결코 정당화할 수 없는 가장 끔찍한 도덕적 범죄를 저지르게 될 것이다.

어렸을 때라면 나는 행동하지 않는 것이(심지어 그 행동이 뚱뚱한 남자를 트롤리 선로로 떨어뜨리는 것이라고 해도) 인류의 논리적 약점을 나타낸다고 생각했을지 모른다.

내가 그렇게 생각했다면 그 생각은 잘못된 것이었다고 할 수 있다. 그런 행동이 다른 사람들에게 너무 가혹한 행동이기 때문만은 아니다. 내가 그런 결론을 내렸다면 그 결론은 나의 논리적 약점 때문에 내려졌을 것이다. 트롤리 문제는 우리에게 두 가지를 알려준다. 첫째, 트롤리 문제는 현실 세계에 관한 질문에는 순전히 수학적인 답이 존재하지 않는다는 사실을 강화한다. 이는 수학의 '보편적인' 속성에 관한 푸앵카레의 수사적 질문에 대한 에이어의 답과 일치한다. 다빈치 코드가 존재하지 않는 이유가 바로 여기에 있다. 수학이 보편적이라는 우리의 생각은 수학의 동어반복적인 속성에 기인한 것이지, 수학이 더 깊은 진리이기 때문은 아니다. 우리는 수학을 십계명처럼 사용할 수는 없다. 단지 우리는 이 책에서 지금까지 그랬던 것처럼 모델과 데이터를 조직하는 도구로만 사용할 수 있다.

둘째, 트롤리 문제는 순수한 공리주의, 즉 우리의 도덕이 인간의 생명이나 행복 또는 다른 변수를 극대화하려는 시도를 중심으로 구축돼야 한다는 생각이 우리에게 알려진 모든 (잘못된) 도덕규범 중에서 가장 잘못된 규범 중 하나라는 것을 알려준다.[10] '가능한 많은 인간의 생명을 구하라'는 규칙은 매우 빠르게 우리의 도덕적 직관과 대립함으로써 우리가 끔찍한 행동을 하도록 이끈다. 최적의 도덕규범을 설정하려고 하면 결국 우리는 도덕적 미로를 만들어낼 수밖에 없다.

하지만 나는 이런 딜레마를 해결할 수 있는 매우 간단한 방법이 있다고 생각하게 됐다. 그 방법은 우리의 도덕적 직관을 신뢰하고 활용하는 방법을 배우는 것이다. 이것이 바로 A. J. 에이어가 마이크 타이슨과 대면했을 때 한 행동이다. 이 행동은 친구들이 네오나치들에게 괴롭힘을 당하는 것을 보고 모아 부르셀이 인종차별에 대해 연구하기로 결정했을 때 한 행동이기도 하다. 또한 이 생각은 내가 케임브리지 애널리티카 스캔들, 가짜 뉴스, 알고리즘 편향을 조사했을 때, 이민과 스웨덴의 극우 상승에 대한 비에른의 논문을 지도했을 때 나를 이끌었던 생각이다. 니콜 니스벳의 정치적 커뮤니케이션에 관한 연구도 이 생각에 기초한다. 이런 생각에 따른 행동은 스파이더맨이 하는 행동이기도 하다. 스파이더맨은 자신의 직관에 따라 능력을 사용해 악당을 처치한다.

트롤리 문제는 우리가 이런 도덕적·철학적 딜레마에 대해 좀 더 부드러운 사고방식을 가져야 한다고 말한다. 이런 사고방식은 모델과 데이터를 적용하는 과정의 냉혹한 정직함을 보완하는 방식이다. TEN의 구성원 중 사회에 가장 많은 기여를 하는 사람들은 부드러운 방식과 냉정한 방식을 모두 사용한다. 즉, 그들은 어떤 문제를 해결해야 할지 결정할 때는 직관을 이용하는 부드러운 사고방식을 사용하고, 자신들이 제시한 답에 대해 솔직해지기 위해서는 모델과 데이터를 결합하는 냉정한 방식을 사용한다. 그들은 주변 사람들이 소중하게 여기는 가치들을 이해하고 그 가치들에 주목해왔다. 그들은 어떤 문제를 해결해야 할지 결정할 때는 자신들이 다른 누구보다 능력이 있다고 생각하지 않지만, 문제를 해결할 때는 그렇다고 생각한다. 그들은 리처드 프라이스가 거의 260년 전에 TEN에 도입한 정신을 유지하고 있는 공공 서비스 종사자들이다. 기적에 대한 프라이스의 생각은 잘못됐지만,[11] 수학을 적용하는 방식에 도덕성이 적용돼야 한다는 그의 생각은 옳았다.

단정적으로 말할 수 있는 증거는 없지만, 나는 논리실증주의에서 보편적인 공리주의 개념을 제거하면 우리를 안내하는 도덕적 직관이 남을 것이라고 믿는다. 우리가 어떤 문제를 해결해야 할지를 알려주는 것은 바로 이런 부드러운 사고방식이라고 나는 믿는다.

＊ ＊ ＊

　TEN의 구성원들은 서로 대화해야 한다. 우리는 우리에게 주어진 힘을 다루는 방법을 배워야 한다. 이는 스파이더맨이 매번 달라지는 자신의 모습에서 약점을 깨닫는 것과 같은 방식이다. 여기서 '부드럽다'라는 말은 무지한 투자은행가들이 아무 생각 없이 돈을 더 많이 벌 수 있게 허용해서는 안 되며, 우리가 기본 방정식들을 특허로 등록해 이익을 얻으려 해서도 안 되며, 우리가 사용하는 알고리즘에 대해 계속해서 개방적이어야 하며, 이를 배우기 위해 노력할 준비가 된 사람들과 모든 비밀을 공유해야 한다는 뜻이다.

　우리는 우리의 직관을 사용해 중요한 질문으로 나아가야 한다. 우리는 다른 사람들의 감정에 귀 기울이고, 그들에게 무엇이 중요한지를 알아내야 한다. 우리 중 많은 이가 이미 이렇게 하고 있지만, 우리는 우리가 누구인지 그리고 우리가 하는 일의 이유에 대해 더 개방적일 필요가 있다.

　문제를 정의할 때는 부드럽게 접근하고, 해결할 때는 잔인할 정도로 철저해야 한다.

　　＊ ＊ ＊

　지금 나는 영국 북부의 한 대학교의 수학과 건물 지하 세미나실에 앉아 있다. 리즈대학교의 정치학 연구원인 빅토리아 스페이저^{Viktoria Spaiser}가 우리 앞에서 오늘의 연사를 소개하고 있다. 그녀는 자신의 연구 파트너이자 인생 파트너인 리처드 맨^{Richard Mann}과 함께 사회 행동을 위한 수학 워크숍을 이틀째 주재 중이다. 이 워크숍의 목표는 수학자, 데이터 과학자, 공공 정책 입안자, 기업인들이 수학 모델을 사용해 세상을 더 나은 곳으로 만들기 위한 방법을 찾는 것이다.

내가 빅토리아를 처음 만난 것은 약 8년 전이다. 리처드는 그보다 조금 먼저 알게 됐다. 내 박사 과정 학생 중 한 명인 샤얌 랑가나탄$^{Shyam\ Ranganathan}$과 함께 우리는 스웨덴 학교에서 벌어지는 인종차별을 모델링하고,[12] 국가 간 민주적 변화를 연구하며, 서로 상충될 때가 많은 지속 가능한 발전 목표를 유엔이 달성할 방법을 찾아왔다. 우리는 공개적으로 수학에 대한 우리의 생각을 밝히지는 않았지만, 수학은 단순히 세상을 연구하는 것이 아니라 세상을 더 나은 방향으로 변화시켜야 한다고 생각해왔다. 빅토리아와 리처드가 이 워크숍 제목에 '행동주의^{activism}'라는 단어를 집어넣은 것은 이런 우리의 목표에 대해 더 솔직해지려는 첫 번째 시도였다.

수학에 대해 이런 생각을 가진 것은 우리만이 아니다. 빅토리아가 워크숍을 시작하자 참가자들은 하나씩 일어나 자신이 하고 있는 일에 대해 이야기했다. 데이터카인드^{DataKind}(데이터 과학과 인공지능을 활용해 전 세계적인 사회문제를 해결하려는 비영리단체 – 옮긴이) 영국 지부의 애덤 힐$^{Adam\ Hill}$은 소유권을 숨기기 위해 설립된 익명 회사의 이사들이 어떻게 서로 연결돼 있는지 보여주는 네트워크를 만들어냈다. 그의 연구팀은 소유권들 간의 연결 관계를 찾아내 부패와 잠재적인 자금 세탁을 감지해냈다. 베티 난니용가$^{Betty\ Nannyonga}$는 우간다 캄팔라에 있는 메이커레대학교의 학생 시위 원인을 이해하기 위해 수학적 모델을 사용하는 동료들에 대해 이야기했다. 리즈대학교의 학술 연구원인 앤 오언$^{Anne\ Owen}$은 영국이 이산화탄소 배출량 감축에 대해 부정직했다는 그레타 툰베리$^{Greta\ Thunberg}$의 주장이 옳았음을 증명했다.¹³ 앤은 우리가 중국에서 수입하는 모든 플라스틱 제품의 생산과 운송을 고려한 적절한 계산을 보여주었다. 평균적으로 60~69세의 사람들은 휴가를 갈 때 비행기를 타거나 대형 자동차를 운전함으로써 30세 미만의 젊은 사람들보다 연간 64% 더 많은 이산화탄소를 배출한다. 툰베리를 비판하는 이 세대 사람 중 일부는 자신의 탄소발자국에 대해 신중하게 생각해야 할 필요가 있다.

여러분은 지금까지 우리에 대해 알지 못했을지도 모르지만, 이제는 알게 됐다. 이제 비밀이 드러났다.

우리는 TEN이다.

미주

1장 베팅 방정식

1. 이 기사는 출판 플랫폼 '미디엄'에서 읽을 수 있다. ⟨https://medium.com/@Soccermatics/if-you-had-followed-the-bettingadvice-in-soccermatics-you-would-now-be-very-rich-1f643a4f5a23⟩. 이 모델에 대한 자세한 설명은《사커매틱스》(London: Bloomsbury Publishing, 2016)를 참조.
2. 각각의 베팅은 당신의 자본을 1.0003배로 늘린다(베팅당 0.03% 증가). 하루에 100번 1년 내내 베팅한다면 그 1년이 지났을 때 당신이 보유하게 되리라고 예상되는 자본은 $1{,}000 \times 1.0003^{100 \times 365} = 56{,}860{,}593.80$ 파운드다.
3. 북메이커의 배당률이 공정하다고 할 수 있는 경우는 사건이 발생할 확률에 대한 배당률과 사건이 발생하지 않을 확률에 대한 배당률을 곱했을 때 1이 되는 경우다. 예를 들어 배당률이 3/2인 경우, 무승부와 언더독의 승리 확률을 합하면 2/3가 돼야 한다. $3/2 \times 2/3 = 1$이기 때문이다. 실제로 북메이커는 공정한 배당률을 제공하지 않는다. 따라서 위의 예에서, 북메이커는 일반적으로 7/5의 배당률로 페이버릿의 승리를 제시하고, 4/7의 배당률로 페이버릿이 승리하지 못할 경우의 배당률을 제시하므로, $7/5 \times 4/7 < 1$이 된다. 이 경우 북메이커의 마진은 $1(1+7/5)+1(1+4/7)-1=0.05$, 즉 5%다.
4. 다음 수식은 베팅당 당신이 예상할 수 있는 이익이다. 즉, 이 경우 당신은 베팅당 4센트를 잃게 된다.

$$\frac{2}{5} \times \frac{7}{5} + \frac{3}{5} \times -1 = \frac{14}{25} - \frac{15}{25} = -\frac{1}{25}$$

5. 다섯 번 실패하더라도 너무 낙담할 필요는 없다. 각 인터뷰의 성공 확률이 1/5이라면, 성공할 때까지 최소 다섯 번의 인터뷰가 필요할 확률은 $1-(1-1/5)^5=67\%$이기 때문이다.
6. William Benter, 'Computer based horse race handicapping and wagering systems: a report', in Donald B. Hausch, Victor S. Y. Lo and William T. Ziemba (eds), *Efficiency of Racetrack Betting Markets* revised edn (Singapore: World Scientific Publishing Co. Pte Ltd, 2008), pp. 183–98.
7. Kit Chellel, 'The gambler who cracked the horse-racing code', *Bloomberg Businessweek*, 3 May 2018; at ⟨https://www.bloomberg.com/news/features/2018-05-03/the-gambler-who-cracked-the-horse-racing-code⟩.
8. Ruth N. Bolton and Randall G. Chapman, 'Searching for positive returns at the track: a multinomial logit model for handicapping horse races', *Management Science* 32(8) (August 1986):1040–60.
9. David R. Cox, 'The regression analysis of binary sequences', *Journal of the Royal Statistical Society: Series B (Methodological)* 20(2) (1958): 215–32.

2장 판단 방정식

1. 1천만 분의와 견주1을 정확한 값으로 받아들여서는 안 된다. 영국 민간항공국(Civil Aviation Authority)의 보고서 〈Global Fatal Accident Review 2002 to 2011, CAP 1036〉(2013. 6)에 따르면 2002년부터 2011년까지 테러 공격을 제외하고, 비행한 항공편당 100만 번의 비행 중 0.6건의 치명적인 사고가 발생했다고 추정된다. 모든 사람이 치명적인 사고로 사망하는 것은 아니며, 통계는 국가마다 다르기 때문에 정확한 숫자를 제시하기는 어렵다. 어쨌든 이는 100만 분의 1의 규모로 보면 매우 작은 수치다.
2. 이 방정식을 베이즈의 정리(방정식 2)로부터 유도하려면 적분에 대한 이해가 필요하다. 0과 1 사이의 연속적인 값을 가질 수 있는 측정값 θ에 대해 베이즈의 정리는 다음과 같이 표현된다.

$$p(\theta|D) = \frac{P(D|\theta) \cdot p(\theta)}{\int_0^1 P(D|x) \cdot p(x)dx}$$

여기서 함수 $p(\ )$는 밀도 함수로 불린다. 아래의 적분은 θ의 가능한 모든 값에 대해 이루어지며, 방정식 2에서의 합과 같은 역할을 한다. 이를 통해 우리는 아래와 같은 수식을 쓸 수 있다.

$$P(\theta > 0.99 | 100\,\text{sunrises})$$
$$= \int_{0.99}^1 p(\theta|100\,\text{sunrises})d\theta = \frac{\int_{0.99}^1 p(100\,\text{sunrises}|\theta) \cdot p(\theta)d\theta}{\int_0^1 p(100\,\text{sunrises}|x) \cdot p(x)dx}$$

여기서 우리는 $p(100\,\text{sunrises}|\theta) = \theta^{100}$이 특정한 날의 일출 확률이 θ일 때 100일 연속으로 일출이 발생할 확률임을 알 수 있다. 그런 다음 우리는 $p(x)=1$로 설정한다. 이는 이 남자가 지구에 도착하기 전에 모든 x 값이 동등하게 가능함을 의미하며, 이는 베이즈가 지구에 새로 도착한 남자의 문제를 설명하는 방식에서 설정된 가정이다. 이러한 값을 위의 방정식에 대입하면 본문에서처럼 다음과 같은 수식이 나온다.

$$P(\theta > 0.99 | 100\,\text{sunrises}) = \frac{\int_{0.99}^1 \theta^{100} \cdot 1 d\theta}{\int_0^1 \theta^{100} \cdot 1 dx} = \frac{(1-0.99^{101})/101}{1/101} = 1 - 0.99^{101} \approx 0.638$$

3. 이 결과는 직관에 반하지만, 수학적으로는 올바르다. 더 확신을 갖기 위해 $\theta=0.98$이고 실제 일출 확률이 98%라고 가정해보자. 이 경우, 그가 관찰한 100일 동안 해가 모두 떠오른다면 그리 놀랍지 않을 것이다. 이 경우 100일 연속으로 일출이 발생할 확률은 $0.98^{100}=13.3\%$다. 이는 작지만 무시할 수 없는 수치다. 이 논리는 $\theta=0.985(0.985^{100}=22.1\%)$일 경우와 $\theta<0.99$일 경우에도 적용된다. θ의 값이 99%보다 클 가능성이 더 높지만, 99%보다 적을 가능성도 여전히 합리적으로 높다(정확히 말하면 36.2%다).

4. David Hume, *An Enquiry Concerning Human Understanding* (London, 1748).

5. This quote, and the argument in this paragraph, is adapted from David Owen, 'Hume versus Price on miracles and prior probabilities: testimony and the Bayesian calculation', *Philosophical Quarterly* 37(147) (April 1987):187–202.

6. 이 계산은 관심 있는 독자에게 맡기겠다. 주 2 참조.

7. 주 2 참조.

8. Martha K. Zebrowski, 'Richard Price : British Platonist of the eighteenth century', *Journal of the History of Ideas* 55(1) (January 1994): 17–35.
9. Richard Price, *Observations on Reversionary Payments... To Which Are Added, Four Essays on Different Subjects in the Doctrine of Life-Annuities... A New Edition, With a Supplement, etc.*, Vol. 2 (London : T. Cadell, 1792).
10. Geoffrey Poitras, 'Richard Price, miracles and the origins of Bayesian decision theory', *European Journal of the History of Economic Thought* 20(1) (February 2013): 29–57.
11. Richard Price and Anne-Robert-Jacques Turgot, *Observations on the Importance of the American Revolution, and the Means of Making it a Benefit to the World* (London: T. Cadell, 1785).
12. Ian Vernon, Michael Goldstein and Richard G. Bower, 'Galaxy formation: a Bayesian uncertainty analysis', *Bayesian Analysis* 5(4) (2010): 619–69.
13. Christine Carter, ' Is screen time toxic for teenagers ?', *Greater Good Magazine*, 27 August 2018; at ⟨https://greatergood.berkeley.edu/article/item/is_screen_time_toxic_for_teenagers⟩.
14. Candice L. Odgers, 'Smartphones are bad for some adolescents, not all', *Nature* 554(7693) (February 2018): 432–4.
15. This result is originally from a study of UK teenagers; see Andrew K. Przybylski and Netta Weinstein, 'A large-scale test of the Goldilocks hypothesis: quantifying the relations between digital-screen use and the mental well-being of adolescents', *Psychological Science* 28(2) (January 2017): 204–15.

3장 신뢰 방정식

1. 1738년, 드무아브르가 확률에 관한 그의 책 제2판에서 기록한 정규곡선의 방정식(로그 형태)은 다음과 같다.

$$\frac{1}{\sqrt{2\pi\sigma^2}} \exp\left(-\frac{(x-\mu)^2}{2\sigma^2}\right)$$

여기서 μ는 평균, σ는 표준편차를 나타낸다.

2. 이 책의 제3판과 최종판은 구글북스에서 볼 수 있다. The third and final version is available on Google Books. Abraham de Moivre, *The Doctrine of Chances: Or, A Method of Calculating the Probabilities of Events in Play. The Third Edition* (London: A. Millar, 1756).

3. 다섯 장의 카드에서 두 개의 에이스를 받을 확률은 먼저 첫 번째 카드에서 에이스를 받을 확률(4/52)과 두 번째 카드에서 에이스를 받을 확률(3/51)을 곱한 다음, 다음 세 장의 카드에서 에이스가 아닌 카드를 받을 확률(각각 48/50, 47/49, 46/48)을 곱하는 방식으로 계산된다. 이렇게 하면 두 개의 에이스를 먼저 받고 나머지 세 장은 에이스가 아닌 카드를 받을 확률이 구해진다. 하지만 여기서 우리는 다섯 장의 카드 패에서 두 개의 에이스가 나오는 열 가지 서로 다른 순서도 고려해야 한다. 따라서 전체 확률은 다음과 같다.

$$10 \cdot \frac{4 \cdot 3 \cdot 48 \cdot 47 \cdot 46}{52 \cdot 51 \cdot 50 \cdot 49 \cdot 48} = \frac{259440}{6497400} = \frac{2162}{54145} = 4\%$$

4. Helen M. Walker, 'De Moivre on the law of normal probability' (2006); at ⟨https://www.semanticscholar.org/paper/DE-MOIVRE-ON-THELAW-OF-NORMAL-PROBABILITY-Walker/d40c10d50e86f0ceed1a059d81080a3bd9b56ffd#citing-papers⟩.

5. The history of the CLT is reviewed in Lucien Le Cam, 'The central limit theorem around 1935', *Statistical Science* 1(1) (1986): 78–91.

6. 여기에는 주의할 점이 있다. 각 측정값은 결과가 적용되기 위해 유한한 평균과 표준편차를 가져야 한다.

7. Statistics sourced from ⟨https://stats.nba.com/search/team-game/⟩.

8. Richard E. Just and Quinn Weninger, 'Are crop yields normally distributed?' *American Journal of Agricultural Economics* 81(2) (May 1999): 287–304.

9. Nate Silver, *The Signal and the Noise: The Art and Science of Prediction* (London : Allen Lane, 2012).

10. $\sigma^2 = \frac{1}{3} \cdot (0-(-1))^2 + \frac{2}{3} \cdot (0-\frac{1}{2})^2 = \frac{1}{3} + \frac{1}{6} = \frac{1}{2}$

따라서 표준편차 $(\sigma)=0.71$이 된다.

11. 이 값들은 우리가 실수를 하지 않았고 b가 실제로 0 이하라는 것을 97.5%(95%가 아닌) 확신할 수 있도록 관측 수를 제공한다. 97.5%의 확신은 우리의 95% 신뢰구간이 b의 하한과 상한을 모두 포함하기 때문에 발생한다. 또

한, 우리가 가진 에지를 과소평가했을 가능성이 2.5% 있으며, 실제로 우리의 에지는 신뢰구간이 제시하는 것보다 더 클 수 있다. 하지만 에지를 과소평가하는 것은 수익성 있는 도박과 관련해서는 문제가 되지 않으므로, 우리가 에지를 과대평가했을 가능성 2.5%만이 우리의 관심 사항이 된다. 그들은 또한 에지가 양의 값을 가진다고, 즉 $b > 0$이라고 가정한다. 하지만 같은 결과가 음의 값을 갖는 에지에 대해서도 적용된다. 이 경우 b 대신 $-b$를 사용한다.

12. 여러 호텔의 표준편차를 확인해보니, 1보다 약간 낮은 0.8 정도인 경우가 많았다. 하지만 1로 가정하는 것은 충분히 합리적이다.

13. Mahmood Arai, Moa Bursell and Lena Nekby, 'The reverse gender gap in ethnic discrimination: employer stereotypes of men and women with Arabic names', *International Migration Review* 50(2) (2016): 385–412.

14. 외국 이름을 가진 사람들에 대한 회신의 분산은

$$\sigma_F^2 = \frac{43}{187}\left(1 - \frac{43}{187}\right)^2 + \frac{(187-43)}{187}\left(0 - \frac{43}{187}\right)^2 = 0.177$$

인 반면, 스웨덴 이름을 가진 사람에 대한 회신의 분산은

$$\sigma_S^2 = \frac{79}{187}\left(1 - \frac{79}{187}\right)^2 + \frac{(187-79)}{187}\left(0 - \frac{79}{187}\right)^2 = 0.244$$

가 된다. 따라서 전체 분산은 $\sigma^2 = \sigma_F^2 + \sigma_S^2 = 0.177 + 0.244 = 0.421$, 전체 표준편차($\sigma$)는 0.6488이 된다. 이 계산을 잘못했을 때 지적해준 롤프 라르손에게 특별한 감사의 마음을 전한다.

15. Marianne Bertrand and Sendhil Mullainathan, 'Are Emily and Greg more employable than Lakisha and Jamal? A field experiment on labor market discrimination', *American Economic Review* 94(4) (September 2004): 991–1013.

16. Zinzi D. Bailey, Nancy Krieger, Madina Agénor, Jasmine Graves, Natalia Linos and Mary T. Bassett, 'Structural racism and health inequities in the USA: evidence and interventions', *The Lancet* 389(10077) (April 2017): 1453–63.

17. 이는 내가 유용하다고 생각하는 경험 법칙에 기초한 것이지만, 이 경험 법칙에는 수학적 근거가 필요하다. 예를 들어 전체 모집단에서 특정 유형(예를 들어 백인)의 비율을 p라고 할 때, 분산은 p가 1/2일 때 최대화된다. 따라서

모든 p값에 대해 분산은 $1/2(1-1/2)=1/4$보다 작고, 따라서 표준편차는 $1/2$ 보다 작다. 1.96은 거의 2와 같기 때문에, 이는 샘플 비율 p^*에 대한 신뢰구간 이 $(1.96 \frac{1/2}{\sqrt{n}} \approx 1/\sqrt{n})$임을 의미한다. 따라서 이 경험 법칙이 성립한다고 할 수 있다.

18. This is discussed in, for example, Karl Pearson, 'Historical note on the origin of the Normal Curve of Errors', *Biometrika* 16(3-4) (December 1924): 402-4.
19. Tukufu Zuberi and Eduardo Bonilla-Silva (eds), *White Logic, White Methods: Racism and Methodology* (Lanham, MD: Rowman & Littlefield Publishers, 2008).
20. John Staddon, 'The devolution of social science', *Quillette*, 7 October 2018; at ⟨https://quillette.com/2018/10/07/the-devolution-of-social-science/⟩.
21. Jordan B. Peterson, *12 Rules for Life: An Antidote to Chaos* (Toronto, ON: Penguin Random House Canada, 2018).
22. For example in an interview on Scandinavian TV chat show *Skavlan* in November 2018.
23. Katrin Auspurg, Thomas Hinz and Carsten Sauer, 'Why should women get less? Evidence on the gender pay gap from multifactorial survey experiments', *American Sociological Review* 82(1) (2017): 179-210.
24. Corinne A. Moss-Racusin, John F. Dovidio, Victoria L. Brescoll, Mark J. Graham and Jo Handelsman, 'Science faculty's subtle gender biases favor male students', *Proceedings of the National Academy of Sciences* 109(41) (October 2012): 16474-9.
25. Eric P. Bettinger and Bridget Terry Long, 'Do faculty serve as role models? The impact of instructor gender on female students', *American Economic Review* 95(2) (May 2005): 152-7.
26. Allison Master, Sapna Cheryan and Andrew N. Meltzoff, 'Computing whether she belongs: stereotypes undermine girls' interest and sense of belonging in computer science', *Journal of Educational Psychology* 108(3) (April 2016): 424-37.
27. John A. Ross, Garth Scott and Catherine D. Bruce, 'The gender confidence gap in fractions knowledge: gender differences in student

belief—achievement relationships', *School Science and Mathematics* 112(5) (May 2012): 278-88.

28. Emily T. Amanatullah and Michael W. Morris, 'Negotiating gender roles: gender differences in assertive negotiating are mediated by women's fear of backlash and attenuated when negotiating on behalf of others', *Journal of Personality and Social Psychology* 98(2) (February 2010): 256-67.

29. For a comprehensive review of these issues in maths and engineering, read both Sapna Cheryan, Sianna A. Ziegler, Amanda K. Montoya and Lily Jiang, 'Why are some STEM fields more gender balanced than others?', *Psychological Bulletin* 143(1) (January 2017): 1-35; and Stephen J. Ceci, Donna K. Ginther, Shulamit Kahn and Wendy M. Williams, 'Women in academic science: a changing landscape', *Psychological Science in the Public Interest* 15(3) (November 2014): 75-141.

30. Transcript taken from Conor Friedersdorf, 'Why can't people hear what Jordan Peterson is saying?', The Atlantic, 22 January 2018; at ⟨https://www.theatlantic.com/politics/archive/2018/01/putting-monsterpaintonjordan-peterson/550859/⟩.

31. A good academic introduction to this methodology is Peter Hedström and Peter Bearman (eds), *The Oxford Handbook of Analytical Sociology* (Oxford: Oxford University Press, 2011).

32. Joseph C. Rode, Marne L. Arthaud-Day, Christine H. Mooney, Janet P. Near and Timothy T. Baldwin, 'Ability and personality predictors of salary, perceived job success, and perceived career success in the initial career stage', *International Journal of Selection and Assessment* 16(3) (September 2008): 292-9.

33. 다소 세세하게 63%와 37% 정보를 사용하겠다고 고집한다면, 접근 방식에서 일관성을 유지해야 한다. 이 책의 1장으로 돌아가서 판단 방정식을 적용해야 한다. '제인이 잭보다 더 동의하기 쉽다'라는 모델 M을 설정하고 $P(M)=63\%$로 시작해보자. 이제 방에 들어가서 미소를 지으며 두 사람과 같은 방식으로 대화해보자. 작은 눈맞춤과 몇 마디의 대화만으로도 그들의 동의 가능성에 대한 상당한 데이터 D를 얻을 수 있을 것이다. 이제 $P(M|D)$를 업데이트하고 더 나은 판단을 내릴 수 있다. 이 상황에서 원래의 $P(M)$는 빠

르게 무의미해질 것이다.

34. In an interview on Scandinavian TV chat show *Skavlan* in November 2018.
35. These quotes are from a blog post by Peterson, written in February 2019: 'The gender scandal: part one (Scandinavia) and part two (Canada)'; at ⟨https://www.jordanbpeterson.com/political-correctness/thegender-scandal-part-one-scandinavia-and-part-two-canada/⟩.
36. Janet Shibley Hyde, 'The gender similarities hypothesis', *American Psychologist* 60(6) (September 2005): 581–92.
37. Ethan Zell, Zlatan Krizan and Sabrina R. Teeter, 'Evaluating gender similarities and differences using metasynthesis', *American Psychologist* 70(1) (January 2015): 10–20.
38. Janet Shibley Hyde, 'Gender similarities and differences', *Annual Review of Psychology* 65 (January 2014): 373–98.
39. Gina Rippon, *The Gendered Brain: The New Neuroscience that Shatters the Myth of the Female Brain* (London: Bodley Head, 2019).

4장 기술 방정식

1. 에이어가 자신에 대해 한 이야기는 다음을 참조: 'A. J. Ayer on Logical Positivism and its legacy' (1976); at ⟨https://www.youtube.com/watch?v=nG0EWNezFl4⟩.
2. Kevin Reichard, 'Measuring MLB's winners and losers in costs per win', *Ballpark Digest*, 8 October 2013; at ⟨https://ballparkdigest.com/201310086690/major-league-baseball/news/measuring-mlbs-winnerand-losers-in-costs-per-win⟩.
3. George R. Lindsey, 'An investigation of strategies in baseball', *Operations Research* 11(4) (July–August 1963): 477–501.
4. Bruce Schoenfeld, 'How data (and some breathtaking soccer) brought Liverpool to the cusp of glory', *New York Times Magazine*, 22 May 2019; at ⟨https://www.nytimes.com/2019/05/22/magazine/soccer-dataliverpool.html⟩.

5장 인플루언서 방정식

1. 도시 크기에 대한 유엔의 정의는 다음을 참조. *The World's Cities in 2018-Data Booklet* (ST/ESA/SER.A/417), United Nations, Department of Economic and Social Affairs, Population Division (2018).
2. 이 행렬은 다음과 같이 곱해진다.

$$\begin{pmatrix} 0 & 1/2 & 0 & 0 & 0 \\ 1/2 & 0 & 1/3 & 1/3 & 1/3 \\ 1/2 & 1/2 & 0 & 1/3 & 1/3 \\ 0 & 0 & 1/3 & 0 & 1/3 \\ 0 & 0 & 1/3 & 1/3 & 0 \end{pmatrix} \cdot \begin{pmatrix} 1 \\ 0 \\ 0 \\ 0 \\ 0 \end{pmatrix} = \begin{pmatrix} 0 \cdot 1 + 1/2 \cdot 0 + 0 \cdot 0 + 0 \cdot 0 + 0 \cdot 0 \\ 1/2 \cdot 1 + 0 \cdot 0 + 1/3 \cdot 0 + 1/3 \cdot 0 + 1/3 \cdot 0 \\ 1/2 \cdot 1 + 1/2 \cdot 0 + 0 \cdot 0 + 1/3 \cdot 0 + 1/3 \cdot 0 \\ 0 \cdot 1 + 0 \cdot 0 + 1/3 \cdot 0 + 0 \cdot 0 + 1/3 \cdot 0 \\ 0 \cdot 1 + 0 \cdot 0 + 1/3 \cdot 0 + 1/3 \cdot 0 + 0 \cdot 0 \end{pmatrix} = \begin{pmatrix} 0 \\ 1/2 \\ 1/2 \\ 0 \\ 0 \end{pmatrix}$$

다른 행렬 곱셈도 동일한 규칙을 사용해 수행된다. 행렬의 각 행에 있는 각 항목은 열 벡터의 항목과 곱해지며, 새로운 벡터는 항목별 곱셈의 합이다.

3. 이 연구 영역에 대한 학문적 관점에 대해서는 다음을 참조. Mark Newman, *Networks*, 2nd edition(Oxford: Oxford University Press, 2018).
4. Scott L. Feld, 'Why your friends have more friends than you do', *American Journal of Sociology* 96(6) (1991): 1464-77.
5. 이 결과를 더 엄밀하게 살펴보자. $P(X_i=k)$를 개인 i가 k명의 팔로워를 가질 확률이라고 해보자. 이제 먼저 한 개인 j를 선택한 다음, j가 팔로우하는 사람들 중에서 i를 선택하는 과정을 고려해보자. 이 경우 개인 i가 X_i명의 팔로워를 가질 확률은 $P(X_j=k)$로 표현할 수 있다. 이 확률은 베이즈의 정리(방정식 2)를 사용해 계산할 수 있다.

$$P(X_i=k \mid j \text{ follows } i) = \frac{P(j \text{ follows } i \mid X_i=k) \cdot P(X_i=k)}{\sum_{k'} P(j \text{ follows } i \mid X_i=k') \cdot P(X_i=k')}$$

우리는 $P(j \text{ follows } i \mid X_i = k) = k/N$임을 알고 있다(여기서 N은 그래프에 있는 모든 에지의 수다). 따라서 우리는 다음과 같은 수식을 쓸 수 있다.

$$P(X_i=k \mid j \text{ follows } i) = \frac{(k/N) \cdot P(X_i=k)}{\sum_{k'} (k'/N) \cdot P(X_i=k')} = \frac{k \cdot P(X_i=k)}{\sum_{k'} k' \cdot P(X_i=k')} = \frac{k \cdot P(X_i=k)}{\mathrm{E}[X_i]}$$

따라서 $k > \mathrm{E}[X_i]$이면 $P(X_i = k \mid j \text{ follows } i) > P(X_i=k)$이고, 이와 유사하게, $k < \mathrm{E}[X_i]$이면 $P(X_i = k \mid j \text{ follows } i) < P(X_i=k)$가 된다. 이는 무작위로 선택

된 한 개인이 다른 무작위로 선택된 개인에 의해 팔로우될 때, 그 개인이 무작위로 선택된 개인보다 더 많은 팔로워를 가질 가능성이 높다는 것을 알려준다.

무작위로 선택된 개인이 그들이 팔로우하는 평균적인 사람보다 팔로워가 적다는 것을 보여주기 위해, j가 팔로우하는 모든 사람의 팔로워 수의 기대값(평균값)을 계산해보자. 이 과정은 다음과 같은 수식으로 표시할 수 있다.

$$E[X_i = k \mid j \text{ follows } i] = \Sigma_k k \cdot P(X_i = k \mid j \text{ follows } i) = \Sigma_k \frac{k^2 \cdot P(X_i = k)}{E[X_i]} = \Sigma_k \frac{E[X_i]^2 + \text{var}[X_i]}{E[X_i]}$$

따라서 아래와 같은 수식을 쓸 수 있다.

$$E[X_i = k \mid j \text{ follows } i] = E[X_i] + \frac{\text{Var}[X_i]}{E[X_i]} > E[X_i]$$

소셜 네트워크에서 모든 개인에 대해 $E[X_i] = E[X_j]$가 동일하다면, j가 i를 팔로우하고 있는 경우, j의 예상 팔로워 수는 i의 예상 팔로워 수보다 적다.

6. Nathan O. Hodas, Farshad Kooti and Kristina Lerman, 'Friendship paradox redux: your friends are more interesting than you', in *Proceedings of the Seventh International AAAI Conference on Weblogs and Social Media*, 2013.

7. 이 프로젝트의 결과는 다음의 책으로 출판됐다. Michaela Norrman and Lina Hahlin, 'Hur tänker Instagram? En statistisk analys av tva Instagramflöden' [How does Instagram think? A statistical analysis of two Instagram accounts] (undergraduate dissertation), Mathematics department, University of Uppsala, 2019; retrieved from ⟨http://urn.kb.se/resolve?urn=urn:nbn:se:uu:diva-388141⟩.

8. Amanda Törner, 'Anitha Schulman: "Instagram gar mot en beklaglig framtid"' [Instagram is heading towards an unfortunate future], Dagens Media, 5 March 2018; at ⟨https://www.dagensmedia.se/medier/anithaschulman-instagram-gar-mot-en-beklaglig-framtid-6902124⟩. (Anitha Schulman's married name is Clemence.)

9. Kelley Cotter, 'Playing the visibility game: how digital influencers and algorithms negotiate influence on Instagram', *New Media & Society* 21(4) (April 2019): 895–913.

10. Lawrence Page, 'Method for node ranking in a linked database', US Patent 6,285,999 B1, issued 4 September 2001; at ⟨https://patentimages.storage.googleapis.com/37/a9/18/d7c46ea42c4b05/US6285999.pdf⟩.

6장 시장 방정식

1. 예를 들어, 다음의 논문 등을 참조. Jean-Philippe Bouchaud, 'Power laws in economics and finance: some ideas from physics', *Quantitative Finance* 1(1) (September 2000): 105–12; Rosario N. Mantegna and H. Eugene Stanley, 'Turbulence and financial markets', *Nature* 383(6601) (October 1996): 587.
2. $\sqrt{n} = n^{1/2}$이므로, $n>1$의 경우, $n^{2/3}$은 $n^{1/2}$보다 크다.
3. Nassim Nicholas Taleb, *Fooled by Randomness: The Hidden Role of Chance in Life and in the Markets* (London: Random House, 2005); Nassim Nicholas Taleb, *The Black Swan: The Impact of the Highly Improbable* (London: Allen Lane, 2007); Robert J. Shiller, *Irrational Exuberance*, revised and expanded third edition (Princeton, NJ: Princeton University Press, 2015).
4. David M. Cutler, James M. Poterba and Lawrence H. Summers, 'What moves stock prices?', NBER Working Paper No. 2538, National Bureau of Economic Research, March 1988.
5. Paul C. Tetlock, 'Giving content to investor sentiment: the role of media in the stock market', *Journal of Finance* 62(3) (2007): 1139–68.
6. Werner Antweiler and Murray Z. Frank, 'Is all that talk just noise? The information content of Internet stock message boards', *Journal of Finance* 59(3) (2004): 1259–94.
7. John Detrixhe, 'Don't kid yourself—nobody knows what really triggered the market meltdown', *Quartz*, 13 February 2018; at ⟨https://qz.com/1205782/nobody-really-knows-why-stock-markets-went-haywirelast-week/⟩.
8. 그는 다음의 기사에 자신의 연구 결과를 게재했다. Greg Laughlin, 'Insights into high frequency trading from the Virtu initial public offering', paper published online 2015; at ⟨https://online.wsj.com/

public/resources/documents/VirtuOverview.pdf〉; see also Bradley Hope, 'Virtu's losing day was 1-in-1,238: odds say it shouldn't have happened at all', *Wall Street Journal*, 13 November 2014; at 〈https://blogs.wsj.com/moneybeat/2014/11/13/virtus-losing-day-was-1-in-1238-odds-says-it-shouldnt-havehappened-at-all/〉.
9. Sam Mamudi, 'Virtu touting near-perfect record of profits backfired, CEO says', *Bloomberg News*, 4 June 2014; at 〈http://www.bloomberg.com/news/2014-06-04/virtu-touting-near-perfect-record-of-profits-backfiredceo-says.html〉.
10. 444,000/0.0027=164,444,444.
11. 신원 보호를 위해 가명을 사용했다.
12. Paul Krugman, 'Three Expensive Milliseconds', *New York Times*, 13 April 2014; at 〈https://www.nytimes.com/2014/04/14/opinion/krugmanthree-expensive-milliseconds.html〉.

7장 광고 방정식

1. 더 자세한 내용은 다음을 참조. 〈https://medium.com/me/stats/post/2904fa0571bd〉.
2. Snapchat Marketing, 'The 17 types of Snapchat users', 7 June 2016; at 〈http://www.snapchatmarketing.co/types-of-snapchat-users/〉.
3. Noah A. Rosenberg, Jonathan K. Pritchard, James L. Weber, Howard M. Cann, Kenneth K. Kidd, Lev A. Zhivotovsky and Marcus W. Feldman, 'Genetic structure of human populations', *Science* 298(5602) (December 2002): 2381-5.
4. Shepherd Laughlin, 'Gen Z goes beyond gender binaries in new Innovation Group data', *J. Walter Thompson Intelligence*, 11 March 2016; at 〈https://www.jwtintelligence.com/2016/03/gen-z-goes-beyond-genderbinaries-in-new-innovation-group-data/〉.
5. 예를 들어, 다음을 참조. Ronald Inglehart and Wayne E. Baker, 'Modernization, cultural change, and the persistence of traditional values', *American Sociological Review* 65(1) (February 2000): 19-51.
6. Ronald Inglehart and Christian Welzel, Modernization, *Cultural Change*,

and Democracy: The Human Development Sequence (Cambridge: Cambridge University Press, 2005).

7. Michele Dillon, 'Asynchrony in attitudes toward abortion and gay rights: the challenge to values alignment', *Journal for the Scientific Study of Religion* 53(1) (March 2014): 1–16.

8. Anja Lambrecht and Catherine E. Tucker, 'On storks and babies: correlation, causality and field experiments', *GfK Marketing Intelligence Review* 8(2) (November 2016): 24–9.

9. David Sumpter, *Outnumbered: From Facebook and Google to Fake News and Filter-Bubbles—The Algorithms that Control Our Lives* (London: Bloomsbury Publishing, 2018).

10. Cathy O'Neil, *Weapons of Math Destruction: How Big Data Increases Inequality and Threatens Democracy* (New York: Crown Publishing Group, 2016).

11. Carole Cadwalladr, 'Google, democracy and the truth about internet search', *The Guardian*, 4 December 2016; at ⟨https://www.theguardian.com/technology/2016/dec/04/google-democracy-truth-internet-searchfacebook⟩.

12. Aylin Caliskan, Joanna J. Bryson and Arvind Narayanan, 'Semantics derived automatically from language corpora contain human-like biases', *Science* 356(6334) (2017): 183–6.

13. Julia Angwin, Ariana Tobin and Madeleine Varner, 'Facebook (still) let-ting housing advertisers exclude users by race', *ProPublica*, 21 November 2017; at ⟨https://www.propublica.org/article/facebook-advertisingdiscrimination-housing-race-sex-national-origin⟩.

14. Anja Lambrecht, Catherine Tucker and Caroline Wiertz, 'Advertising to early trend propagators: evidence from Twitter', *Marketing Science* 37(2) (March 2018): 177–99.

8장 보상 방정식

1. Herbert Robbins and Sutton Monro, 'A stochastic approximation method', *Annals of Mathematical Statistics* 22(3) (September 1951):

400-407.
2. 전체 계산 과정은 다음과 같다.

$Q_{10} = 0.9 \cdot 1.000 + 0.1 \cdot 0 = 0.900$
$Q_{11} = 0.9 \cdot 0.900 + 0.1 \cdot 1 = 0.910$
$Q_{12} = 0.9 \cdot 0.910 + 0.1 \cdot 1 = 0.919$
$Q_{13} = 0.9 \cdot 0.919 + 0.1 \cdot 0 = 0.827$
$Q_{14} = 0.9 \cdot 0.827 + 0.1 \cdot 0 = 0.744$
$Q_{15} = 0.9 \cdot 0.744 + 0.1 \cdot 1 = 0.770$
$Q_{16} = 0.9 \cdot 0.770 + 0.1 \cdot 0 = 0.693$
$Q_{17} = 0.9 \cdot 0.693 + 0.1 \cdot 1 = 0.724$

3. Wolfram Schultz, 'Predictive reward signal of dopamine neurons', *Journal of Neurophysiology* 80(1) (July 1998): 1-27.
4. 도파민 뉴런과 수학적 모델 사이의 결합을 보다 잘 검토하려면 다음을 참조. Yael Niv, 'Reinforcement learning in the brain', *Journal of Mathematical Psychology* 53(3) (June 2009): 139-54.
5. Andrew K. Przybylski, C. Scott Rigby and Richard M. Ryan, 'A motivational model of video game engagement', *Review of General Psychology* 14(2) (June 2010): 154-66.
6. Dr Emily Collins speaking about digital games and mindfulness apps, EurekAlert!, University of Bath; at ⟨https://www.eurekalert.org/multimedia/pub/207686.php⟩.
7. Rudolf Emil Kálmán, 'A new approach to linear filtering and prediction problems', *Journal of Basic Engineering* 82(1) (1960): 35-45.
8. François Auger, Mickael Hilairet, Josep M. Guerrero, Eric Monmasson, Teresa Orlowska-Kowalska and Seiichiro Katsura, 'Industrial applications of the Kálmán filter: a review', *IEEE Transactions on Industrial Electronics* 60(12) (December 2013): 5458-71.
9. Irmgard Flügge-Lotz, C. F. Taylor and H. E. Lindberg, *Investigation of a Nonlinear Control System*, Report 1391 for the National Advisory Committee for Aeronautics (Washington DC: US Government Printing Office, 1958).
10. 이 분야에서 가장 영향력 있는 연구자 중 한 사람이자, 이 모델을 공식화한 인물은 장루이 드뇌부르Jean-Louis Deneubourg다. 이와 관련된 역사적인 출발점이

되는 논문은 사이먼 고스Simon Goss, 세르주 아론Serge Aron, 장루이 드뇌부르, 자크 마리 파스텔Jacques Marie Pasteels이 함께 쓴 〈아르헨티나 개미의 자기 조직화된 지름길Self-organized shortcuts in the Argentine ant〉(Naturwissenschaften 76(12) (1989): 579-81) 이다.

11. 다른 추적변수에 대한 방정식도 작성할 수 있다. 그 방정식은 다음과 같으며, 대안 옵션에 대한 보상을 추적한다.

$$Q'_{t+1}=(1-\alpha)Q'_t+\alpha\left(\frac{(Q'_t+\beta)^2}{(Q_t+\beta)^2+(Q'_t+\beta)^2}\right)=R'_t$$

12. 예를 들어, 다음을 참조. Malcolm Gladwell, *The Tipping Point: How Little Things Can Make a Big Difference* (Boston, MA: Little, Brown, 2000); and Philip Ball, *Critical Mass: How One Thing Leads to Another* (London: Heinemann, 2004).

13. Audrey Dussutour, Stamatios C. Nicolis, Grace Shephard, Madeleine Beekman and David J. T. Sumpter, 'The role of multiple pheromones in food recruitment by ants', *Journal of Experimental Biology* 212(15) (August 2009): 2337-48.

14. Tristan Harris, 'How technology is hijacking your mind—from a magician and Google design ethicist', Medium, 18 May 2016; at 〈https://medium.com/thrive-global/how-technology-hijacks-peoples-minds-from-amagician and-google-s-design-ethicist-56d62ef5edf3〉.

15. John R. Krebs, Alejandro Kacelnik and Peter D. Taylor, 'Test of optimal sampling by foraging great tits', *Nature* 275(5675) (September 1978): 27-31.

16. Brian D. Loader, Ariadne Vromen and Michael A. Xenos, 'The networked young citizen: social media, political participation and civic engagement', *Information, Communication & Society* 17(2) (January 2014): 143-50.

17. Anna Dornhaus has studied this extensively. One example is D. Charbonneau, N. Hillis and Anna Dornhaus, '"Lazy" in nature: ant colony time budgets show high "inactivity" in the field as well as in the lab', *Insectes Sociaux* 62(1) (February 2014): 31-5.

9장 학습 방정식

1. Paul Covington, Jay Adams and Emre Sargin, 'Deep neural networks for YouTube recommendations', conference paper, *Proceedings of the 10th ACM Conference on Recommender Systems*, September 2016, pp.191-8.
2. Celie O'Neil-Hart and Howard Blumenstein, 'The latest video trends: where your audience is watching', *Google, Video, Consumer Insights*; at ⟨https://www.thinkwithgoogle.com/consumer-insights/video-trends-whereaudience-watching/⟩.
3. Chris Stokel-Walker, 'Algorithms won't fix what's wrong with YouTube', *New York Times*, 14 June 2019; at ⟨https://www.nytimes.com/2019/06/14/opinion/youtube-algorithm.html⟩.
4. K. G. Orphanides, 'Children's YouTube is still churning out blood, suicide and cannibalism', *Wired*, 23 March 2018; at ⟨https://www.wired.co.uk/article/youtube-for-kids-videos-problems-algorithm-recommend⟩.
5. Max Fisher and Amanda Taub, 'On YouTube's digital playground, an open gate for pedophiles', *New York Times*, 3 June 2019; at ⟨https://www.nytimes.com/2019/06/03/world/americas/youtube-pedophiles.html?module=inline⟩.
6. David Silver, Aja Huang, Chris J. Maddison, Arthur Guez, Laurent Sifre, George van den Driessche, Julian Schrittwieser et al., 'Mastering the game of Go with deep neural networks and tree search', *Nature* 529 (7587) (January 2016): 484-9.
7. 다른 방법인 소프트맥스^{Softmax}는 방정식 1과 매우 유사하지만, 일부 상황에서는 더 쉽게 사용할 수 있다. 대부분의 경우 소프트맥스와 방정식 1은 바꿔 사용할 수 있다.
8. Volodymyr Mnih, Koray Kavukcuoglu, David Silver, Andrei A. Rusu, Joel Veness, Marc G. Bellemare, Alex Graves et al., 'Human-level control through deep reinforcement learning', *Nature* 518(7540) (February 2015): 529-33.
9. Tomáš Mikolov, Martin Karafiát, Lukáš Burget, Jan Černocký and Sanjeev Khudanpur, 'Recurrent neural network based language model',

conference paper, *Interspeech 2010*, Eleventh Annual Conference of the International Speech Communication Association, Japan, September 2010.

10장 보편 방정식

1. Thomas J. Misa and Philip L. Frana, 'An interview with Edsger W. Dijkstra', *Communications of the ACM* 53(8) (2010): 41-7.
2. 다음의 탁월한 책을 참조. Thomas H. Cormen, Charles E. Leiserson, Ronald L. Rivest and Clifford Stein, *Introduction to Algorithms*, third edition (Cambridge, MA : MIT Press, 2009).
3. Po-Shen Loh, *The Most Beautiful Equation in Math*, video, Carnegie Mellon University, March 2016; at ⟨https://www.youtube.com/watch?v=IUTGFQpKaPU⟩.
4. 이런 삼각형은 비유클리드 기하학의 삼각형이다.
5. Ben Rogers, *A.J. Ayer: A Life* (London: Chatto and Windus, 1999).
6. Philippa Foot, 'The problem of abortion and the doctrine of double effect', *Oxford Review* 5 (1967): 5-15.
7. Henrik Ahlenius and Torbjörn Tännsjö, 'Chinese and Westerners respond differently to the trolley dilemmas', *Journal of Cognition and Culture* 12(3-4) (January 2012): 195-201.
8. John Mikhail, 'Universal moral grammar: theory, evidence and the future', *Trends in Cognitive Sciences* 11(4) (April 2007): 143-52.
9. Judith Jarvis Thomson, 'Killing, letting die, and the trolley problem', *The Monist* 59(2) (1976): 204-17. The text describing the trolley problem used in the main text is taken from this article.
10. 트롤리 문제의 철학적 측면과 도덕적 직관 개념에 관한 더 자세한 논의는 다음을 참조. Laura D 'Olimpio's article 'The trolley dilemma: would you kill one person to save five?', *The Conversation*, 3 June 2016; at ⟨https://theconversation.com/the-trolley-dilemma-wouldyou- kill-one-person-to-save-five-57111⟩.
11. 나는 3장과 5장에서 TEN의 역사를 있는 그대로 전달하기 위해 기적에 대한 리처드 프라이스의 주장이 왜 잘못됐는지를 완전히 설명하지 않았다. 부

활과 같은 기적에 대한 과학적 증거는 단순히 예수의 부활 보고 이후로 그러한 일이 일어난 적이 없다는 사실에서 오는 것이 아니라, 생물학에 대한 기본적인 이해에서 비롯된다. 우리는 프라이스의 기여를 증거에 대한 우리의 사고를 정교하게 만드는 방법으로 보아야 하며, 부활이 일어날 수 있었다는 증거로 보아서는 안 된다. 그의 주장은 당연해 보이지만 중요한 교훈을 제공한다. 우리가 지금까지 어떤 사건이 일어나는 것을 본 적이 없다는 사실만으로 그런 사건이 미래에 일어날 가능성을 배제해서는 안 된다는 교훈이다. 이 교훈은 데이터와 모델을 결합한 과학적 분석으로 증명할 수 있다. 예수의 부활은 예수가 죽지 않았거나 그의 죽음이 잘못 보고됐음을 통해서만 설명될 수 있다.

12. Viktoria Spaiser, Peter Hedström, Shyam Ranganathan, Kim Jansson, Monica K. Nordvik and David J. T. Sumpter, 'Identifying complex dynamics in social systems: a new methodological approach applied to study school segregation', *Sociological Methods & Research* 47(2) (March 2018): 103-35.

13. Anne's calculation is part of this report: 'UK's carbon footprint 1997-2016: annual carbon dioxide emissions relating to UK consumption', 13 December 2012, Department for Environment, Food & Rural Affairs; at 〈https://www.gov.uk/government/statistics/uks-carbon-footprint〉.

감사의 말

이 책은 헬렌 콘포드Helen Conford의 권유로 쓰기 시작했습니다. 그녀는 다른 사람들을 위해 글을 쓰는 것을 그만두고 내가 정말로 하고 싶은 말을 쓰라고 조언했습니다. 나는 내가 그리 재미있는 사람이 아니라고 했고, 그녀는 그 점에 대해서는 그녀가 판단하겠다고 했습니다. 그래서 나는 그녀의 말을 따랐습니다.

지금도 나는 내가 특별히 재미있는 사람이라고는 생각하지 않습니다. 하지만 훗날 그녀와 카시아나 이오니타Casiana Ionita가 내가 정말로 하고 싶은 말을 재미있게 읽히도록 만드는 데 도움을 주었음을 알고 있습니다. 이 과정에서 카시아나는 정말 많은 역할을 했습니다. 이 책은 그녀의 섬세하면서도 가차 없는 편집 덕분에 세상에 나올 수 있었습니다. 그녀에게 감사의 마음을 전합니다.

나는 내 에이전트인 크리스 웰비러브Chris Wellbelove에게 글쓰기와 아이디어 구조에 대해 많은 것을 배웠습니다. 그는 심지어 수학 부분에서 실수도 찾아주었습니다. 설명하기는 어렵지만, 나는 글을 쓸 때 종종 내 머릿속에서 카시아나, 크리스, 헬렌이 논쟁하는 소리를 듣곤 했습니다. 이런 가상의 논쟁에 등장해준 그들에게 감사드립니다.

이 책을 세심하게 교정해준 제인 로버트슨Jane Robertson에게, 수학을 한 번 더 확인해준 보리스 그라노프스키Boris Granovskiy에게, 그리고 모든 것을 정리해준 펭귄 출판사의 루스 피에트로니Ruth Pietroni와 그녀의 팀에게도 감사드립니다.

책을 꼼꼼히 읽어주고 '심각한 오류' 하나와 몇 가지 작은 오류를 찾아준 롤프 라르손Rolf Larsson에게도 큰 감사를 전합니다. 그리고 신중한 피드백과 그림 2에 대한 제안을 해준 올리버 존슨Oliver Johnson에게도 감사드립니다.

나는 활기와 생기가 가득한 환경에서 가장 글을 잘 씁니다. 지난 한 해 동안 그런 삶을 제공해준 함마르비 축구팀, 웁살라대학교 수학과의 동료 교수들과 학생들, 딸 엘리제Elise와 아들 헨리Henry, 그리고 특히 펠링스Pellings 가족에게 감사드립니다.

아버지께는 A. J. 에이어를 소개해주셔서 감사드리고, 어머니께는 그녀와 관련된 내용이 이 책에서 삭제돼 죄송하다고 말씀드리고 싶습니다. 하지만 삭제됐어도 내가 쓴 모든 내용은 사실입니다. 어머니는 주변 사람들에게 영감을 주는 분입니다. 두 분 모두에게 광범위하고 사려 깊은 의견에 감사드립니다.

가장 마지막으로, 아내 로비사Lovisa에게 감사하고 싶습니다. 내가 정말로 하고 싶은 말의 많은 부분은 우리의 삶, 우리의 대화, 우리의 동의와 논쟁에 관한 것입니다. 이 책에 그중 몇 가지가 담겼기를 바랍니다.

세상을 움직이는 10가지 방정식

초판 1쇄 인쇄 2025년 7월 02일
초판 1쇄 발행 2025년 7월 21일

지은이 데이비드 섬프터
옮긴이 고현석
펴낸이 유정연

이사 김귀분
책임편집 조현주 **기획편집** 신성식 유리슬아 서옥수 정유진 황서연 **디자인** 안수진 기경란
마케팅 반지영 박중혁 하유정 **제작** 임정호 **경영지원** 박소영

펴낸곳 흐름출판(주) **출판등록** 제313-2003-199호(2003년 5월 28일)
주소 서울시 마포구 월드컵북로5길 48-9(서교동)
전화 (02)325-4944 **팩스** (02)325-4945 **이메일** book@hbooks.co.kr
홈페이지 http://www.hbooks.co.kr **블로그** blog.naver.com/nextwave7
출력·인쇄·제본 삼광프린팅(주) **용지** 월드페이퍼(주) **후가공** (주)이지앤비(특허 제10-1081185호)

ISBN 978-89-6596-729-3 03400

- 이 책은 저작권법에 따라 보호를 받는 저작물이므로 무단 전재와 복제를 금지하며, 이 책 내용의 전부 또는 일부를 사용하려면 반드시 저작권자와 흐름출판의 서면 동의를 받아야 합니다.
- 흐름출판은 독자 여러분의 투고를 기다리고 있습니다. 원고가 있으신 분은 book@hbooks.co.kr로 간단한 개요와 취지, 연락처 등을 보내주세요. 머뭇거리지 말고 문을 두드리세요.
- 파손된 책은 구입하신 서점에서 교환해 드리며 책값은 뒤표지에 있습니다.